总译序

感悟大师无穷魅力　品味经典隽永意蕴

美国心理学家查普林与克拉威克在其名著《心理学的体系和理论》中开宗明义地写道："科学的历史是男女科学家及其思想、贡献的故事和留给后世的记录。"这句话明确地指出了推动科学发展的两大动力源头：大师与经典。

一

何谓"大师"？大师乃是"有巨大成就而为人所宗仰的学者"[①]。大师能够担当大师范、大导师的角色，大师总是导时代之潮流、开风气之先河、奠学科之始基、创一派之学说，大师必须具有伟大的创造、伟大的主张、伟大的思想乃至伟大的情怀。同时，作为卓越的大家，他们的成就和命运通常都与其时代相互激荡。

作为心理学大师还须具备两个特质。首先，心理学大师是"心理世界"的立法者。心理学大师之所以成为大师，在于他们对心理现象背后规律的系统思考与科学论证。诚然，人类是理性的存在，是具有思维能力的高等动物，千百年来无论是习以为常的简单生理心理现象，还是诡谲多变的复杂社会心理现象，都会引发一般大众的思考。但心理学大师与一般人不同，他们的思考关涉到心理现象背后深层次的、普遍性的与高度抽象的规律。这些思考成果或试图揭示出寓于自然与社会情境中的心理现象的本质内涵与发生方式；或企图诠释某一心理现象对人类自身发展与未来命运的意义和影响；抑或旨在剥离出心理现象背后的特殊运作机制，并将其有意识地推广应用到日常生活的方方面面。他们把普通人对心理现象的认识与反思进行提炼和升华，形成高度凝练且具有内在逻辑联系的思想体系。因此，他们的真知灼见和理论观点，不仅深深地

① 《辞海（缩印本）》，275页，上海，上海辞书出版社，2002。

影响了心理科学发展的命运，而且更是影响到人类对自身的认识。当然，心理学大师的思考又是具有独特性与创造性的。大师在面对各种复杂心理现象时，他们的脑海里肯定存在“某种东西”。他们显然不能在心智“白板”状态下去观察或发现心理现象背后蕴藏的规律。我们不得不承认，所谓的心理学规律其实就是心理学大师作为观察主体而“建构”的结果。比如，对于同一种心理现象，心理学大师们往往会做出不同的甚至截然相反的解释与论证。这绝不是纯粹认识论与方法论的分歧，而是对心灵本体论的承诺与信仰的不同，是他们所理解的心理世界本质的不同。我们在此借用康德的名言“人的理性为自然立法”，同样，心理学大师是用理性为心理世界立法。

其次，心理学大师是“在世之在”的思想家。在许多人看来，心理学大师可能是冷傲、孤僻、神秘、不合流俗、远离尘世的代名词，他们仿佛背负着真理的十字架，与现实格格不入，不食人间烟火。的确，大师们志趣不俗，能够在一定程度上超脱日常柴米油盐的束缚，远离俗世功名利禄的诱惑，在以宏伟博大的人文情怀与永不枯竭的精神力量投身于实现古希腊德尔菲神庙上“认识你自己”之伟大箴言的同时，也凸显出其不拘一格的真性情、真风骨与真人格。大凡心理学大师，其身心往往有过独特的经历和感受，使之处于一种特别的精神状态之中，由此而产生的灵感和顿悟，往往成为其心理学理论与实践的源头活水。然而，心理学大师毕竟不是超人，也不是神人。他们无不成长于特定历史的社会与文化背景之下，生活在人群之中，并感受着平常人的喜怒哀乐，体验着人间的世态炎凉。他们中的大多数人或许就像牛顿描绘的那般：“我不知道世上的人对我怎样评价。我却这样认为：我好像是在海上玩耍，时而发现了一个光滑的石子儿，时而发现一个美丽的贝壳而为之高兴的孩子。尽管如此，那真理的海洋还神秘地展现在我们面前。”因此，心理学大师虽然是一群在日常生活中特立独行的思想家，但套用哲学家海德格尔的话，他们依旧都是“活生生”的“在世之在”。

二

那么，又何谓“经典”呢？经典乃指古今中外各个知识领域中“最重要的、有指导作用的权威著作”①。经典是具有原创性和典范性的经久不衰的传世之作，是经过历史筛选出来的最有价值性、最具代表性和最富完美性的作品。经典通常经历了时间的考验，超越了时代的界限，

---

① 《辞海（缩印本）》，852页。

西方心理学大师经典译丛

主编 郭本禹

心理物理学纲要

Elemente der Psychophysik, Teil 1

[德] 古斯塔夫·费希纳
Gustav Theodor Fechner 著

李晶 译

中国人民大学出版社
·北京·

具有永恒的魅力，其价值历久而弥新。对经典的传承，是一个民族、一种文化、一门学科长盛不衰、继往开来之根本，是其推陈出新、开拓创新之源头。只有在经典的引领下，一个民族、一种文化、一门学科才能焕发出无限活力，不断发展壮大。

心理学经典在学术性与思想性上还应具有如下三个特征。首先，从本体特征上看，心理学经典是原创性文本与独特性阐释的结合。经典通过个人独特的世界观和不可重复的创造，凸显出深厚的文化积淀和理论内涵，提出一些心理与行为的根本性问题。它们与特定历史时期鲜活的时代感以及当下意识交融在一起，富有原创性和持久的震撼力，从而形成重要的思想文化传统。同时，心理学经典是心理学大师与他们所阐释的文本之间互动的产物。其次，从存在形态上看，心理学经典具有开放性、超越性和多元性的特征。经典作为心理学大师的精神个体和学术原创世界的结晶，诉诸心理学大师主体性的发挥，是公众话语与个人言说、理性与感性、意识与无意识相结合的产物。最后，从价值定位上看，心理学经典一定是某个心理学流派、分支学科或研究取向的象征符号。诸如冯特之于实验心理学，布伦塔诺之于意动心理学，弗洛伊德之于精神分析，杜威之于机能主义，华生之于行为主义，苛勒之于格式塔心理学，马斯洛之于人本主义，桑代克之于教育心理学，乔姆斯基之于语言心理学，奥尔波特之于人格心理学，吉布森之于生态心理学，等等，他们的经典作品都远远超越了其个人意义，上升成为一个学派、分支或取向，甚至是整个心理科学的共同经典。

三

这套“西方心理学大师经典译丛”遵循如下选书原则：第一，选择每位心理学大师的原创之作；第二，选择每位心理学大师的奠基、成熟或最具代表性之作；第三，选择在心理学史上产生过重要影响的一派、一说、一家之作；第四，兼顾选择心理学大师的理论研究和应用研究之作。我们策划这套“西方心理学大师经典译丛”，旨在推动学科自身发展和促进个人成长。

1879 年，冯特在德国莱比锡大学创立了世界上第一个心理学实验室，标志着心理学成为一门独立的学科。在此后的 130 多年中，心理学得到迅速发展和广泛传播。我国心理学从西方移植而来，这种移植过程延续已达百年之久[①]，至今仍未结束。尽管我国心理学近年取得了长足

① 在 20 世纪五六十年代，我国心理学曾一度移植苏联心理学。

发展，但一个不争的事实是，我国心理学在总体上还是西方取向的，尚未取得突破性的创新成果，还不能解决社会发展中遇到的重大问题，还未形成系统化的中国本土心理学体系。我国心理学在这个方面远没有赶上苏联心理学，苏联心理学家曾创建了不同于西方国家的心理学体系，至今仍有一定的影响。我国心理学的发展究竟何去何从？如何结合中国文化推进心理学本土化的进程？又该如何进行具体研究？当然，这些问题的解决绝非一朝一夕能够做到。但我们可以重读西方心理学大师们的经典作品，以强化我国心理学研究的理论自觉。“他山之石，可以攻玉。”大师们的经典作品都是对一个时代学科成果的系统总结，是创立思想学派或提出理论学说的扛鼎之作，我们可以从中汲取大师们的学术智慧和创新精神，做到冯友兰先生所说的，在“照着讲”的基础上“接着讲”。

心理学是研究人自身的科学，可以提供帮助人们合理调节身心的科学知识。在日常生活中，即使最坚强的人也会遇到难以解决的心理问题。用存在主义的话来说，我们每个人都存在本体论焦虑。“我是谁，我从哪里来，我将向何处去?”这一哈姆雷特式的命题无时无刻不在困扰着人们。特别是在社会飞速发展的今天，生活节奏日益加快，新的人生观与价值观不断涌现，各种压力和冲突持续而严重地撞击着人们脆弱的心灵，人们比以往任何时候都更迫切地需要心理学知识。可幸的是，心理学大师们在其经典著作中直接或间接地给出了对这些生存困境的回答。古人云:“读万卷书，行万里路。”通过对话大师与解读经典，我们可以参悟大师们的人生智慧，激扬自己的思绪，逐步找寻到自我的人生价值。这套“西方心理学大师经典译丛”可以让我们获得两方面的心理成长：一是调适性成长，即学会如何正确看待周围世界，悦纳自己，化解情绪冲突，减轻沉重的心理负荷，实现内心世界的和谐；二是发展性成长，即能够客观认识自己的能力和特长，确立明确的生活目标，发挥主动性和创造性，快乐而有效地学习、工作和生活。

我们相信，通过阅读大师经典，广大读者能够与心理学大师进行亲密接触和直接对话，体验大师的心路历程，领会大师的创新精神，与大师的成长并肩同行！

郭本禹

2013 年 7 月 30 日

于南京师范大学

费希纳：无心插柳柳成荫
——代序

古斯塔夫·西奥多·费希纳（Gustav Theodor Fechner，1801—1887）是近代德国著名的科学家、哲学家，也是心理物理学和实验美学的开创者。他是个博学多才之士，更是个高产学者。他涉猎医学、药物学、生理学、物理学、电学、化学、数学、统计学等自然科学领域，也涉猎哲学、美学、诗歌、讽刺文学、宗教、伦理学、逻辑学、百科全书等人文社会科学领域。他一生发表论文183篇，出版著作81部，仅近五年其重印的著作便多达近40部。1860年出版的《心理物理学纲要》一书，其本意是为了论证他的自然哲学中的身心统一论，却无意为实验心理学这门新学科奠定了基础。其早期传记作者拉斯维茨（K. G. Lasswitz）将他比作“新心理学中的哥伦布”（Columbus of new psychology）①。费希纳在心理学领域可谓无人不知，却又不为人所详知。他是心理学史上一位不可绕过的人物，任何一本心理学史教科书都要提及他，视他为实验心理学的先驱甚至始创者；他在《心理物理学纲要》第一卷中提出的最小可觉差法、正误法和平均差误法是经典心理物理学的三大方法，至今仍是任何一本实验心理学不可或缺的内容。但迄今为止，人们对费希纳的了解远少于其实际的学术贡献，主要原因是他用德语写作，而且其思想和语言都异常高深和晦涩，其著作和思想难以在英语世界中传播。他的《心理物理学纲要》第一卷直到它出版一个世纪后才被翻译成英文出版②，而更接近心理学内容的第二卷至今尚无英译本问世③。除了专治心理物理学的学者，今天恐怕没有人再去读其难

---

① Lasswitz，K. G.，*G. Th. Fechner*，Frommann，Stuttgart，1896，p. 138. 哥伦布是在寻找古印度时无意中发现了一个新大陆即美洲大陆。

② Fechner，G. T.，*Elements of Psychophysics*，*Vol. Ⅰ*，H. E. Adler (Trans.)，Holt，Rinehart & Winston，New York，1966.

③ 尽管心理学史学家罗宾逊（David K. Robinson）曾报道过，他和里伯（Robert W. Rieber）正在翻译《心理物理学纲要》的两卷英文全译本，但至今尚未出版。参见 Robinson，D. K.，“Fechner's Inner Psychophysics，” *History of Psychology*，2010，13，4：432。

懂的德文原著了。借这本《心理物理学纲要》第一卷的中文版即将付梓之际，我们有必要在此先介绍一下费希纳的主要生平及其心理物理学思想。前者侧重他的学术历程，根据新近发现的史料特别是费希纳于1884年撰写的《简历》[①] 手稿，澄清因波林（Edwin G. Boring）在其名著《实验心理学史》[②] 中对费希纳生平的一些错误描述及其以讹传讹的现象；后者侧重《心理物理学纲要》第二卷的主要观点，这些观点直到最近才引起英语世界心理学家们的重视。

一、费希纳的早年生活

1801年4月19日，费希纳出生在萨克森王国（Kingdom of Saxony）[③] 的下路萨提亚省（Province of Lower Lusatia）东南部地区的奈塞河畔一个叫格罗斯-萨尔兴（Gross-Särhrchen）的小山村。他家是一个牧师世家，其祖父、外祖父、父亲、叔叔、舅舅都是牧师，按照正常情况，这意味着从童年起费希纳将来也要从事牧师职业。正如他在晚年所写的《简历》中所说："牧师职业在我们的亲戚中具有广泛的代表性，我始初命中注定要从事这一职业，但我后来的生活却转向完全不同的方向。"[④] 其父亲萨穆埃尔·特劳戈特·费希纳（Samuel Traugott Fechner，1765—1806）从1793年就开始做新教的牧师，母亲多罗西娅·费希纳（Dorothea Fechner，1799—1861）也出生在下路萨提亚省。费希纳在父母的五个孩子中排行老二，哥哥爱德华·克莱门斯（Eduard Clemens，

---

① 1983年9月，在柏林国家图书馆的《达姆施泰特手稿文集》（the Darmstadter Manuscript Collection）新发现了费希纳于1884年所写的《简历》（"Lebenslauf"）手稿，其翻译成英文有20页。该手稿的发现可以更正此前对费希纳生平的许多错误描述。

② Boring，E. G.，*A History of Experimental Psychology*，Century，New York，1929；Boring，E. G.，*A History of Experimental Psychology*（*2nd ed.*），Appleton，New York，1950. 波林的《实验心理学史》两个版本均由高觉敷先生翻译成中文出版（1935，1981，商务印书馆出版），其中波林关于费希纳生平的错误描述对国内心理学界也产生了不良的影响。

③ 在1806年前，萨克森只是神圣罗马帝国的一个选侯国，一千年来一直希望独立，直到1806年，拿破仑在奥斯特里茨（Austerlitz）战役中打败了积弱积贫百年的神圣罗马帝国，使其终于土崩瓦解。萨克森在法国的支持下成为独立王国，当时的候选腓特烈·奥古斯特一世（King Frederick Augustus Ⅰ）成为国王。萨克森王国曾短暂加入莱茵邦联，1813年拿破仑在俄国被打败，莱茵邦联解散之后，1815年萨克森王国在维也纳会议中被通过加入德意志邦联。

④ Fechner，G. T.，"Lebenslauf，" 1884，p. 2；转引自 Bringmann，W. G.，Bringmann，M. W.，& William，D. G.，"Gustav Theodor Fechner：Columbus of New Psychology，" *The Journal of Pastoral Counseling*，1992，27：53。

1799—1861）是一位画家，1825 年移居巴黎。三个妹妹分别是埃米莱（Emilie）、克莱门蒂内（Clementine）和玛蒂尔德（Mathilde）。

费希纳成长的年代正值拿破仑战争的混乱时期，他的祖国萨克森王国遭到法国联盟的侵略，像 19 世纪的其他科学家一样，作为讽刺作家、物理学家、化学家、神学家、哲学家和心理学家的费希纳，完全是新教牧师家庭的产物。费希纳的父亲当时是一位启蒙时代的真正代表者，是一位具有独立思想和接受新观念的人。他对大自然充满热情，对进步事件持开放心态，他布道时不戴假发，因为耶稣没有戴假发。那时若有人用避雷针，便被视为对于上帝缺乏信仰，他却将避雷针置于教堂的塔顶上，而且毫不掩饰地说，假若耶稣在世也会这样做，这件事使村民们大为震惊。他让他的孩子们都接种疫苗以预防天花，并热衷于种植水果。他的孩子们都学习拉丁文。4 岁之前的西奥（Theo，费希纳的乳名）就能像德国人那样操一口流利的拉丁文。费希纳的母亲是一位充满热情、快乐、友善和诗人气质的人，在她周围终身都聚集着一个社交圈子。

后来，费希纳用科学的唯物论的粗浅事实去支持一种较高深的唯灵论，可见他的这种天分在其父身上已有预兆了。不过就这种直接的影响来说，父子之间并不存在。因为费希纳才 5 岁时，他的父亲便已去世了。此后 9 年，费希纳和哥哥被送给他们在图林根（Thuringia）做牧师、后来成为桑格豪森教堂（Churches in Sangerhausen）主教的舅舅戈特洛布·欧西比乌西·菲舍尔（Gottlob Eusebius Fischer）家里，由舅舅抚养和教育，1914 年再送回母亲家里。同一年，费希纳开始接受正规的学校教育。他在《简历》中说："我们进一步的学术教育按照我们个人的才能和爱好而不同。我先进入索拉乌（Sorau）[①] 的古典中学读书，从学校步行走回特奈拜尔（Triebel，母亲那时生活在那里）需要六个小时。我哥哥成为德累斯顿（Dresden）画院的一名学生。一年之内我母亲、三个妹妹和我一起跟随他到达这个城市。从 1915 年复活节开始，我成为豪里·格罗斯学校（Holy Cross School，德累斯顿）的一名学生，并在此读了一年半时间。""由我舅舅传授给我的在语言上的杰出自学能力和我自己的努力，使我能比正常情况更快地完成我的中学教育。"[②]

---

① Sorau 是费希纳出生的小山村附近的一个镇子，现叫 Zary（扎日）。

② Fechner，G. T.，"Lebenslauf，" p. 2；转引自 Bringmann，W. G.，Bringmann，M. W.，& William，D. G.，"Gustav Theodor Fechner：Columbus of New Psychology，" *The Journal of Pastoral Counseling*，1992，27：54。

1816年下半年，费希纳进入德累斯顿一家小型外科医学院（The Medical Surgical Academy）学习六个月。这所学院主要是培训军医、兽医、马医和助产士。1917年春天，16岁的费希纳转入莱比锡大学(Leipzig University)[①] 医学院。自此，他终身寓居莱比锡达70年之久。波林以其史学家的丰富想象力，向我们展示了费希纳入莱比锡大学的非凡意义："我们一向习惯于以费希纳之名与1860年《心理物理学纲要》出版的年代，以及其后数年，他在莱比锡居住而冯特的实验室行将成立的年代联系在一起，以至于我们每易忘记他究竟有多大岁数，或在多久之前开始其学术生涯。1817年，当费希纳到达莱比锡大学时，后来的思辨生理心理学中的哲学先锋洛采（Hermann Lotze）尚未出生。赫尔巴特（Johann F. Herbart）那时才出版其《教科书》（*Lehrbuch*）[②]，而其《科学心理学》（*Psychologie als Wissenschaft*）的出版在7年之后。在英国，詹姆斯·穆勒（James Mill）的《印度史》（*History of India*）尚未完成，恐怕还不曾想到要写一本心理学论著。约翰·斯图尔特·穆勒（John Stuart Mill）当时才11岁；培因（Alexander Bain）尚未出生。颅相学（phrenology）刚刚度过第一个高潮，加尔（Franz J. Gall）仍在著书讨论脑的机能。弗卢龙（Flourens）尚未开始对脑的研究。贝尔，而非马戎第，已经发现了贝尔—马戎第定律（Bell-Magendie law）。所以真正根据心理学史来看，费希纳入莱比锡学习，可算是很多年前的事情了。"[③]

刚入大学时，尽管经济并不宽裕，但年轻的费希纳仍过着快乐的学生生活。他结识了一群爱好音乐、艺术和文学的新朋友，特别是一帮标新立异的志同道合者，并很快成为这群人的核心人物。他们一起在乡下闲逛，有时候一起与警察发生冲突。他终身对艺术、音乐和文学的兴趣可能正是源于这段时期放荡不羁的生活。后来他母亲和两个妹妹来到莱比锡与他共同生活，他才结束这种交往。

在费希纳读书时期，莱比锡大学医学院由五位教授和四位副教授负责100多位学生的教学，其中临床医学由本杰明·普赫尔特（Benjamin Puchelt）教授讲授，他是使用化学和显微镜诊断的先驱。在莱比锡大

---

① 当时莱比锡大学是仅次于哥廷根大学（Gottingen University）的德国第二大大学，注册学生约900名男生、27位教授、17位非终身的副教授和31位不支付薪水的讲师。

② 即《心理学教科书》。

③ Boring, E.G., *A History of Experimental Psychology* (*2nd ed.*), pp. 276-277.

学，费希纳选修了逻辑学①、植物学、动物学、药学、解剖学、生理学、产科学和代数等课程。他对教授们的教条主义教学感到失望，不满意课堂教学的质量。作为求知欲强的学生，他宁愿从书本中学习，于是广泛阅读了基础科学乃至诸如治疗学和药物学等应用性学科。他只认真听过恩斯特·海因里希·韦伯（Ernst Heinrich Weber）② 的生理学和卡尔·布兰丹·莫尔魏德（Karl Brandan Mollweide）的代数课。他后来回忆："[相对于其他无聊的课程] 韦伯的生理学演讲和激励我学习数学的莫尔魏德的演讲仅是两个例外，他们给我提供了这样的想法，即许下做一个特别有成就的人之诺言，我甚至做过莫尔魏德一年的助手。"③ 在费希纳刚到莱比锡大学时，韦伯刚刚完成其教职论文，1818 年开始任解剖学和生理学讲师，三年后任生理学教授。他在 1846 年发表的著名论文《触觉与一般感觉》（"The Sense of Touch and Common Feeling"）中，提出最小可觉差（just noticeable difference）概念，后被费希纳称为"韦伯定律"（Weber's law）。莫尔魏德教授既讲授数学也讲授天文学，对颜色知觉同样感兴趣，并因对康德（Immanuel Kant）的颜色理论提出批评而得名，他最有可能是唤起其学生费希纳对主观视觉现象（subjective optical phenomena）感兴趣的人。

在大学后期，费希纳深受德国博物学家和哲学家洛伦兹·奥肯（Lorenz Oken）《自然哲学》（*Philosophy of Nature*，1809）的影响。他说："1820 年 2 月，我发现了奥肯的《自然哲学》。我立即就被其第一章所深深吸引，尽管我没有完全理解它，而且继续阅读也没有真正明白，但是它却自此一直占据着我的思想……总之，我立刻就领会了一种综合和统一的世界观，并且开始研究谢林（Schelling）、斯特芬斯（Steffns）和其他自然哲学家。"④ 奥肯在《自然哲学》中指出："[自然哲学] 必须阐明世界从其初始无生命的发展阶段；它也必须阐明神圣的

---

① 由哲学教授威廉·特劳戈特·克鲁格（Wilhelm Traugott Krug）讲授。

② 这个韦伯是兄弟中的老大，另两个兄弟是威廉·韦伯（Wilhelm Weber）和爱德华·韦伯（Eduard Weber），这两个人都是著名的科学家并做过莱比锡大学的教授。兄弟三人与费希纳保持终身的友谊。

③ Kuntze，J. E.，*Gustav Theodor Fechner*（*Dr. Mises*），Breitkopf & Hartel，Leipzig，1892，p. 37；转引自 Heidelberger，M.，*Nature from Within*：*Gustav Theodor Fechner's Psychophysical Worldview*，Cynthia Klohr（Trans.），University of Pittsburgh Press，Pittsburgh，2004，p. 20。

④ Kuntze，J. E.，*Gustav Theodor Fechner*（*Dr. Mises*），p. 30；转引自 Heidelberger，M.，*Nature from Within*：*Gustav Theodor Fechner's Psychophysical Worldview*，p. 22。

身体和元素是如何起源的，它们是如何发展到一个较高的水平，又是如何最终变成有机体并发展成为人类的。”① 谢林在《关于自然哲学的一些观念》(1795) 中指出：“自然界是看得见的精神，精神是可看得见的自然界。在此，我们内部精神与我们外部的自然界的绝对同一必须依赖自然界离开我们可能是怎样的问题之解答。因此，我们所有进一步研究的最终目标就是自然界的观念。自然系统同时是精神的系统。”② 奥肯和谢林等人的自然哲学使费希纳经历一次宗教—哲学转变，对其思想产生了巨大而深远的影响。他甚至开始准备以自然哲学作为毕业后的职业。尽管他是牧师的儿子和外甥，但正是在大学时期他把自己变成了一个“完全的无神论者”(complete atheis)，从而背叛宗教思想。他在《简历》中写道：“我的医学学习使我确想变成一个无神论者，脱离宗教观点；我现在认为世界是按机械论运作的。”③

在某种意义上说，费希纳在医学院是自学成才的。随着学习的深入，他认识到学习医学是一种不幸的选择，因为医学院缺乏临床训练，以至于他没有机会练习对普通疾病的治疗，更没有机会单独做甚至是最简单的手术。当然，他也承认自己缺少做一名医生所需要的动手能力，注定不能成为一名临床医生。在做学生时就曾撰写尖锐的讽刺文章隐讳地表明过自己对医学的讨厌。1821 年，他以“米赛斯博士”(Dr. Mises) 的笔名发表《人是由碘素做成的证明》(“Proof that the Moon is Made of Iodine”) 一文，讥讽当时医学盛行将碘素视为灵丹妙药。次年又以相同的笔名撰写《对当代医学和自然史的颂词》(“A Panegyric for Today's Medicine and Natural History”)。

费希纳通过必要的学业考试，获得医学学士学位，通过实习医生考试于 1823 年获得医学硕士学位和在医学院从事教学的相应证书；但他始终没有完成博士学位的论文，因而没有获得有行医资格的博士学位。正如他后来所说：“博士的头衔将赋予我有权力去从事内科、外科和产科的实践，而我却还没学会给动脉出血的人扎绷带，或者做接生这样最

---

① Heidelberger, *Nature from Within: Gustav Theodor Fechner's Psychophysical Worldview*, p. 23。

② Ibid., p. 22.

③ Kuntze, J. E., *Gustav Theodor Fechner (Dr. Mises)*, p. 39；转引自 Heidelberger, *Nature from Within: Gustav Theodor Fechner's Psychophysical Worldview*, p. 22。

简单的手术。”[①] 他在《简历》中也说：“我完成了我的医学教育的理论和实践，达到莱比锡大学医学院的中等成绩。我也撰写了学位论文，但没有完成必须完成的口腔预防研究。”[②] 在其成名之后，他被莱比锡大学和德累斯顿大学授予荣誉博士学位。

二、费希纳的学术历程

由于费希纳的目标在于学术前程，在获得硕士学位的同一年，他以拉丁文完成一篇题为《探讨一般机体论的前提》（1823）[③] 的教职资格论文，其论文包含九个论题，其中第二个论题是：“心身关系之间以这样一种方式存在严格的平行论，即一个人可以完全理解这种关系，他人则可以建构这种关系。”[④] 这个观点显然不仅预见了其心理物理学，也预示了其终身关注身心关系的问题。费希纳本来计划进行“谢林和奥肯的自然哲学观念”讲演，但写完教职资格论文后，他发现自己还有很多问题没有想清楚。他说：“我相信自己前进的方向是正确的，但却还没有达到确定的目标。我绞尽脑汁，从黎明到黄昏，有时到深夜寻找深入而可靠的根据，但我从来都没有因我所取得的成就而快乐过。”[⑤] 所以，他因挫折而痛苦，因而完全放弃自然哲学而转向自然科学。他的这个决定尤其受到韦伯的生理学课的启发，声称他从中第一次了解了“正确的科学观念”。此外，经济问题也是促使其放弃自然哲学的重要原因。他在《简历》中写道：“在我读大学期间，除了刚开始时能得到我母亲的少量资助外，我靠少得可怜的奖学金和做家教的收入养活自己。最后我能够与鲍姆加滕（Baumgärten）和沃斯（Voss）出版公司取得联系，因而可以养活自己，并为我个人的物理学研究提供基金。这种有报酬的写作

---

① 转引自 Adler H. E.，“Gustav Theodor Fechner：A German Gelehrter，” In Kimble，G. A.，Wertheimer，M.，& White，C.，*Portraits of Pioneers in Psychology*，*Vol. 2*，Lawrence Erlbaum Associates，Inc.，New Jersey，1998，p. 2。

② Fechner，G. T.，“Lebenslauf，” p. 3；转引自 Bringmann，W. G.，& Bringmann，M. W.，& William，D. G.，“Gustav Theodor Fechner：Columbus of New Psychology，” *The Journal of Pastoral Counseling*，1992，27：54。

③ Fechner，G. T.，“Premises Toward a General Theory of Organisms，” M. E. Marshall（Trans.），*Journal of the History of the Behavioral Sciences*，1974，10：438-447.

④ Adler，H. E.，“Gustav Theodor Fechner：A German Gelehrter，” In Kimble，G. A.，Wertheimer，M.，& White，C.，*Portraits of Pioneers in Psychology*，*Vol. 2*，p. 2.

⑤ Kuntze，J. E.，*Gustav Theodor Fechner*（*Dr. Mises*），p. 106；转引自 Heidelberger，M.，*Nature from Within*：*Gustav Theodor Fechner's Psychophysical Worldview*，p. 26。

帮助我准备翻译和修订比奥特（Jean-Baptiste Biot）的物理学教科书。我以这种方式开始并不停地发生变化的科学活动，能够从那些努力所获得的研究中看到。”①

在《实验心理学史》中，波林根据费希纳的著述，将其一生划为如下几个阶段：“他当了7年的生理学家（1817—1824），15年的物理学家（1824—1839），卧病12年（1839—1851），14年的心理物理学家（1851—1865），11年的实验美学家（1865—1876），时断时续地当了至少40年的哲学家（1836—1879），最后11年，由于公众对心理物理学的赞赏和批评，这位耄耋老人又将注意返回到心理物理学（1876—1887）——总之，这70年记录了他对各种学术知识的兴趣和努力尝试。”② 这一划分大致是合理的。

（一）物理学家（1824—1839）

1823年，费希纳以生动流畅、言简意赅的文笔编写了两本通俗的科学小册子：一本是关于逻辑学概论的，即《针对自学和学校授课的逻辑学要义问答手册》（*Katechismus der Logik oder Denklehre bestimmt zum Selbst und Schulunterricht*）；另一本是关于生理学教科书的，即《人类生理学的问答手册》（*Katechismus oder Examinatorium über die Physiologe des Menschen*）。他也开始大量翻译和改写法国科学著作，其中最重要的是1824年翻译的比奥特的《实验物理学基础》（*Précis Élémentaire de Phyique Expérimentale*）③，1825年翻译的泰纳（Louis-Jacques Thénard）的《基础化学论》（*Traité de Chimie Élémentaire*）④。费希纳对这两部书都撰写了附加的卷本和额外的补充章节，特别是《基础化学论》的第4和第5卷几乎完全是他本人所写的。他的翻译工作量大得惊人。据波林统计，至1830年他已翻译12本以上的书籍，共约9 000页⑤；

① Fechner, G. T., “Lebenslauf,” pp. 8-10；转引自 Bringmann, W. G., Bringmann, M. W., & William, D. G., “Gustav Theodor Fechner: Columbus of New Psychology,” *The Journal of Pastoral Counseling*, 1992, 27: 55。

② Boring, E. G., *A History of Experimental Psychology* (*2nd ed.*), pp. 283-284.

③ 德文译名为 *Lehrbuch der Experimental-Physik oder Erfahrungs-Naturlehre*（《实验物理学或经验自然科学教科书》，四卷本）。

④ 德文译名为 *Lehrbuch der Theoretischen und Praktischen Chemie: In Sechs Bänden*（《理论与应用化学教科书》，七卷本）。

⑤ 参见 Boring, E. G., *A History of Experimental Psychology* (*2nd ed.*), pp. 283-284。

另据海德尔伯格（Michael Heidelberger）统计，从1822年至1838年期间，费希纳的译作每年都保持着1 500～2 000个印刷页码[①]。他翻译和修订法国的物理学和化学教科书，改变了当时德国科学知识落后的局限，也正是这个翻译工作使他掌握了足够多的物理学知识，成名为一位物理学家，为他的教学和研究奠定了扎实基础。正如他所写，翻译工作引导他"向下找到一条更精确的路径，我意识到这条路径正是科学领域中清晰、确定和创造的唯一之路……我扪心自问：比奥特把所有类似于光学现象的这样规律性和法则性排列的事物解释得如此清晰，而奥肯和谢林的方法能解释吗？后者几乎不是科学的方法"[②]。1827年，他获得萨克森政府的资助，访问巴黎三个月，拜访了比奥特、泰纳和安培（André-Marie Ampère），这些人的教科书他都翻译过。他也看望了生活在巴黎的哥哥克莱门斯，还顺道游览了向往已久的莱辛巴赫瀑布（Reichenbach Falls）[③]。

费希纳对最新物理学和化学的兴趣影响了其职业选择。1823—1824年冬季学期开始，他担任莱比锡大学医学院的讲师，讲授普通生理学和特殊生理学。由于他对比奥特著作的成功翻译和恰当编辑得到认可，《实验物理学基础》第二版又于1828—1929年出版，随后因物理学家吉尔伯特（Ludwig Wilhelm Gilbert）逝世，费希纳被任命为莱比锡大学的临时物理学教授，直到由布兰德斯（Heinrich Wilhelm Brandes）来接替这个职位。校方原初有意长期给费希纳这个职位，但世俗的观念致使此事搁浅，因为他太年轻了。在完成临时教授的定额工作量之余，他继续担任没有薪水的讲师，讲授电学、流电学（galvanism）、电化学、磁学（magnetism）、电磁学以及总论性的"物理学和化学的最新进展"。在1831—1832年冬季和夏季学期还讲授气象学。他还全心全意地研究柯西（Cauchy）[④]最难懂的数学，认为没有数学，物理学就不能取得任

① 参见 Heidelberger，M.，*Nature from Within：Gustav Theodor Fechner's Psychophysical Worldview*，p. 27。

② Kuntze，J. E.，*Gustav Theodor Fechner*（*Dr. Mises*），p. 39；转引自 Heidelberger，M.，*Nature from Within：Gustav Theodor Fechner's Psychophysical Worldview*，p. 27。

③ 莱辛巴赫瀑布位于瑞士中部伯恩州，是阿尔卑斯山脉最大瀑布之一，有5级小瀑布，总落差200米。因英国侦探小说家、"福尔摩斯之父"阿瑟·柯南·道尔（Arthur Conan Doyle）《最后一案》（*The Final Problem*，1893）而闻名。在该小说中，道尔让福尔摩斯和他的死敌莫里亚蒂教授一起葬身于莱辛巴赫瀑布。

④ 柯西（Augustin Louis Cauchy，1789—1857）是法国数学家、物理学家、天文学家，其最重要的数学贡献在微积分学、复变函数和微分方程，是分析数学的重要奠基人。很多数学的定理和公式也都以他的名字来命名，如柯西不等式、柯西积分公式、柯西中值定理等。

何成就。在那个时代，他对待物理学的这种态度在德国学者圈子中的确是不同寻常的。直到19世纪后半叶，数学方法还没有被德国物理学家引入并推进物理学的研究，而巴黎综合理工学院的实验物理学则在这方面得到大力发展。1834年，物理学家和大学校长布兰德斯逝世，年方33岁的费希纳终于被聘为薪水丰厚的物理学教授，且享有终身津贴。1835年，他在莱比锡大学建立了德国第一个物理学研究所。

在从事翻译和教学的同时，费希纳还投身于物理学研究，主要侧重电学理论、电磁学和电化学研究。这是他非常多产的时期，从1827年起他开始发表自己大量的科学论文和著作。到了1830年，连译带著共发表了40篇以上关于物理学的论文。1829年，他出版《最新植物分析成果：附详尽的化学—物理学描述》（*Resultate Der Bis Ietzt Unternommenen Pflanzenanalysen*：*Nebst Ausfürlich Chemisch-physikalischer Beschreibung*）。1932年，他出版三卷本的《实验物理学大全》（*Repertorium der Experimentalphysik*）。这部书可以说是德国第一种物理学杂志，即1845年创刊的《物理学进展》（*Fortschritte der Physik*）年刊之前身。

费希纳最初从事电学实验，把翻译和写作的稿费用来购买实验器材，并开始研究欧姆定律。当时电流的性质刚开始为世人所知晓。欧姆（G. S. Ohm）在1826年为电流、电阻、电势能在电路中的关系规定了一个著名的定律即欧姆定律。费希纳是德国第一个认识到欧姆定律重要性的人，他以大量实验加以检验。他深入研究电流的极化效应（polarization effects of electric current），完成135个独立实验。1831年，他以这些实验为基础发表了一篇很重要的论文——《论直流电量的计算》（"Quantitative Determinations of the Galvanic Chain"），这篇论文成就了其物理学家的名声。1830年，他创办了《重要药物学报》（*Pharmaceutisches Centralblatt*），这一杂志至今仍存在。到了这个时期末，费希纳的研究第一次显露出类似心理学的兴趣：1838年有两篇论文讨论补色和主观色，1840年还有一篇讨论主观后像的著名论文。他对心理学的兴趣尤其是对主观后像的兴趣在其《心理物理学纲要》中十分明显地体现出来。但是总的来说，费希纳此时仍是一个有希望的年轻物理学家，具有德国教授的广泛学术兴趣。他继续发表讽刺文章，如《论天使的比较解剖学》（"Vergleichende Anatomie der Engel," 1825），1924年还以米赛斯博士署名出版一本《五角星花混合物》（*Stapelia Mixta*），该书是以米赛斯博士为笔名的文章的论文集。1830—1834 年，他主编八卷本的《家庭百科全书：家庭实用生活知识手册》（*Das Hauslexikon: Vollständiges Handbuch Praktischer Lebenskenntnisse Für Alle Stände: Erbsen U. Schoten-Hakenlilie*），每卷 800 页至 900 页。他本人以散文般的文笔撰写了其中差不多 1/3 条目，例如"雕刻食物"、"布置餐桌"等。此项任务耗费了他大量的时间和精力，以至于向大学和政府请求推迟至 1835 年 12 月才正式就任物理学教授职位。他从 1836 年开始出版哲学著作。可见，他在这一时期的工作强度超出常规，取得的成果空前丰硕。

那时，费希纳是莱比锡大学令人欣羡的学术团体中的一员，他的好友、生理学家和解剖学家福尔克曼（A. W. Volkmann）在 1837 年前往多尔巴特（Dorpat）大学之前，也是这个团体的成员。1833 年，费希纳迎娶福尔克曼的妹妹。婚后生活幸福，但未生育儿女。后来他的妹妹孔策夫人（Frau Kuntze）带着六个孩子来到费希纳家里居住。他的最大外甥约翰尼斯·孔策（Johannes Kuntze）过继给他做养子，后来成为大学法律教授和王室顾问，费希纳逝世后，他应养母之求为费希纳立传，于 1892 年出版了第一本费希纳传记《古斯塔夫·西奥多·费希纳（米赛斯博士）》[*Gustav Theodor Fechner* (*Dr. Mises*)]。这也是后来所有费希纳传记的作者所依据的版本。同时，费希纳还积极参与莱比锡最好的知识分子圈子的社会活动。这个组织的中心人物是这个城市的音乐界人士——费利克斯·门德尔松（Felix Mendelssohn），那时他是交响乐管弦乐队雷打不动的指挥家。罗伯特·舒曼（Robert Schumann）和费希纳的甥女克拉拉·舒曼（Clara Schumann）[①] 经常作为出版家哈特尔（Härtel）[②] 的客人参与到费希纳的讨论中。费希纳的《心理物理学纲要》中有关音调的章节显然体现了他早年对音乐的兴趣。

（二）卧病 12 年（1839—1851）

尽管费希纳取得巨大的成就，但他却是一个有严重焦虑情绪的人。早在结婚之前他就饱受头痛的折磨，在其创造性工作的那些年里，他难以控制自己一直不停的思维，觉得思想在飞翔，不能集中注意力。他担

---

① 克拉拉·舒曼是费希纳妹妹克莱门蒂内的继女。

② 哈特尔是费希纳妻子的亲戚。

心自己的健康，用他的话来说："我头疼的状况已经很严重，布兰德斯教授的去世对我渴望莱比锡大学物理学教授敞开了道路，但我对申请这个职位感到非常不安。甚至在我被提名后，因为有特殊情况，我产生了放弃的念头。我觉得我没有能力胜任该职位。"[①] 这个特殊情况毫无疑问指的是他即将来临的婚姻。他多年来一直在十分努力调停自己内部的冲突。他尝试通过旅游来恢复，但没有成功。他又尝试研究主观后像来克服自己的情绪问题和认知困难，他希望通过具体的实验研究来分散其无辔头的哲学沉思和思想的飘动。结果是"屋漏偏逢连夜雨"，老病未除又添新疾。正如他说："因为做主观颜色现象实验，要求通过有色玻璃长时间看太阳，从天刚亮就进行大量辛苦的观察，不久我的眼睛受到损伤。大约到了 1839 年圣诞节，我完全不能用眼，甚至中断了我的大学演讲。"[②] 之后他的情况变得更糟。他不能睡觉，变得抑郁，且讨厌上课。不得已他于 1840 年辞去物理学教授的职位[③]，拿着退休津贴退休。自此他成为一名自由学者。1845 年，他完全康复，撰写了一篇关于其患病的报告，详尽描述了他用于治疗自己疾病的方法，后来收入约翰尼斯·孔策所写的《古斯塔夫·西奥多·费希纳（米赛斯博士）》传记中。人们从中可以发现费希纳对其病史是清醒而冷静的。

费希纳的疾病令人费解，也成为莱比锡知识分子圈子内的谈资。他努力与病痛作斗争，只要条件许可，他先坚持在夜晚或阴天长时间散步，后来蒙着眼睛或带着特殊面罩去散步。在患病早期，他还通过写诗来寻找兴趣和克服心烦意乱。他的诗歌有浪漫的民谣、抒情或幽默的韵文和押韵的谜语。1841 年，他以米赛斯博士署名出版了一本《诗集》(*Gedichte*)。诗歌似乎具有宣泄作用，也似乎被他用来作为回忆和重现过去曾带给他快乐的视觉经验的手段。其诗歌还具有幽默的意蕴，如他的长诗《蒲公英与猴子》（"Pug and Monkey"）或《老鼠的天堂》（"Mouse Heav-

---

① 转引自 Adler, H. E., "Translator' Foreword," in Fechner, G. T., *Elements of Psychophysics*, *Vol*. Ⅰ, p. xxi。

② Fechner, G. T., "Lebenslauf," p. 11；转引自 Bringmann, W. G., Bringmann, M. W., & William D. G., "Gustav Theodor Fechner: Columbus of New Psychology," *The Journal of Pastoral Counseling*, 1992, 27: 56。

③ 他的职位后继者是威廉·韦伯。1837 年，韦伯放弃了在哥廷根大学物理学教授的职位，因为当时新加冕的汉诺威国王（King of Hanover）推迟国家宪法的实施，有七位教授为了表示反抗而辞职，威廉·韦伯就是其中的一个。这就是所谓的"哥廷根七君子"事件。威廉·韦伯曾向政府和校方建议，等费希纳康复后仍做物理学研究所的所长，他本人则担任新的电磁学实验室主任。

en”)。他主要是为自己寻找快乐，并让朋友们知道他并没有失去一切。费希纳也努力通过各种传统的和尝试性的方法进行自治，如泻药法、电击法、洗眼法和蒸汽疗法、麦斯麦术（Mesmerism，即催眠术）和草药疗法。尽管这些自助方法没有给其病情带来任何改善，但至少没有进一步恶化。相反，由医生给他的强制性治疗效果并不好，他们给他用奇异的治疗方法即所谓的艾灸法（moxibustion），这是那个时代治疗消化不良、风湿病和其他疑难杂症的一种令人惊奇的疗法。艾灸法类似于起源我国的针灸疗法，直接在患者的皮肤上点燃少量的芳香植物，用这些外部刺激因素以一定的方式抵消内部因素。在费希纳看来，这种方法不但对治病没有帮助，而且还使其病情加重。他写道："在 1841 年 12 月，以燃烧的医用圆桶连续三天放在我身上，我至今仍然留下伤疤。它不但没有达到治疗目的，反而令我更加痛苦。由这种治疗导致严重的感染和化脓，似乎耗尽了我身体剩下的所有力量。"①他指责这种野蛮的治疗导致其严重的进食困难。实际上他感到很饥饿，但却产生了愿意吃而怕不能消化的强迫性幻想。于是他拒绝进食，强制自己绝食使他几乎濒临死亡。他除了感到饥饿和眼瞎的极度痛苦，接下来一年他又遭受心理困扰的折磨，担心其心理能量全都被破坏了。

费希纳长期患病的第一个阶段终于在 1842 年 2 月获得奇迹般的转机。他母亲的一个女性朋友多丽丝·赫彻夫人（Mrs. Doris Hercher）梦见一种奇怪的食物，费希纳孱弱的身体可能有吸收功效。这种食物是由生山楂和香料末相混合，并经莱茵河葡萄酒与柠檬浸泡而调制出来的。1842 年夏天，他的疾病出现些许好转，他重新开始写日记，用一种奇妙装置使他能在黑暗中写作，他还可以在阳光下逗留一会儿。费希纳又开始享受他人的陪伴，他最忠实的客人可能是哲学家和心理学家洛采，洛采看过费希纳几乎所有的日记，花较长时间和费希纳安静地待在一个黑暗的房间里，而不对其朋友说一句话。

1842 年秋天，费希纳的病情再次加重。他的恐光症变得很严重，他只能待在完全黑暗的房间里，用百叶窗帘和厚窗帘布遮住窗子，房间的墙壁被涂成黑色。他与外界的交流是透过门上一个漏斗形状的小孔，这样的设计是阻挡光线进来。他还戴着特殊的布面具，裹着薄金属片，以阻隔令他痛苦的光线，从而不给他的眼睛带来任何压力。他极少离开

① Kuntze, J. E., *Gustav Theodor Fechner* (*Dr. Mises*), p. 110.

其独立的房间，他保持沉默，对其亲戚或妻子都很少说话。只让其母亲在外为他朗读。他还出现胡思乱想，似乎非常害怕自己变成无望的精神病患者。他因为自己总是要不断地说出脑子里那些讨厌的想法而备受折磨。他曾非常详细地描述自己的这些症状："我的疾病的一个主要症状是无法用自己的意志来控制自己的思想。不管什么时候，只要某个主题让我产生了兴趣，甚至只有一丁点儿兴趣，我的思想立马就会搅乱这个主题，这些思想会一次又一次地出现，直到它们以言语的方式深深地钻进我的脑子里，而这会导致我病得越来越严重。我清楚地感觉到，除非我能够阻挡那些让人烦扰的思想洪流，否则，我的心灵就会迷失。那些最不重要的事情常常也会以这样的方式干扰我，常常会让我花几个小时，甚至几天的时间来摆脱这些烦恼。"①这表明他是一个非常熟练的自我观察者。

费希纳积极地与这些思想障碍作斗争。他认为，他最终的康复是因为他一直都顽强地坚持要控制自己的思想。他后来写道："从某种程度上说，我的心灵被分成了两部分——我的自我和我的思想。这两个部分彼此对立。思想试图战胜我的自我，将它推向通往奴役和疾病的道路……此时，我的心里所关注的不是思想，而是专注于不懈地尝试停止并控制我的思想。我常常觉得自己就像是一个骑马的人，试图控制一匹在我面前已经失去了权威的马，或者，就像是一个遭到了人民反抗的王子，他正慢慢地召集各种力量和士兵来帮助他重获王国。"②

费希纳自己还开发了一种作业疗法（occupational therapy）来帮助他消磨时间，使他不那么焦虑。他说："我寻求机械作业，我不需要用到眼睛和心灵就可以从事这些作业，这样，选择就会非常有限。我做绳子和绷带，制造蜡烛……缠毛线，在厨房里帮助分类清洗小扁豆，做面包屑，把棒棒糖碾成糖粉。在我自己家里以及在我每晚都要去的妈妈家里，我还削胡萝卜皮，并把它们切碎。"③

费希纳说，他之所以没有自杀，是因为妻子对他的挚爱照顾以及他的宗教信仰，尤其是他相信，在这个世上他所受的痛苦是有意义的，他

---

① Kuntze，J. E.，*Gustav Theodor Fechner*（*Dr. Mises*），p. 110；转引自 Balance，W. D. G.，& Bringmann，W. G.，*Fechner's Mysterious Malady*，unpublished。

② Kuntze，J. E.，*Gustav Theodor Fechner*（*Dr. Mises*），pp. 114-115；转引自 Balance，W. D. G.，& Bringmann，W. G.，*Fechner's Mysterious Malady*，unpublished。

③ Kuntze，J. E.，*Gustav Theodor Fechner*（*Dr. Mises*），p. 115；转引自 Balance，W. D. G.，& Bringmann，W. G.，*Fechner's Mysterious Malady*，unpublished。

的疾病对未来生活而言非常重要。他曾说过："我一千次地希望自己死了。事实上，我本来早就自杀了，但却深信，这样一种罪恶并不能让我得到什么，我必须在以后的生活中弥补所受的一切痛苦……有时候，我在想我当前的这种状况是不是仅仅只是一种作茧的状态，破茧后，我就可以重获力量来投入生活。"①

1843 年 8 月，费希纳的疾病到了临界点。这个时候，他因为这样一种想法而深感恐惧，他觉得自己的痛苦永无止境了。他这样安慰自己：上帝像工作一样，对他的考验不会超出他的忍耐范围，他需要背水一战。也就是在这段时间，他慢慢地重新产生了对生活和周围世界的兴趣。那个夏天，生活中所有快乐的声音——孩子们的嬉戏声、来访朋友的声音、月光照耀下花园里传来的歌声，这些都帮助他重新获得了生活的希望。他开始再次开口说话，如他自己所说，他学会了在句与句之间停顿，于是又能讲话了。同时他也发现，只要他不过分努力，头就不会疼。同样，他此时还发现自己可以短时间地睁开眼睛，而不感到疼痛了。他开始逐渐地增加与朋友、亲戚的社会交往。1843 年 10 月 5 日，费希纳一早就走进花园散步，这是很多个月以来的第一次。他说："我清楚地记得，在我遭受多年严重眼疾之后，第一次走进满是鲜花的花园的感觉。这种景象似乎比人们通常所能体验到的更为美丽。每一朵花都用其特别的光亮照射着我，就好像它在将自身的光投射进世界的光中。在我回到光线昏暗的房间后，花园的印象还一直伴随着我。那一刻，房间变得更明亮、更漂亮了，而我立马觉得要将一种内在的光感知为花丛中这种光的源泉。来自花丛的颜色影响了我的心灵。我毫不怀疑我已经发现了花的灵魂，并以一种奇怪的着魔心态产生了这样的想法：位于这个世界甲板背后的正是这个花园。对于那些仍在外面等待的人来说，整个地球都只不过是围绕这个花园的栅栏。"②

在这本《心理物理学纲要》第一卷中有一些段落明显体现了费希纳对其健康的十分担忧。我们知道他在担心其脾脏（"……一种芥末膏似乎减轻了我的疼痛"，本书第 243 页），他每天测量自己的脉搏，担心他的眼睛过度劳累。他在书中告诉我们在完成重量提举实验后的一些典型身体感受："……血液涌向头部，由于早期的损伤，头部是我比较脆弱

①② Kuntze, J. E., *Gustav Theodor Fechner* (*Dr. Mises*), p. 115；转引自 Balance, W. D. G., & Bringmann, W. G., *Fechner's Mysterious Malady*, unpublished。

的一个部位……”（本书第 250 页）他始终都是一位科学家，他继续分析他的感觉：“这种头疼的感受本身是一些我无法准确描述的感觉，以及我持续性遭受严重的耳鸣。”[①]

当费希纳又一次勇敢走进花园看到鲜花时，立即产生了《南娜[②]：或论植物的心灵生活》(*Nanna-oder über das Seelenleben der Pflanzen*, Dr. Mises，1848) 这本书的思路。在经历了花园中的高峰体验后，他很快就完全恢复了健康。他再一次享受起了美食和朋友的相伴。他重新开始了每天轻松的散步，更为重要的是，他再次开始投入写作和研究。不过用眼困难和周期性头痛没有痊愈。

在费希纳的治疗史中，最为重要的方面很可能是：他的康复主要是自我激发的。他积极主动地与自身严重的情绪问题和认知问题作斗争，并因此重获希望。在这样的背景下，费希纳必定算得上是少数杰出人物当中的一个，这些人（比如歌德）都详细地报告了自身所遇危机的特征与结果，更具重要意义的是，他们还都想出了治疗的方法，并成功地实施了治疗。虽然很长时间以来，弗洛伊德和他的门徒一直宣称，费希纳是他们的自己人，但有趣的是，费希纳的自助方法却不强调内省（introspection)，而是聚焦于具有整合效应的行为活动。

后来其他人尝试诊断和描述费希纳的疾病。1894 年，莱比锡的神经病学家、费希纳的朋友莫比乌斯（Paul Julius Möbius）认为，费希纳患的是痛性运动不能症（akinesia algera)，“缺少移动性，是由于没有真实痛苦原因的痛苦活动”，外加神经衰弱前史。1925 年，精神分析师赫尔曼（Imre Hermann）从精神分析的观点解释费希纳的疾病，猜测这是一种未曾治愈的俄狄浦斯情结冲突（Oedipus conflict)，并将之解释为“子宫退行”（intrauterine regression）问题。这个分析看起来是表面性和有疑问的。1970 年，精神病学史家埃伦伯格（Henri F. Ellenberger）认为，费希纳的疾病“可能是由于视网膜损伤导致的重度神经症性抑郁和忧郁症候”。1976 年，心理学家布林格曼（Wolfgang G. Bringmann）和巴兰斯（William D. G. Balance）将费希纳的疾病解释为“具有明显的抑郁性、强迫性和忧郁性的混合性心理神经症”。1991 年，医学史学家克里斯蒂娜·施罗德（Christina Schröder）与临

---

① 转引自 Adler, H. E.,“Translator's Foreword,” in Fechner, G. T., *Elements of Psychophysics*, *Vol. I*, p. xxii。

② Nanna（南娜）是挪威条顿民族神话里的花神。

床心理学家哈里·施罗德（Harry Schröder）把费希纳的疾病诊断为“带有轻度躁狂和躁狂后变异的抑郁性精神病”，是慢性的过高要求和疲劳引发的。[①] 心理学家詹姆斯（William James）早年则指出，费希纳患的是“习惯性神经症”（habit-neurosis）。

传统的观点一直将费希纳的身体衰弱归因于过度疲劳，尤其是他为写大量的出版物和研究而作出的努力。他的视觉损伤一直以来都被视为是一种额外的高强度压力。相反，我们的观点是：他的强迫倾向和如此拼命工作的倾向是为了控制自己的焦虑。他之所以会突然出现更为严重的障碍，是因为他的视觉损伤使得他无法工作，而这些工作是他一生中大多数时间都用来作为有效防御机制的手段。[②] 当然，诱发因素有很多。他过高的成就需要永远都不可能得到满足，虽然他取得了如此显著的成功，但还是深感挫败，一点都不满意。还有一个可能的原因是他对父亲的强烈认同（他父亲在跟他差不多年纪的时候也患上了严重的疾病，拖了两年就去世了），这种强烈认同使费希纳对自身的健康问题作出了恐慌、绝望的反应。近期关于成年生活发展阶段的研究表明，34到43岁是中年危机时期，处于这个年龄段的个体会突然产生这样一种情绪觉察，即死亡不仅不可避免，而且事实上它正不断靠近。这是生命中一个不安定的时期，此时，价值观会遭到质疑，早年被他放弃的自然哲学的同一性问题也会再次被翻出来。费希纳是在被任命为教授之后不久进入这样一个阶段的，当时他的身体正在康复。这样的中年危机常常会开创一种更为自主、更具创造性的生活方式。费希纳带着一种使命感和一种性格的蜕变，走出了中年危机。[③] 相比于他早期的作品（这些作品深受出版商之要求和他自身维持生计之需要的影响），费希纳余生所发表的作品无一例外都是致力于探讨他理智上感兴趣的问题。这些后期的作品在风格上也有了显著的不同。我们发现，与他早期科学研究作品往往作过多说明的枯燥风格不同，他后期的作品结构控制得很好，有时候，甚至是在探讨最为专业的主题时，我们也能发现一些抒情的段落，这种风格在以前费希纳的纯文学作品中是完全禁止的。细细品读一下他生命中后44年间的作品，我们就能很好地理解为什么这场危机一直都

① 参见 Heidelberger, M., *Nature from Within: Gustav Theodor Fechner's Psychophysical Worldview*, pp. 40-50。

②③ 参见 Balance, W. D. G., & Bringmann, W. G., *Fechner's Mysterious Malady*, unpublished。

被人们视为“富有创造性的疾病”了。①

在停滞了六年之后，于1846年在莱比锡大学再次定期进行讲演时，费希纳并没有接受报酬。他觉得，自己的义教是回报给他的津贴。他没有像过去一样做一些物理学或其他分配给他的主题讲演。相反，他涉及的主题都是与他当前的研究和写作项目相关的，如心理物理学、美学以及任何当时感兴趣的东西。事实上，他似乎是将这些备受喜爱的讲演当做一种手段，来尝试他的观点，并在发表之前得到一些反馈。

自40岁以后的10年间，是他的著述贫乏时期。他以“米赛斯博士”署名，于1841年出版一部《诗集》，之后又发表几篇论文。这一期间出版的其他著作还有《南娜：或论植物的心灵生活》、《论至善》(*Ueber das höchste Gut*，1846)②、《谜语小书》(*Riddle Booklet*，1850)，《谜语小书》在其有生之年重印四次。

(三) 哲学家 (1836—1879)

费希纳作为哲学家的生涯始于1836年以“米赛斯博士”笔名发表的《论死后生命小书》(*Das Büchlein vom Leben nach dem Tode*)③，此时他正处于物理学生涯的顶峰时期。他写这本小书初衷是为了安慰一位刚刚亡妻的朋友。他认为人的生命不是一次，而是三次。第一次是原始的睡眠状态，第二次是我们都熟悉的生命，最后是不朽的生命。美国著名的哲学家和心理学家詹姆斯认为这本小书是费希纳的写作天才的最好明证，这本书后来也的确成为费希纳最畅销的一本书，最近又再次重版。费希纳患这场大病的主要结果是加深了他的宗教意识及其对于灵魂问题的兴趣。因此，对于他这样一个深喜理智生活的人，很自然地就转向了哲学，加重了其人文主义的色彩，而这种色彩本来就是其人格特性之一。他病后的哲学著作首推1848年出版的《南娜：或论植物的心灵

① 参见Balance, W. D. G., & Bringmann, W. G., *Fechner's Mysterious Malady*, unpublished。

② 英文译名为“Concerning the Highest Good”。

③ 该书有两个英译本：一个是*Life after Death*, Hugo Wernekke (Trans.), Open Court Publishing Company, La Salle, 1906；另一个是*The Little Book of Life After Death*, Mary Wadsworth (Trans.), Pantheon Books, New York, 1904。后一个译本詹姆斯撰写了一个特别导言，并高度评价了这本小书，尽管詹姆斯后来极其贬损费希纳的《心理物理学纲要》，认为费希纳的呆板心理物理学方法对心理学没有益处。1992年，美国《教牧咨询杂志》(*The Journal of Pastoral Counseling*, Vol. XXVII) 又专门为后一个译本做一期专刊，重刊全书，并刊出五篇相关评论文章。

生活》，该书是讨论植物心灵的著作。费希纳在科学唯物论时期，甚至在达尔文（Charles Darwin）尚未提出动物心灵的问题之前，就主张植物的心灵生活，这未免在科学界招来诸多非议，但那时费希纳自认为负有一种哲学使命，决不能保持沉默。他受到唯物论的干扰，这从他1836年发表的《论死后生命小书》中可推知。他对于灵魂问题的哲学解释，在于承认心物的一致，并且主张整个宇宙均可视为有意识的，这个观点他后来称其为“光明说”（day view），至于把宇宙看成无生命物质的观点则被称为“黑暗说”（night view）。植物意识的证明，只是这个计划中的第一步。

三年后，费希纳发表一部更重要的哲学著作《〈阿维斯陀经〉[①] 注解或者论天堂与来世：来自沉思自然的观点》（*Zend-Avesta*，*oder über die Dinge des Himmels und des Jenseits*：*Vom Standtpunkt der Naturbetrachtung*，1851）[②]。费希纳的主要用意，是欲使此书成为一个新“福音”。书名的意义实即“上帝的启示”。在他看来，意识弥漫于宇宙之内。“我们的母亲”——地球——与我们相似，但比我们更完美。灵魂是不死不灭的，且万物皆有意识，唯物论者便不能排斥灵魂了。费希纳的论点是不合理的，他渴望说服他人，借助于似是而非的比拟发挥其主题。这种推论，除了他的态度认真严肃以外，就是有几分类似他早年以“米赛斯博士”署名发表的《论天使的比较解剖学》（1825）的讥讽文章。费希纳在这篇文章里，认为天使作为最完美的存在，应为圆形，因为圆形是最完美的形状。他认为，自然界就像一个圆，从里外看都是同样的圆。费希纳可以被认为是认识论上的双重一元论者（a dual-aspect monist）和形而上学上的泛灵论者（panpsychist）。但是费希纳在《〈阿维斯陀经〉注解》一书中的论述却是十分严肃的。十分奇怪的是，该书附有费希纳心理物理学的研究计划，因此就与实验心理学有着承接关系。

费希纳后来在1861年的《论心灵：透过有形世界发现无形世界》（*Ueber die Seelenfrage*：*Ein Gang durch die sichtbare Welt*，*um die unsichtbare zu finden*）一书中说道，他自己曾四次呼唤仍未被唤醒的沉睡的社会。“我现在，”他继续写道，“第五次大声疾呼，‘觉醒吧！’。如果我还活着，我还会呼唤第六次、第七次，并且一直呼唤下去。”他

---

① 《阿维斯陀经》是古代波斯祆教，即拜火教的圣书。

② 英文译名为 *Zend-Avesta*，*or On the Things of the Heavens and the Next World*，*From the Standpoint of Meditating on Nature*。

在 1863 年出版的《信仰的三种动机与理由》(*Die drei Motive und Gründe des Glaubens*, 1863) 一书中作了第六次呼唤。1879 年,即冯特在莱比锡成立心理学实验室开始研究的那年,费希纳出版《光明说与黑暗说》(*Die Tagesansicht gegenüber der Nachtansicht*, 1879),以其“光明说”与“黑暗说”向睡梦的世人,作第七次也是最后一次呼唤。那时候他已经 78 岁了。从 1836 年到 1879 年间共出版八本哲学著作。除前面提到的六本,还有《关于有机体创造与进化史的观点》(*Einige Ideen zur Schöpfungs- und Entwickelungsgeschichte der Organismen*, 1873)、《对自然力学说及其倡导者最后时光的回忆》(*Erinnerungen an die letzen Tage der Odlehre und ihres Urhebers*, 1876) 等。这些哲学著作表明了费希纳对自己的“福音”有着持久且广泛的信仰。可是社会即使在费希纳呼喊到第七次时,仍旧没有觉醒。不过他的哲学颇有些引人注意,这些著作后来也多数再版行世;然而费希纳仍以心理物理学家,而非以负有使命的哲学家而名留后世。

(四) 心理物理学家 (1851—1865)

作为一代物理学家,费希纳一方面从哲学上探讨心物作为看待宇宙中万物的两种不同方式,另一方面给这个思想以具体的经验论形式用以证明当时唯物的理智论。所以费希纳认为,这个新哲学需要一个牢固的科学基础。由于致力于泛灵论 (panpsychism),认为自然中所有一切都具有心灵,同时排斥笛卡尔的身心二元论,他对于心理世界与物理世界的关系采取了一种双重一元论的观点。双重一元论认为,心理和身体是同一个存在物的两个方面。他提出,就像一条曲线上每个点都可以用凹面和凸面来描述一样,自然界中的一切也可以很容易从心理视角和生理视角来看待。换句话说,心理和生理是个体经验自然界的两个方面。考虑到自然界的两面性,紧接着出现的问题便是其心理方面和生理方面之间存在的函数关系。在解决这个问题的过程中,费希纳设计出了心理物理学方案。正如他自己所描述的:“这项任务一开始根本不是要找到一个心理测量的单位,而是要寻求生理方面和心理方面之间的函数关系,以精确地表达它们之间整体的相互依赖性。”[1]

---

[1] Fechner, G. T., *Elemente der Psychophysik*, *II*, Breitkopf & Hartel, Leipzing, 1860, p. 559; 转引自 Wozniak, R. H., “Introduction to Elemente der Psychophysik: Gustav Theodor Fechner (1860),” In *Classics in Psychology, 1855 - 1914: Historical Essays*, Thoemmes Press, Bristol, 1999。

不过，为了实现这一目标，费希纳必须找到一种方法来测量心理过程的强度；这是一个非常重要的问题。与物理过程（物理过程是外在的、公开的、客观的，可以进行直接测量）不同，心理过程是内在的、隐秘的、主观的，不能直接进行测量。不管怎样，必须发展一种间接的方法。据他的自述，1850 年 10 月 22 日的早晨，他躺在床上思考这个问题，突然有了一种洞见，得到了整体纲领性的解决方法。他认识到，心理强度的相对增强可以根据其所需身体能量的相对提高来进行测量。事实上，这一洞见明确了心理物理方案，他将之写成《数学心理学的新原理大纲》（"Outline of a New Principle of Mathematical Psychology"）一文，后收入《〈阿维斯陀经〉注解》(1851) 一书的附录。

这个方案尚需付诸实施，费希纳便开始这方面工作了。在接下来的 10 年中，哲学家费希纳并没有失去物理学家费希纳对实验的关心。他全身心地致力于发展测量方法，还确立了说明测量一般问题的数学公式。他完成了有关举重、视觉亮度、触觉及视觉距离的经典实验。费希纳开展这个新领域研究的基础是恩斯特·海因里希·韦伯于 1846 年的一项实验发现[①]和许多感官生理学家的研究方法。他的朋友兼妻兄福尔克曼对他的实验帮助颇多。其他资料尤其是星体的大小分类也都可以证明其中心论点。韦伯注意到，在许多感觉系统中，刺激（德语词是 Reiz，公式中用 R 表示）的最小可觉差是一个固定的比例。换句话说，我们能够注意到一个刺激（例如，光、声音）的比例变化，而不是该刺激强度增加或降低的绝对值。在 19 世纪 50 年代，费希纳将这一实验发现提升为一种更具普遍性的观点。他以数学的方式整合了韦伯提出的关系：$\Delta R/R=C$，其中 ΔR 代表差别阈限，R 代表刺激的强度水平，C 代表固定的比率即一个常数。费希纳在此基础上又提出，刺激量按几何级数增加而感觉量则按算术级数增加，并进一步推导出一个对数公式：$S=k\log R$，其中，S 为感觉到的刺激量，R 为实际刺激强度，k 为常数，log 为对数。费希纳称之为"韦伯定律"或"测量的基本公式"。其实，韦伯本人并不曾指出他的定律的重要性，而且可能只是模糊地看到这个定律的一般意义。韦伯谈到这个比例似乎是刺激的增加，并又将他对触觉的研究结果扩展到视觉及听觉范围，但他并未系统阐述这个特殊

① 指韦伯 1846 年发表的《触觉与一般感觉》。这部著作特别重要，1951 年又分两部分再版。

的定律。正是费希纳后来认识到自己的法则，实质上就是韦伯的研究所证明的，也正是费希纳给出了这个经验关系的数学公式，并称之为“韦伯定律”。后来人们将费希纳出于谦逊态度所称的“韦伯定律”改名为“费希纳定律”，而保留韦伯定律这个名称，主要是因为韦伯的这个简单陈述：一个刺激的最小可觉差与这个刺激的比例是一个常数。费希纳后来也声称这个观点并没有受到韦伯结果的启示，他提出心理测量可能性的基础并不是韦伯定律的有效性：“从原则上说，[感觉的可测量性] 与韦伯定律没有什么关系。”① 这些研究历时七年而未发表。其后于1858年和1859年先后发表两篇预期性短文，到了1860年，他在实验心理学领域最具创新性的著作——《心理物理学纲要》中发表了十年努力的结果。这本书要探讨“一门心身互相依存关系函数的精确科学，从更为一般意义上说，它是一门关于身体世界与心理世界、物理世界与心理世界之间关系的精确科学”②。

如果说这本《心理物理学纲要》震动了沉睡的世界，那是不公允的。实际上当时费希纳是不为人们所欢迎的。他的《〈阿维斯陀经〉注解》以及类似的著作引起科学家对他的厌恶，他也从未以哲学家著称。当时谁也没有想到他的这本书日后会重要起来。不过，这本书也没有引起众怒。它是有学术价值的，并有良好的实验和数学基础。尽管不免有一些哲学上的偏见，但对这些问题有兴趣的其他领域的科学家，则对这本书所有最重要的方面表示了关注。甚至在这本书未出版之前，费希纳在1858年发表的论文就引起了赫尔姆霍茨（Hermann von Helmholtz）

---

① Fechner, G. T., “My Own Viewpoint on Mental Measurement,” *Psychological Research*, 1987, 49, 4: 213-219.

② Fechner, G. T., *Elemente der Psychophysik*, *I*, Breitkopf & Hartel, Leipzig, 1860, p. 8. 关于这个定义至少有三种英文译法。一是波林和斯切尔所译：“[The] exact science of the functional relations [Boring, E. G., *A History of Experimental Psychology* (*2nd ed.*), p. 286.], or dependency, between body and mind and, more generally, between bodily and mental, physical and psychical world” (Scheerer, E., “The Unknown Fechner,” *Psychological Research*, 1987, 49: 198)。二是阿德勒所译：“An exact science of the functionally dependency relations of body and soul or, more generally, between the material and the mental, the physical and the psychical worlds.” [Fechner, G. T., *Elements of Psychophysics*, *Vol. I*, H. E. Adler (Trans.), Holt, Rinehart & Winston, New York, 1966.] 三是克洛尔所译：“The exact science of the functional relations of dependency among body and soul, more generally, between the corporeal and the mental, the physical and the psychical world.” [Heidelberger, M., *Nature from Within*: *Gustav Theodor Fechner's Psychophysical Worldview*, Cynthia Klohr (Trans.), University of Pittsburgh Press, Pittsburgh, 2004, p. 192.]。我们认为克洛尔的译文最接近费希纳的原意，也比较接近阿德勒的译文。

和马赫（Ernst Mach）的注意。赫尔姆霍茨于1859年对费希纳的基本原理有所修正。马赫于1860年开始在时间知觉方面验证韦伯定律，并于1865年发表其结果。冯特于1862年出版的第一本心理学著作及1863年出版的心理学著作①中，力赞费希纳研究的重要性。福尔克曼在1864年发表了几篇心理物理学的文章。奥贝特（Aubert）于1865年质疑了韦伯定律。德勃夫（Delboeuf）于1865年受费希纳的鼓舞，开始其对于亮度的实验，后来对心理物理学的发展贡献颇大。维洛特（Vierordt）在《心理物理学纲要》的影响下，于1868年也开始从事时间知觉的研究。伯恩斯坦（Bernstein）于1868年发表的辐射说（irradiation theory），间接参考了赫尔巴特的阈限定律，而直接基于费希纳的讨论。《心理物理学纲要》虽然没有引起轰动，但它获得了学界的关注，已足以使其在新心理学中占据一席之地。

（五）实验美学家（1865—1876）

费希纳为其哲学理论奠定了科学基础，准备转向其他领域，却一直惦记着其哲学的中心主题。那时他已60多岁了，人到了这个年纪，很可能受其兴趣的支配可能性较大，而受其事业支配的可能性较小。于是引起他这个多面手关注的下一个主题是美学，他以刚刚过去的十余年时间研究心理物理学，现在要以十余年光阴（1865—1876）研究美学，这十余年一结束，费希纳已75岁了。

如果说费希纳“创立”了心理物理学，那么他也“创立”了实验美学。他在美学这个新领域的第一篇论文于1865年发表，是关于黄金分割的问题。自1866年至1872年，他又发表了12篇论文，它们大多讨论两幅荷尔拜因（Hans Holbein）的圣母玛利亚像（Madonnas）。德累斯顿和达姆施塔特（Darmstadt）两地均藏有圣母像，传说均为荷尔拜因所画，虽细节不同，但非常相类。这两幅画引起了很多争论，费希纳也参与其中。其争议观点如下：达姆施塔特的圣母像展示了圣子耶稣基督。德累斯顿的圣母像则展示了一名病婴和一副诚心祈求的场面，也许是荷尔拜因应某一家庭的请求，将一已经夭折孩子的肖像画在上面。因此才引起了对这两幅画的意义以及真假问题的争议。究竟哪一幅是荷尔拜因的手笔，而哪一幅又不是呢？专家们的意见并不一致。费希纳采取

① 即《对感官知觉理论的贡献》（1862）和《关于人类和动物心灵的讲演录》（1863）。

公正的态度，倾向于认为它们可能都是真的，假使荷尔拜因要表达两种相似却又不同的观念，他就有可能画成两幅相似而又不同的画像。最后，究竟哪幅画作更为美丽，也存在争议。这后面的问题，与人们的判断相关，因为几乎每个人都会认为真迹中的圣母玛利亚像一定更美丽。费希纳试图用“实验法”解答这些问题，他选择了吉利的时机将这两幅圣母像同时展出，进行了一项民意调查。他于画作旁放置一签字册，请参观者写下他们的判断性意见；然而这个实验失败了。参观者超过了1.1万人，但只有113个人发表了意见，而且这些意见大多不可用，或因未遵从实验者的指示，或因为是艺术批评家或是其他知道这些画像来龙去脉且已经形成自己独立判断的人给出的。然而这种实验的理念是值得赞许的，可被视为情感及美学实验研究中印象评价法的开端。1876年费希纳出版了《美学导论》(*Vorschule der Aesthetik*)，这是他对美学研究的封笔之作，也是奠定实验美学基础之作。此书对于各种问题、方法及原则的讨论，与《心理物理学纲要》一书一样彻底。

关于费希纳的实验美学思想的具体内容，请见下文。

（六）生命的最后暮歌（1876—1887）

早在19世纪70年代，费希纳患了眼疾。1873年第一次做一只眼睛的白内障手术，次年又做另一只眼睛的白内障手术。1876年做斜视手术，次年再次做白内障手术。随后接受在莱比锡大学的演讲工作。尽管身患疾病，但他仍保持其社交生活和学术写作。他每周都有一群朋友论争和讨论最新的思想。参与者有韦伯三兄弟、他的妻兄福尔克曼、宗教哲学家魏瑟（Christian Hermann Weisse）、哲学家和心理学家洛采和天文学家措尔勒（J. K. F. Zöllner）。费希纳与他们激烈论争他感兴趣的主题的各种观点，却没有任何个人敌意。他是众所周知的机敏之人。正如冯特后来写道：“也许在其生活中没有人比他更能战斗，但的确相比他人而言他没有敌人。”[①] 他也与那个时代重要的科学家赫尔姆霍茨、维洛特、马赫和普莱尔（William Preyer）等人进行广泛的通信。

毫无疑问，费希纳在其心理物理学和美学的主要著作出版以后，假如没有引起人们的关注，他是绝不会重返这两个领域的。费希纳在研究

① 转引自Marshall，M. E.，“G. T. Fechner：In Memoriam (1801－1887)，” *History of Psychology Newsletter*，1987，19：1-9。

美学时期，心理物理学立即引起人们的研究和批评，并在新心理学中逐渐重要起来。1874 年，即冯特出版其《生理心理学原理》（*Grundzuge der physiologischen Psychologie*）的那年，费希纳针对德勃夫《心理物理学研究》（*Étude Psychophysique*，1873）作一短评。次年冯特来到莱比锡大学。接下来，费希纳完成了美学的研究，后又转向心理物理学，他于 1877 年出版了《论心理物理学》（*In Sachen der Psychophysik*）一书，这本书对他《心理物理学纲要》中的观点做了一点增补，最后于 1882 年出版了《心理物理学的修正》（*Revision der Hauptpunkte der Psychophysik*）。这是一本重要的著作，费希纳意在以此书取代其《心理物理学纲要》，这本书多年前已经绝版了。他在书中既回应了人们对他的批评，又力求满足他对实验心理学的一些不可预料的需求。此后几年，他又发表了六篇关于心理物理学的论文，特别是他去世当年在冯特主编的《哲学研究》（*Philosophische Studien*）杂志上发表了他关于心理物理学的"临终遗言"，即《关于记忆表象的心理生理某些思考》（"Some Thoughts On the Psychophysical Representation of Memories"）这篇非常重要的论文。但多年来这篇文章却只被引用过一次。我们可以很肯定地说，在今天这篇文章实际上是不被人知的。此外，他还受萨克森皇家科学学会委托开始撰写又一部重要著作《集合测量理论》(*Kollektivmasslehre*)，该书将概率论运用到统计和测量中，但这本书在其生前并没有完成，后由冯特的学生苏黎世大学教授里普斯（G. F. Lipps ）于 1897 年完成。

1884 年，费希纳被授予莱比锡市荣誉市民称号，并于 1887 年 11 月 18 日逝世，享年 86 岁。冯特在其葬礼上致词，给予他很高评价。正像他在《论死后生命小书》中声称的那样，他的生命的痕迹在子孙后代身上延续，进入宇宙之中，是他的人生华章之一。总之，费希纳在莱比锡度过了 70 年平静的学者生活，坚守着自己的家园，进行着各种伟大的思想冒险，并勇往直前。

三、《心理物理学纲要》的主要观点

费希纳在 1860 年出版的《心理物理学纲要》分为两卷，第一卷为"外部心理物理学"（outer psychophysics），主要研究刺激与感觉之间的关系；第二卷为"内部心理物理学"（inner psychophysics），主要研究大脑过程（神经兴奋）与感觉之间的关系。他在第一卷的第二章"心理物理学的概念与任务”中明确指出：“心理物理学从字面上看和心理学、物理学相联系，它一方面必须建立在心理学的基础上，另一方面也要给心理学提供数学基础。外部心理物理学从物理学中借用辅助工具和方法论；内部心理物理学则更多地倾向于借助生理学和解剖学的知识，特别是神经系统的知识……然而不幸的是，内部心理物理学目前还没有很好地利用相关领域内细致的、准确的、有价值的研究结论。无疑，一旦这些研究（以及其他那些与其结论相左的研究）能达到一个共同的认识层面并且可以互相强化的话，内部心理物理学就可以利用这些研究结论。但目前情况根本不是这样的，这告诉我们，一个理论只有在它不完备的情况下才能发现其自身的问题。我们打算从以下角度来挑战我们自己的工作：在发现与心理活动直接相关的身体加工过程的方法之前，我们就能够从某种程度上确定它们之间的量化关系了。感觉依赖于刺激，一个更强烈的感觉依赖于一个更强的刺激，但是刺激只有通过身体一些内部过程的中介作用才能产生感觉。我们发现，在某种程度上，感觉和刺激之间的定律关系必须包含刺激和身体内部活动之间的定律关系，这种内部活动遵循身体加工过程间交互作用的一般定律，且为我们得出关于内部活动本质的一般结论提供了依据。的确如后面的内容所显示的那样，尽管我们忽略了心理物理学加工的具体本质问题，因为这些因素涉及一般心理活动间更重要的关系，但是我们仍然形成了一个基础，它在一定范围内，允许我们对这些基本事实，以及这些界定内外心理物理学间关系的定律，进行确定和充分的构思。”① 相比外部心理物理学，费希纳更重视内部心理物理学。他晚年在《心理物理学的修正》（1882）一书中指出，心理测量只有在外部心理物理学领域才有可能进行。因此，外部心理物理学是确切阐释支配身心之间函数关系精确的、量化的规则不可缺少的前提条件。尽管没法回避心理测量，但它仅仅只是一种工具，从本质上说并不是一个目标。外部心理物理学仅仅只是“生理学的一个微不足道的附属物”②，真正的心理物理学是内部心理物理学。

不幸的是，在费希纳生前和身后，其外部心理物理学的实验和测量方法因作为实验心理学的启肇广为人知，而他认为更重要的内部心理物理学却不为人所知。多年来很少有人注意到他对“外部”与“内部”心

---

① 本书第10～11页。

② Fechner，G. T.，*Revision der Hauptpunkte der Psychophysik*，Breitkopf & Hartel，Leipzig，1882，p. 262.

理物理学所作的重要区分，直到他逝世100年之后，才有极少数心理学史学家想起他的内部心理物理学。当今的心理物理学家也只重视第一卷的内容，感兴趣的是他对感觉强度的测量，而不关注第二卷所讲的“函数关系”和“身心之间的关系”。现今大多数心理物理学教材甚至都没有提到过内部心理物理学，而那些提到内部心理物理学的教材也没有抓住其全部内涵。① 英语世界对其心理物理学的误解，可以借用费希纳的“外部”与“内部”术语来解释。从外部原因来说，他的《心理物理学纲要》在英语世界的传播，最初主要是通过波林《实验心理学史》的介绍。但波林的评价根据的是心理学历史发展的观点：量化和实验工作才是最重要的贡献。波林在《实验心理学史》中重点介绍了第一卷的内容②，对第二卷只寥寥数笔带过③，甚至对心理物理学的核心定义也只引用第一部分，而忽略第二部分。《实验心理学史》影响很大，至今仍是美国标准的心理学史教科书，后人大多是依据它来介绍费希纳的心理物理学的。再者《心理物理学纲要》至今只有第一卷被译成英文出版，第一卷讨论的是外部心理物理学，第二卷讨论的是内部心理物理学，后者至今也没有英文版。从内部原因来说，第二卷要用第一卷的实验方法阐明其泛灵论的科学哲学观、世界观以及宗教信仰，其中的一些观点在其生活的年代是令人陌生的，也是现在的读者难以理解的。很少有读者认识到费希纳如何用内部心理物理学将其技术成就与精神主题紧密联系起来。由于这些原因，费希纳“不为人所知”，因为他的内部心理物理学不为人所知。因此，我们要纠正当代“费希纳形象”（Fechner image）中的这个根本错误。

在费希纳一生中，他的内部心理物理学一直没有被重视，而今天，它几乎已经完全被人遗忘。那到底什么是内部心理物理学呢？④ 内部心理物理学作为一门研究与心理活动最为接近的相关活动的科学，非常接近今天的“生理心理学”。我们且看他的《心理物理学纲要》第二卷的主要内容，就非常清楚其内部心理物理学究竟是什么了。

---

① 参见 Scheerer，E.，“The Unknown Fechner,” *Psychological Research*，1987，49：198。

② 参见 Boring，E.G.，*A History of Experimental Psychology*（*2nd ed.*），pp. 284-291。

③ Ibid.，pp. 292-293.

④ 这个译本主要反映的是费希纳的外部心理物理学思想，故在此不再展开介绍，只重点说明他的内部心理物理学思想。

《心理物理学纲要》第二卷包括22章内容，举例如下：第36章从外部心理物理学到内部心理物理学的转向；第37章论心灵的位置；第38章韦伯定律的应用与内部心理物理学阈限的存在；第39章内部心理物理学阈限的普遍意义；第40章睡眠与觉醒；第41章部分睡眠与注意；第42章一般意识及其特殊现象之间的关系：波动模式；第43章感觉现象与表象现象之间的关系；第44章关于后像与记忆表象、记忆后像、感觉回忆现象、幻觉、错觉、梦之间关系的观察与评论；第45章心理生理的连续性与非连续性、世界的心理生理结构、心理物理学与自然哲学和宗教的联结点；第46章关于心理生理过程本质的问题。

费希纳在第36章中写道："到目前为止，我们的研究、结果、准则从本质上说都属于外部心理物理学领域；只有在很偶尔的情况下，我们才触及内部心理物理学的那些领域。不过，正如我在前面极力主张的，外部心理物理学仅仅只是更具深远意义的内部心理物理学的基础和准备。"① 在费希纳看来，内部心理物理学不仅仅是心理学与生理学之间的一门临界学科。他认为，所有的心理现象都是有机体的生理过程"带来的"。应该将心理现象放到与"带来"它们的生理过程之间的关系中进行考察。因此，他的内部心理物理学实际上与他的心理学是一样的。

费希纳在第37章中评论了当时流行的大脑和心灵研究文献所不关心的心灵的终极元素，并提出"心理的广泛位置"的一般结论。他说："在这一生中心灵的保存并不是以某个特定点的保存或最小的身体粒子的保存为基础的，而是基于相互补充的身体所有部分和活动与到一定限度后相互置换之可能性的联合作用。因此，这里所讨论的心灵的更大位置要到全身去寻找。"② 在第38章和第39章中，费希纳讨论了韦伯定律的基本地位和严格的有效性，也讨论了内部心理物理学中的阈限和最小可觉差的重要性。韦伯定律提出的感觉阈限是特别有用的，它提供了意识与无意识的分界点。假如这种阈限是真实存在的，那么费希纳就设想了阈限之下的动力活动。从第40章到第44章，费希纳探讨了睡眠、觉醒、注意等有趣的心理现象，它们反映了基本的心理生理过程和阈限的作用。除了文献研究，他还提供了关于注意、失眠、做梦、阈限状态、记忆后像、后像、幻觉、错觉等精细的内省报告。这些报告有的来自他

① 转引自Robinson，D. K.，"Fechner's Inner Psychophysics，" *History of Psychology*，2010，13，4：427-428。

② Ibid.，p. 429.

本人的经验，也有的来自其同事甚至其妻子告诉他的经验。这些报告尽可能广泛涵盖各种心理现象和状态。像他做外部心理物理学的刺激实验那样，他并没有提供任何控制实验，而是用归纳原理来组织人们对内部心理经验的理解。

在第42章，费希纳提出波动模式："假设一个人所有的心理生理过程就像波浪，那么，这些过程的质量就可以用波浪高出水平线或水平面的高度来描述，而每一个心理生理运动点就构成了一个纵坐标……有意识过程的整个结构和整个操作都取决于现有的发展形式和随后的发展形式，即这个波浪的起起落落，虽然每一时刻的意识强度取决于其各自的高度。在某个时候，波浪的高度必定会以某种方式超过某个特定的限度（我们称之为阈限），这只能在意识之前，否则个体就会醒过来。这个波浪被称为整个波浪、主波或完整的波浪，而相对应的阈限被称为主阈限……现在，让我们描画一下一个缓慢来回晃动的波浪在较长一段时间内的运动，同时，依据我们的活力的一般状况和我们关注的方向来改变波浪最高点的位置——我们称这个为低波（underwave）。我们的特殊意识现象所依据的较短时间的运动，用小一点的波浪来表示，它们一般在低波之上——我们称这个为超波；随着超波的改变，它们会渗入低波的上半个区域，一旦低波被超波改变，就成了整个波浪或主波。短时间运动的力量越大（晃动的幅度），波峰就越高（波峰代表的是低波以上的部分），嵌入其中的谷底就会越深，当然这得依据其运动的方向是与低波的方向一致还是相反。正是通过这些起起落落（从其本质而言，它们必定会超过某一特定的大小限制——我们称此为上阈限），任何与它们相关的特殊现象才能进入意识。通过这样的图式，我们只要用图表就可以描述以上言语所表达的内容，即一些特殊的意识现象取决于特殊的周期运动形式，这些周期运动形式通常被视为更为一般的周期运动形式的变式（意识的一般状况与运作往往取决于这些运动形式），这些特殊的过程，就像整个过程一样，也有其阈限。"费希纳甚至把心理活动的这种周期现象与更大的宇宙系统联系起来。在他看来，不仅人类的心理生理运动体系，而且所有陆地生物的运动体系都要服从于一天的周期，因为地球自转一周的时间是24小时。此外，地球可以分成多得数不清的部分，这些部分也有它们各自的特殊周期运动：海水的潮起潮落，大气的时雨时风，有机体的内在循环等。虽然事实上这些部分也要遵从于地球的旋转规律，但是，什么都阻止不了我们去单独地理解、论述地球的这些一般性的周期运动，以及各个部分的特殊的周期运动，或者以某种特定的方式并以一定限度来对它们做出论述。尽管这些例子（不是从心理生理体系中选出的）本身不能证明心理生理体系的什么内容，但它们表明，根据大量可能性的一般规律，如果我们在心理学体系中也发现了同样的原理，那也不必感到特别惊讶。因此，鉴于现实往往会揭示一些相应的关系，我们可以在这个意义上运用我们的图式。①

在第45章，费希纳反思了心理物理学与自然哲学和宗教的联结点，阐明了其波动模式的最深远的特征。他认为，我们的主波（我们的主要意识正是依赖于此）会产生一些波浪，我们的特殊意识现象就取决于这些波浪。但是，我们的主波也可以被认为是某个更大主波的超波吗？如果物理学上的波可以这样运作，那为什么心理物理学上的波就不可以呢？这样，地球体系的整个活动就可以用我们这样一种图式来表示为一个较大的波，而单个有机生物的活动体系仅仅是它的一部分，即超波。同样，天体的活动体系也只是大自然整个过程的一般体系的超波。我们内心进行的阶梯式的建构，同样也发生在我们外部。因此，如果我们内心的超波（即我们独特的意识现象的基础）只是在我们自己的阈限之上是不连续的，但在我们的主阈限之上是连续的，那么，这些主波（即我们的主意识的基础）也是仅在我们的阈限之上不连续，而在某个更深的主阈限之上是连续的吗？这就意味着，在我们的主意识之外，必定还存在一种更为普遍的意识，它以同样的方式将我们的意识理解为它自身特性的一部分，就像我们的意识将其各个部分理解为它自身的特性一样。这个概念的结果是会导致这样一种观点，即在大自然中有一个无所不在、无所不能的有意识的上帝，所有的精灵都生活于其中，在其内部自由运动和生存，而上帝也生活在这些精灵之中。天体和个体以精神为媒介的存在（being），就存在于上帝和我们之间，这些生物—精灵带着我们的感觉经验，就像这些感觉经验与它们自身是不可分割的统一整体，这与它们身上所携带的神圣上帝的那一部分是一样的；就像我们一样，这些生物—精灵也具有它们自己的感觉循环（存在于它们自身特殊的知觉内）。根据类比和相互联系的原则，这种明显的阶梯式建构在人类身上已经完成，因此，对这个观点可进行更进一步的发展。在这个方面，

① 参见 Robinson，D. K.，“Fechner's Inner Psychophysics，” *History of Psychology*，2010，13，4：429-430。

我们可以有很多理由来思考自己死后的未来前景。尤其是有人提出了这样一种观点：如果我们眼睛中的一个意象（与超波有关）消失后，留下了一个记忆后效，这个记忆后效进入了常见的或主要的意识中一个更为普遍、更为高级的记忆和思维领域，然后我们就应该相信，与此相对应的某些事情也发生在我们的主波中，因为它们是某个更深阈限之上的超波，相应地，我们的灵魂也会在我们死后进入上帝的更高的精神领域。①

在第46章中，费希纳讨论了心理生理过程本质的问题。在他看来，刺激并不会直接唤起一种感觉，在刺激与感觉之间往往还会发生一种内在的生理活动。他指出，根据某种特定的观点，我们称那些刺激所唤起的东西以及刺激此时直接产生的东西为感觉，即心理生理运动（psychophysical motion）。这一链条最外在一端和最内在一端——刺激与感觉——之间的合理关系，必定会转化为刺激与中间环节之间所发生的事情和中间环节与感觉之间所发生的事情。在外部心理物理学中跳过了这个中间环节，可以说，由于紧随直接经验，我们只能直接建立该链条两个末端之间的合理关系，在这根链条中，刺激是外在经验，感觉则是内在经验。要进入内部心理物理学，必须作一下转换，即将最外一端转换为中间环节（而不是最外一端和最内一端之间的关系），这样才能更进一步地思考这种关系。这样，在找到了中间环节之后，我们就不要再考虑刺激了。②简单地说，费希纳提出了以下图式表征人类心理学的完成活动"链"，即刺激（stimulus，R）—心理生理过程（psychophysical processes，PPP）—感觉（sensation，S）。他承认代表我们心理活动的基础的这个内部机制超出了当时的科学水平，在那个时代，人们不可能直接做有关内部心理物理学的实验，实验证据只能以外部心理物理学为基础。但是他相信心理生理过程现象之间的关系可以进行经验研究，而且还可以得出理论结论，就像物理学和化学研究那样。

那些与心理过程直接相关的生理过程被称为"心理生理"过程。在动物界，心理生理过程就是神经过程。"心理生理运动"这个费希纳式的术语，不管是用在人类还是动物身上，都等同于"神经兴奋"（neural excitation）。在费希纳看来，神经兴奋从某种程度上可以说是内源性

---

① 参见 Robinson，D. K.，"Fechner's Inner Psychophysics," *History of Psychology*，2010，13，4：428。

② Ibid.，pp. 430-431.

的，由机械振动组成。振动最终会遵守能量守恒定律。他指出，根据这条定律，你想要往某一个系统内增加能量，就必须以某种其他的形式缩减它的能量。因此，两种反向力量之间的“对抗”（antagonism）就出现了。面临对抗力量的系统往往就会出现振动。此时，有机体要服从于能量守恒定律，因而它必定会成为一个振动系统。[①] 这就是费希纳的推理思路。我们不要忘记一点：他所使用的这些概念在当时（1860）是全新的。

在费希纳看来，有机体的振动本质不仅是依据理论而得出，而且，它也得到了经验以及诸如睡眠、清醒这些现象的证实。“心理物理运动”中有一条“主波”（main wave），它是由“次波”（subsidiary wave）或“涟漪”（ripples）叠加而成。主观经验的所有方面都表现在心理物理运动的“波链”（wave trains）上，如表现在振幅、时期及其频谱分量的相位关系等参数上。我们所要做的是对心理物理运动作傅里叶分析（Fourier analysis），但费希纳没有提到任何适合用来解决内部心理物理学任务的数学工具。不过，总体思路很明晰。例如，我们是否注意到某个刺激，不是这个刺激强度的一种简单机能，而是取决于时期和内源性“主波”与外源性“涟漪”之间的相位关系，取决于刺激是缓慢发生还是突然发生（“不连续条件”）这样的因素。神经兴奋的振动本质并不表明它们所引起的所有心理现象都必定是振动的。显然，瞬时分辨力有时候也会受到限制，使人们无法注意到高频率的振动。感觉品质的神经关联性往往会通过一种频率码表现在时间领域中。更为常见的是，所有心理品质——例如，包括快乐、痛苦等——都必定以“心理物理运动”及与之相关的能量的量化参数表现出来。

不仅心理活动，心理结构也服从于振动原则。记忆并非存储于单个神经节细胞之中，而是存储于神经节细胞的整个网络中，这个网络构成了大脑的灰质。感觉之下的振动模式或多或少会给细胞结构留下一些永久的变化，如果其振动模式是一样的，那它们就能够与进来的刺激发生共振。在费希纳那个时代，乐器中的共振板为记忆储存及提取提供了一个非常合适的物理类比。今天，这个功能因为全息摄影术（当然，在费希纳那个时代，人们还不知道有这个东西）而得到了推动。费希纳应该

① 参见 Scheerer，E.，“The Unknown Fechner，” *Psychological Research*，1987，49：198。

会认同现代研究大脑的理论家所提出的下面这样的观点："储存通常发生在光谱域。意象以及其他心理内容本身都不会被储存，它们也不会被'局部化'在脑内。相反，由于局部脑回路的操作，通常还在来自环境的感觉输入的帮助之下，意象及一些心理事件会出现，并被重新建构。"① 但不幸的是，费希纳并没有因为提出像这样的观点而被称为历史先驱。

费希纳的同时代人之所以反对他的内部心理物理学，不仅仅是因为他们不理解他的心理物理运动概念，而且还因为他们甚至不能理解他为什么要坚持认为外部心理物理学的发现一定要用内部心理物理学来解释。费希纳定律的"心理物理学"解释——有关脑过程和心理过程之间对数变换的思想——以及"意识阈限"（thresholds of consciousness）的概念，实际上只有费希纳自己一个人支持，而且，他在心理物理学方面的大多数辩论性作品都不是致力于护卫他的对数定律，而是保护其"心理物理学"解释。为什么这一点对费希纳来说如此重要？为什么他的同时代人会反对这一点？

在费希纳看来，对于同一个现实——宇宙的"心理物理过程"，心灵是其"内在一面"，而物质是其"外在一面"。虽然这种观点常常被称作"一元论"，但它并不表明我们大家都熟知的心灵和物质是同一的。"本质上不同的内部或外部观察视角"往往会导致这两个方面有根本不同的表现形式。心理具有不可分解的特性，费希纳通常将其描述为"统一的"；物理的多样化和多样性则常常表现为单一的、整体的心理过程。我们可以将费希纳的观点描述为"非还原的物质主义"，它预先假定了神经过程与心理过程之间存在着非线性的转换。费希纳如果不放弃他的世界观的整个基础，他就不可能抛弃对数定律（或其他一些非线性定律）。

此外，从认识论的视角看，从刺激到神经过程的过程和从神经过程到心理现象的过程是完全不同的。在费希纳看来，前者受因果定律控制，后者受机能定律支配。因果定律连接的是相继发生的事件，而机能定律连接的是同时发生的事件。在浏览了他所能找到的所有物理知识后，费希纳得出结论说，所有由因果定律支配的能量转换都是线性的。

① Pribram, K. H., "The Cognitive Revolution and Mind/Brain Issues," *American Psychologist*. 1986, 41, p. 514.

另一方面，他找不到任何方法可以通过线性能量转换来实现机能关系。现在，心—脑关系（它构成了心理物理学的研究主题）是一种机能关系，因此，它必定依赖于能量的非线性转换。所以，除了世界观问题外，费希纳认为，他有可靠的科学理由将非线性转换定位于心—脑“交界处”，而不是定位于感觉器官或一些中枢神经生理位置。

对于费希纳将绝对阈限解释为一种意识阈限，我们同样也可以这么做。费希纳提出了一个有趣的概念——“部分阈限”（partial thresholds）：同一个神经兴奋有可能低于活动 A 的阈限，而高于活动 B 的阈限。这是一个非常有趣的观点，最近有一些研究的发现支持这个观点，例如，有关言语反应和动作反应之间阈限分离的证明。电生理学的研究发现也支持意识阈限的概念：在没有任何意识相关的情况下，对主要躯体—感觉皮层的电刺激有可能会导致神经反应；正如费希纳所预测的，“刺激阈限”和“意识阈限”不一样。此外，一种皮层兴奋模式需要相当长的时间才能够变得“在神经上适合于”意识经验。总之，“神经元放电和意识经验是两个不同的过程，至少有一些感觉皮层的正常活动是无意识的”。费希纳如果知道这些，一定会高兴！

四、费希纳的实验美学思想

费希纳的美学是其心理物理学的自然延伸，他提倡以心理物理学的经验方式，研究审美经验。他不赞同思辨哲学家们如康德、谢林、黑格尔等学者的思辨式研究，他将这种美学称为自上而下的美学，而将他本人提倡的经验研究称为自下而上的美学。他认为，自上而下的美学采取哲学的研究方式，从一般性的概念体系下降到个别的美、一时一地的美这种世俗—经验之领域，并以一般为标准衡量一切的个别。而自下而上的美学采取经验的研究方式，从引起快乐与不快的经验出发，进而支撑美学中的一切概念和规则，并在快乐的一般规则必须始终从属于“应该”的一般规则的前提之下，去寻找这些概念和规则，逐渐使这些概念和规则一般化，进而得到尽可能一般的概念和规则的体系。在费希纳看来，这两种美学并不矛盾，他们贯穿的其实是同一个领域，只是采取了不同的路径，而且可以相互补充。不过，费希纳赋予自下而上美学以优先性，他认为自下而上美学乃是自上而下美学的最重要之先决条件，否则就没有了自下而上美学的奠基，“所有的哲学美学的体系都好像是泥足巨人”[1]。费希纳就此提出：“普通美学最重要的任务一般应当是：明确提出审美事实和审美关系从属的概念；确定它们所服从的规则，其中包括艺术学说这项最重要的应用”，而不是像自上而下美学那样，“只试图用来自概念或观念的对审美事实的说明，去代替而不是去补充来自规则的对审美事实的说明”[2]。

在研究对象上，费希纳赞同当时学术界宽泛的说法，即美学就是研究美。不过，他更提倡研究快乐与不快的审美经验。他认为，美有广义与狭义之分：广义的美是指具有直接唤起愉悦性的一切东西；狭义的美则是指更能使人直接从单纯的感性东西感受到高尚快感的东西。狭义的美不仅能给人以愉悦，而且还拥有有快感价值的东西。费希纳采纳狭义的审美观点，并进一步提出，这些审美体验是心灵固有的特质。如同物质中的“金”等元素一样，审美体验是心灵的“分子”。它们可以在保留自身原有样态的前提下，与其他元素结合在一起。美学亟须研究的是这些稳定的快感经验与引起该经验的外在事物间的因果关系，以回答什么物体可以赋予个体快感，什么物体可以赋予个体非快感，以及为何在一些物体赋予个体非快感时，另一些个体却赋予个体快感等问题。[3] 这样，费希纳就可以将心理物理学应用于美学研究中。

在研究方法上，费希纳提倡实验法。他提出三种实验方法：第一种是选择法，让被试从指定的各种数量比例的同种图形中挑选最合自己心意的图形，例如面积相等而两边之比各不相同的 10 个矩形。费希纳使用这种方法进行了著名的黄金分割研究。第二种是制作法，让被试做出最合自己心意的具有数量比例的图形，例如十字形横梁的位置。费希纳曾进行字母 i 的研究。在纸上画四条长度不同的垂直线。在每条线的上方，依照每条线对它们的适当距离，点一个点，以使得该图形构成字母 i。研究结果发现，所选择的点与线的距离随着线的增长而增大。第三种方法是常用物的测量法，对日常用品和艺术品，例如十字架、书籍、复笺、信封、盒子、窗户、画廊的绘画等之类成品的形状进行大量测试，然后调查它们显示最佳效果时的最单纯之数量关系。费希纳曾就各种名片和书籍进行测量，认为它们中的大多数都符合“黄金分割”的比

①② ［德］费希纳：《美学导论》，见李醒尘编：《十九世纪西方美学名著选（德国卷）》，420 页，上海，复旦大学出版社，1990。

③ 参见［美］吉尔伯特、［德］库恩：《美学史》，695 页，上海，上海译文出版社，1989。

率。此外，他还就各种图画的大小进行统计学研究。

在具体研究上，费希纳总结出13条普遍的审美经验原则。其中的6条原则最为世人所知。第一，认识界限原则，指快感须有一定的程度和强度，才能知觉到某种刺激。第二，辅助或增强原则，指不超出限定条件的快感，在遇到两个以上无矛盾的要素的辅助时，可以升华到比单独的快感结果总和还要大的快感印象。第三，多样统一原则，指人的心理在喜欢多样变化的同时，还喜欢按照一定的规律而联结的规则性和秩序性。第四，无矛盾性、一致性、真实性原则，意即从不同的诱因知觉同一对象时产生的表象群相互唱和时得到快感，在表象关联的任何部分之间无矛盾时，存在内在真实性；当表象关联或各个表象跟现实中的表象不矛盾时，存在外在真实性。第五，清晰性原则，指多样统一原则与和谐原则要想充分提高审美效果，就需要清晰地引起快感印象。第六，联想原则，指联想使我们接受到的快感的主要因素得到助长或阻止，从而引起总体快感的增加或减弱。联想作用于审美印象的内容，而直接刺激感官的主要因素作用于审美印象的形式，二者融合协同，共同参与总体印象的形成，成为形成美感的契机。在这六条原则中，第一、二条是量的原理，第三、四、五条是质的原始“最高的形式原理”，第六条是次要的内容性原理。费希纳对形式原理进行了大量的探讨。他最感兴趣的是美学中是否存在可计算和区分的比例，以及这些比例究竟如何。由此他致力于发展一种关于美的神秘数学。他在这方面最有名的研究便是黄金分割研究。

费希纳请被试就面积相等的10个矩形进行美的判断。他准备了10块形状各异的白纸板，纸板的长宽比例各不相同，从标准的正方形到2∶5的长方形都有，自然也包括比率为21∶34的黄金分割比率。费希纳请一些受过普通的正规教育但并没有接受过艺术训练的人挑选他们最喜欢形状的纸板，以及最不喜欢形状的纸板，并根据他下判断的果断程度打分。毫不犹豫做出的判断分值为1，犹豫不决做出的判断分值就为分数（1/2或1/3等）。另外还告知被试不用理会图形的有用性。结果发现，从正方形和最长的矩形这两个极端开始，到黄金分割矩形，表示喜欢的人逐渐增多，表示不喜欢的人逐渐减少。在黄金分割矩形的选择上，35%的人表示喜欢，无一人不喜欢。因此，黄金分割矩形所引起的愉悦性优于其他矩形，尤其是优于过长的长方形和过于整齐的正方形。

五、费希纳对心理学的主要影响

费希纳一生涉及多个学科领域，而且对每门学科都有大建树。在此我们只谈他对心理学领域的主要影响。费希纳的思想既影响了诸多心理学的“创始之父”（founding father），如赫尔姆霍茨、马赫、冯特这样的实验者，也影响了后来心理物理学的发展，既影响了实验美学的发展，也影响了精神分析创立者弗洛伊德（Sigmund Freud）的思想，还推动了心灵学研究。费希纳提出许多对心理学理论的重要问题的思考，这种思考不仅在他那个时代是很重要的，而且预示了当前的许多观点。

（一）对实验心理学的影响

在19世纪后期实验心理学产生的年代，需要两个方面的革新。一是需要发明仪器和方法用来对刺激的系统变化的控制和对反应的精确记录，二是需要想到对心理过程的量化测量的方法。早期关于心理学仪器的研制和发明是由多人完成的，但第一个提出心理测量的方法和原理及其系统加以运用则完全是费希纳一个人的贡献。波林早在1929年《实验心理学史》第一版中就对费希纳作出如是的评价：“由于他的所作所为，也因为他所处那个时代的特点，费希纳开启了量化实验心理学的征程。我们可以称他为实验心理学的‘奠基者’，当然，我们也可以把这个头衔给冯特。这都没什么关系。费希纳的观点新颖，他的观点提出后已经产生了大量的成果——他的观点至今仍在发展。”[①] 尽管波林对费希纳的介绍有许多错误，但对他的评价却是公道的。所以说，1860年，费希纳的《心理物理学纲要》的出版是科学心理学史上的重要标志性事件，甚至有人称其为实验心理学的开端。假如没有这部著作，我们也很难想象新心理学究竟如何发展。至少我们可以这样说，《心理物理学纲要》就矗立在新的科学心理学的前面。

当然，如果要说费希纳创立了实验心理学，那也只是偶然且不是出自他本意的，他原只想要通过实验揭示心身关系来证明他的泛灵论和驳斥唯物论。所以有人称费希纳为“新心理学的哥伦布”，这正应了中国的一句古训：“有意栽花花不开，无心插柳柳成荫。”费希纳倒是让冯特

① Boring, E. G., *A History of Experimental Psychology*, p. 286.

捡了个大便宜，使其终于创立了实验心理学。冯特真是“踏破铁鞋无觅处，得来全不费工夫”。正如波林指出：“威廉·冯特确实试图‘创立’一门新科学，但是他还比较年轻，并且在1863年之前还很少谈到这个事情，甚至在1874年之前都没有谈论很多，直到这一年使他很快立身扬名的著作（共出6版）第1版①的问世。”② 但是冯特在晚年写的自传《经验与认识》中虽然自谦自己不是实验心理学的创始人，却也不认可费希纳是实验心理学的创立者。他说：“费希纳比韦伯小几岁，他称韦伯是‘心理物理学之父’。我怀疑这是否合适。心理物理学的缔造者当然是费希纳本人。我更愿意称韦伯是实验心理学之父……韦伯的伟大贡献在于：想到了要测量心理的量，想到了要证明心理量之间的精确关系。韦伯是第一个想到了这一点并将其付诸实施的人。”③ 冯特对费希纳做出这样评价是有失公允的，这主要因为他忌惮费希纳的泛灵论哲学对当时还很年轻的科学或实验心理学所带来的消极影响。其实费希纳在《心理物理学纲要》第一卷的“序言”中就非常明确地指出：“作为一门精确的科学，心理物理学必须像物理学一样建立在经验和经验事实的数学联系之上，我们需要对那些所经历的经验事实进行测量，或者，即使没有这样一种测量方法，我们也要去寻找。既然我们都已经熟知这种对物理量的测量方法，那么，这项工作第一大主要任务就是确立尚不存在的测量心理量的方法，第二大任务则是对这种方法加以运用，并展开详细的讨论。”④

（二）对心理物理学的影响

费希纳的《心理物理学纲要》具有重要的影响，在出版以来也受到多次庆贺或纪念。他提出的最小可觉差法、正误法和平均差误法是经典心理物理学的三大方法，也是迄今为止任何一本实验心理学教材都必须包括的内容。20世纪50年代，美国心理学家史蒂文斯（S. S. Stevens）用数量估计法研究了刺激强度与感觉大小的关系。他研究发现，心理量并不随刺激量的对数的上升而上升，而是刺激量的乘方函数或幂函数。

① 指冯特的《生理心理学原理》。

② Boring，E. G.，“Editor'Introduction：Gustav Theodor Fechner，1801－1887，” in Fechner，G. T.，*Elements of Psychophysics*，*Vol. I*，p. x.

③ 转引自 Robinson，D. K.，“Fechner's Inner Psychophysics，” *History of Psychology*，2010，13，4：432。

④ 本书“序言”第1页。

换句话说，知觉到的大小是与刺激量的乘方成正比例的。于是，史蒂文斯对费希纳的对数定律进行了修正。1957 年，他根据多年的研究结果，提出了刺激强度和感觉量之间关系的幂定律，用公式表示为：$S=bI^a$，其中 S 是感觉量，I 指刺激的物理量，b 是由量表单位决定的常数，a 是感觉通道和刺激强度决定的幂指数。这就是史蒂文斯的乘方定律(Stevens'power law)，又称幂定律。这一定律指出了心理量和物理量之间的共变关系，并非如费希纳定律所描述的那样是一个对数函数关系，而应该是一个幂函数关系。幂定律采用直接数量估计法构建了比例量表等级的心理量表。由于这一方法涉及对感觉的直接测量，它在理论上说明了对刺激大小的主观尺度可以根据刺激的物理强度的乘方来标定，在实践上可以为某些工程计算提供依据。现在通常把费希纳的心理物理学称为经典心理物理学，而把史蒂文斯定律称为“新心理物理学”或现代心理物理学的开端。

为了纪念为费希纳在 1850 年 10 月 22 日的早晨躺在床上突然产生心理物理学的新洞见，1985 年成立的国际心理物理学协会（the International Society for Psychophysics）每年 10 月都举行一届“费希纳日年会”(annual Fechner Day meetings)。2001 年在费希纳诞辰 200 年之际，“费希纳日年会”在德国莱比锡城召开。2011 年为了纪念费希纳的《心理物理学纲要》出版 150 周年，该协会又出版了一本《费希纳的心理学遗产：〈心理物理学纲要〉150 周年》（*Fechner's Legacy in Psychology：150 years of Elementary Psychophysics*），这是 2010 年“费希纳日年会”的论文集。

（三）对实验美学或心理美学的影响

费希纳在近代思辨美学没落的背景下，率先以系统的方法进行实验研究，使得实验或科学美学得以发端。他被李斯托威尔（William Francis Hare Earl of Listowel）称为“近代科学美学的创立者”。他出版的《美学导论》（1876）著作和进行的“实验美学”（1871）的讲演，则被视作实验或科学美学开端的标志。他的美学被蔡元培先生称为“美学上第二个新纪元”。[1] 在费希纳之后，里普斯和屈尔佩（Oswald Külpe）

① 参见［美］吉尔伯特、［德］库恩：《美学史》，696 页；［德］费希纳：《美学导论》，见李醒尘编：《十九世纪西方美学名著选（德国卷）》，415 页。

将实验法归纳为印象法、制作法和表现法，显然是对费希纳的实验法的回应，他们还研究出时间性变化的方法，试图阐明美的印象的变化过程。科恩研究了色彩配合中的对照或饱和度与情感作用的关系。西格尔研究了费希纳排除直接印象的情绪性契机，认为审美判断依赖于移情作用。瓦伦丁（C. W. Valentine）通过印象法，发现性格型、联想型、客观型、主观型等审美鉴赏类型。在更广泛的意义上，美学中的实证取向研究者（如从生物学、社会学等各个实证角度研究艺术起源的学者）都处在费希纳所指出的道路之上。后来出现的西方“格式塔心理学美学”、“符号论美学”等均可视作费希纳的美学之发展。当代势头正劲的神经美学则是费希纳所开创的科学美学的最新形态。

费希纳对美学的实验研究引起了心理学界和美学界的广泛兴趣。不少研究者改进和发展了费希纳的实验程序，在色彩印象等领域进行了类似的研究工作。冯特认为，黄金分割律的存在表明，整体与较大部分的比例关系等于较大部分与较小部分的比例关系，审美快感遵从思维活动的节约原则。屈尔佩引用费希纳所称的“韦伯定律”，认为黄金分割是“高级的对称”，对于这种均衡的知觉就产生了美感。安吉尔（James Rowland Angell）和韦特海默（Max Wertheimer）则认为，数学关系本身拥有审美作用。皮尔斯等人则提出了一种与眼动有关的美学之学说。

（四）对精神分析的影响

费希纳对精神分析的开创者弗洛伊德产生过重要的影响。弗洛伊德可以说是费希纳的狂热崇拜者，称他为“伟大的费希纳”，视其为心理物理学的先驱和科学或实验心理学的创建者。1874 年，18 岁的弗洛伊德与儿时朋友西尔伯斯坦（Eduard Silberstein）一起，专程到莱比锡去听费希纳的课。[①]弗洛伊德后来在与西尔伯斯坦的通信中提到，他在 20 岁前后，喜欢阅读米赛斯博士（费希纳的笔名）的讽刺性文章。[②] 弗洛伊德在其《自传研究》(*Autobiographical Study*）中也表达了对费希纳的致谢，并指出：“我一直对 G. T. 费希纳的思想持开放的态度，并且

---

① 参见 Nitzschke, B.，“Fechner Gustav Theodor (1801 - 1887),” In Mijolla, A.，*International Dictionary of Psychoanalysis*，Thomson Gale，2005，pp. 564-565。

② 参见 Schultz, D. P.，& Schultz, S. E.，*A History of Modern Psychology*，Cengage Learning，Wadsworth，2011，p. 288。

赞同他很多重要的观点。"[①] 特别是弗洛伊德关于心理能量的观点反映了费希纳在《心理物理学纲要》第一卷第五章中提出的能量守恒思想。弗洛伊德认为，《梦的解析》（*The Interpretation of Dreams*）中提到的潜意识就可以在费希纳的著作中找到来源，弗洛伊德的《科学心理学方案》[②] 的手稿就尝试着引入费希纳定律。他在《诙谐及其与潜意识的关系》和《超越快乐原则》等作品中也都援引过费希纳的观点。

弗洛伊德元心理学的力比多经济原则（metapsychological libido economics）的最终发展就是受到费希纳思想的激发。[③] 费希纳对弗洛伊德思想的影响主要表现在心理的结构和动力两方面。在心理的结构方面，首先是潜意识。费希纳在心理物理学研究中分析感官知觉的强度时，注意到阈限以下的感官知觉。他认为，当物理刺激不足以强到一定程度时，感官知觉处于阈限以下，从弗洛伊德的角度看，这其实就是意指潜意识。其次是意识的结构。费希纳对阈限以下的潜意识进行了推测，他把心理比作冰山，意识仅仅是冰山顶上很小的一部分，约占 1/10，而潜意识心灵则占据了其他的大部分，约占 9/10。因此，心理的大部分是在水面以下，受到各种无法观察的力量的影响。这直接影响到弗洛伊德关于心理结构的冰山隐喻的说法。费希纳还发现，觉醒状态与睡梦间的差异，像各种心灵功能在不同的场景或阶段间变换跳跃一样。他的这种描述成为弗洛伊德关于心理的地形学模型观点之开端。最后是梦，费希纳在讨论梦时，认为梦中的活动景象与觉醒时刻的观念生活有所不同。弗洛伊德以为这是唯一能够说明睡梦生活的特征之假说。

在心理的动力方面，首先是稳定原理。费希纳提出，世界的运转遵循"趋向稳定原理"，例如太阳系以同样的位置与种种运动方式进行周期性的重复运转。在他看来，愉悦与否等情感是相对稳定的，而知觉等则是绝对稳定的。弗洛伊德受此影响，对能量提出了类似的划分。他认为能量遵循惯性（inertia）与恒常（constancy）两种原理。前者是指能量总是倾向于完全释放，后者指激发的总量会守恒。其次是快乐原理。费希纳区分出快乐与不快的审美经验，认为两者均是相对稳定的。在费

---

① 转引自 Strachey，J.，*The Standard Edition of the Complete Psychological Works of Sigmund Freud*，*Vol. XX*，Hogarth Press，London，1959，p. 59。

② 参见 Freud，S.，*The Origins of Psycho-analysis*：*Letters to Wilhelm Fliess*，*Drafts and Notes*：*1887 - 1902*，Basic Books，New York，1954。

③ 参见 Scheerer，E.，"The Unknown Fechner，" *Psychological Research*，1987，49：201。

希纳之前，享乐原理一直被单纯地理解为对享乐的追求与对不悦的趋避，而费希纳将之关联到稳定性原理。弗洛伊德追随费希纳，认为心理间的能量遵循快乐与不快的原理。他也赞同稳定性原理，将不悦关联到驱力的增加，而愉悦则是将此驱力降至一个最适当的水平。此外，费希纳曾区分出守恒的三种形式：绝对稳定（整体的诸部分永远不动）、完全稳定（整体各部分受规则的运动所驱使，因此整体的每一部分，每隔一定的时间间隔就会回到原处）以及“近似稳定”（approximate stability，依照某种规律回归原处的倾向，但其程度并不完全，例如心脏的运动以及其他有节律的生理活动）。弗洛伊德的死本能概念在一定程度上回应了绝对稳定，即回归到完全稳定。弗洛伊德所研究的强迫性重复则介于近似稳定及绝对稳定之间。

正是在上述意义上，埃伦伯格总结说：“关于费希纳，需要记住的是，弗洛伊德不停地引用他的话，并从他那里借鉴心理的地形学、心理能量概念、快乐—不快原理、恒常原理、重复原理，以及很有可能的是破坏性本能对厄洛斯（Eros）的主导地位。因此，弗洛伊德的元心理学的主要概念均从费希纳而来。”①

（五）对心灵学的影响

费希纳也被视作超心理学的先驱。他的影响首先体现在研究超心理现象的著作《论死后生命小书》（1836）上。这本书出版后，不断引起后世学者关注的热潮，现已译成多种文字，如英语、法语、意大利语、波兰语、荷兰语、冰岛语和日语等七种语言。1992 年，《教牧咨询杂志》专门为此书出版了研究专辑。克里普纳（S. Krippner）在该专辑中评论说：“费希纳的这本《小书》不能作为不成熟或老朽的产品而被置之不理，它写于费希纳接近理智活力顶峰的时期。随后一部论死后生命的书早于他的经典著作《心理物理学纲要》（1860）9 年出版。对于费希纳来说，这些兴趣是完全一致的；它们都涉及人类意识的发展，也都是推进作为科学的心理学的尝试。”②

费希纳在超心理学的影响还体现在他的具体思想上。他提出了一种

① Ellenberger，H. F.，*The Discovery of the Unconscious：The History and Evolution of Dynamic Psychiatry*，Basic Books，New York，1970，p. 542.

② Krippner，S.，“Fechner's Interest in Psychological Research：Perspectives from Parapsychology and Humanistic Psychology，” *Journal of Pastoral Counseling*，1992，27：63-78.

综合性的观点，对于当今超心理学的理论整合具有重要意义。在超心理学中，长期存在两种不同的理论取向。一种是存活论，认为人的形态并不完全消失，而是至少在一定程度上在身体死亡后存活下来。这种观点是超心理学的主流观点。另一种观点是场论，认为人并不限于特定的身体或形态中，而是成为整体世界力场的组成部分。这种观点常见于东方哲学家中。费希纳的泛灵论认为，个人的经验与宇宙是同一现实的两个方面，人的心理能够无差别地拥有自身以及更高级的智能。这样，一方面，人是世界场的一部分；另一方面，人在逝后又以一定的形态存活下来。费希纳将这种观点用于对基督的解释上。他使用"灵魂树"的比喻，认为"灵魂树"根基"根植于大地，其顶点抵达天堂"。"基督、天才、圣人，能够面对面抵达神性中心；较小者与次要者，在基督等人上有其根基，如枝在干上或细枝在主枝上一样，由此通过基督等在中途与高处的最高者间接联结起来。"正是在这种意义上，1904 年，詹姆斯在为《论死后生命小书》的英译本撰写的"导言"中作出了乐观的预测："思想的领袖们，如包尔生（F. Paulsen）、冯特、普莱尔、拉斯维茨，视费希纳的泛灵论为似乎可能的学说；他们写到费希纳时，满怀尊敬。年轻人随声附和；费希纳的哲学有望成为科学上的流行学说。""他相信整个的物质宇宙在形形色色的跨度、波长、包体和信封中是有意识的，这种信念看起来无疑要随着时间的推移，注定建立一个越发系统和巩固的学派。"①

值得一提的是，费希纳的超心理学观点还对社会产生了影响。这尤其体现在《论死后生命小书》在日本的译介上。该书在日本先后有五种译本问世，第一种译本出现于 1910 年，最近的一种译本则出版于 2008 年。在 1948 年的译本中，译者的"序言"道出了其中的关键："本书的基本思想在于宗教与科学的统一，这是费希纳终生的愿望。费希纳激烈而大胆地提出了根植于日常生活的'光明说'，以抵制诸如庸俗唯物主义和无实质的理性主义之类的'黑暗说'。就此而言，我认为费希纳的观点将会滋养日本的思想世界，因为当今日本的思想世界正如费希纳生活的时代一样，再次为'黑暗说'所笼罩。"②

---

① James, W., "Introduction," In Fechner, G. T., *The Little Book of Life After Death*, pp. xi-xii.

② Akira Iwabuchi, "The Favourable Reception of Gustav Fechner's 'The Little Book of Life After Death' in Japan," *Proceedings of the 25th Annual Meeting of the International Society for Psychophysics*, 2009, pp. 405-410.

本书的译者是我的年轻同事李晶博士，她在历时两年的翻译过程中吃尽了苦头，先后几次修改其译稿。费希纳的著作十分啰嗦且冗长，很多时候读者会发现费希纳承认他有意让自己“迷失在”关于某个边缘问题的“大篇幅的广泛讨论的状态”中，然后他就真的做了长篇大论。他习惯用两种或三种不同的方式来重复他刚刚说过的话。为了保证他的观点正确，他从不满足于仅举一个例子，而是倾向于增加两个或三个例子。但译者不可以断章取义，因为一旦这样做，这本著作就会失去了原来的风格。费希纳的写作习惯所形成的风格是在他那段闲散生活时期养成的，但他这种反复论证的写作风格也具有启发式的价值。这个译本试图把费希纳那冗长和复杂的句子结构转化成可读性强的中文，而又不失其原有的风格和特点，有些地方的简化处理只是为了让思路更清晰。这种尝试我认为是较成功的，还请读者们明鉴。

郭本禹

2014 年 12 月 6 日

于南京师范大学

目　录

序言 /1

第一篇　导论 /1

第一章　身心关系总论 /3

第二章　心理物理学的概念与任务 /8

第三章　一个初始问题 /12

第四章　关于感觉和刺激的概念 /14

第二篇　外部心理物理学:心理物理学测量原理 /19

第五章　身体活动的测量:动能 /21

第六章　感受性测量原理 /38

第七章　感受的测量原理 /45

第八章　感受性的测量方法 /56

第三篇　基本定律与事实 /103

第九章　韦伯定律 /105

第十章　阈限 /190

第十一章　对各种感觉领域阈限大小与关系的详述 /202

第十二章　有关韦伯定律的平行定律 /237

第十三章　混合现象的定律 /262

译后记 /267

序　言

就像本书第二章中详尽阐述的，我所说的**心理物理学**（psychophysik）指的是一种理论，尽管这是一个古老的问题，但就其所涉及的详尽阐释和讨论方法而言，它在这里又是全新的；简而言之，它是一种有关身心关系的精确理论。因此，我们发现这个新颖的书名既没有不合适，也不是没有必要。

作为一门精确的科学，心理物理学必须像物理学一样建立在经验和经验事实的数学联系之上，我们需要对那些所经历的经验事实进行测量，或者，即使没有这样一种测量方法，我们也要去寻找。既然我们都已经熟知这种对物理量的测量方法，那么，这项工作第一大主要任务就是确立尚不存在的测量心理量的方法，第二大任务则是对这种方法加以运用，并展开详细的讨论。

我们将会看到，关于测量心理量的决定不仅仅是一个学术问题，也不只是一个抽象的哲学问题，它需要广泛的经验基础。我相信我自己和他人的研究结果已能充分地提供这种经验基础，因此，这种测量方法的原理是可靠的。此外，我还相信，通过大量实际运用，我已展示了它的效用。不过，我们依然需要大幅度扩大经验基础；到目前为止的实际运用仅能表明它所能提供的远不止于此。

简言之，此处所展示的这种形式的心理物理学是一种处于酝酿初期阶段的理论。因此我们不应该期望，仅仅通过本书书名中的“纲要”（Elemente）这个词便能呈现一个有充分依据且完全建立的理论体系，即一本关于基本原理的著作。相反，我们应该把它理解成一个仍然处在初级阶段的理论。因此，我们不应该要求本书一定要由科学的基本原理构成。本书中常常用到的一些研究、论点和汇编并不符合一本关于既定科学的著作的标准，但它们也许能够促进这样一本科学著作早日面世。我相信，至于有关某些特定论点的研究的一致性，以及我们所要求的某些方面研究结果的一致性，本书都没有忽略。

不过，就像我们不能期望本书是一本关于基本原理的科学著作一样，我们也不应该期望在本书中能够找到所有关于心理物理学的材料，相反，我们只能找到和心理物理学测量的理论基础以及运用有关的内容。我们在这里还不能处理许多有关心理物理学的问题，因为它们还没有发展到能够将这些问题囊括其中的阶段。

虽然本书中许多内容可能有些多余，而许多内容又没有涉及，但至少我们有理由宽容地对待这个问题，因为我手头能够引用的只有一些非常零散的材料证据，我几乎找不到任何正式的证据。没有砖头，我们就无法建房子；即使画好了这所房子的设计图，我们也不能第一次就可以把每一件事情都做好并让一切都达到完美。接下来每一次这样的尝试，一方面一定会更加完善，另一方面，也注定会更加简洁、更加精确。

当然我也必须要请求大家的谅解，因为本书中可能还留有一些形式上的缺陷和事实性的错误，特别是在处理许多微妙的、困难的或新异的问题时所遗留下来的问题。在本书的第二篇，这些错误甚至会更加频繁地出现。在进行这些研究的漫长过程中，即使我坚持一些已日益稳固的普遍原理（我们必须知道记住一点，即之前整个领域都还处于混乱的状态），但还是遇到了非常多死胡同和不明晰的细节问题，以至于我不敢奢求在本书中能够克服所有这些问题。不过，如果要等这个方面的问题都有了完全明确的答案后才开始研究，那我就无法完成这些研究了。我仍然相信这个理论将能够沿着相同的方向获得进一步的发展，因为毕竟这个理论的很多内容现在已经慢慢地得到了纠正和澄清。

最后还有一个问题，那就是：这里所提供的内容以及提供这些内容的方式是否构成了一个切实可行且富有成效的作品的开端？如果是的话，希望大家不要太计较这些疏忽和错误；至少它可以起到抛砖引玉的作用。

我绝不是想说本书的内容是完全新的，如果是的话，那也只是一个简单的介绍。确切地说，为了表明本书内容应有的合理性，同时也为了说明本书内容不是我突发奇想的结果，我会简单地提及一些历史观点，一开始是在这个序言中，最后是在一个特定的历史章节中，中间我也会在恰当的时候对它们做较为细致的分析。

经验法则是心理测量理论的主要基础，是很久以前不同领域的许多学者提出来的，他们对它做了系统的阐释，并通过实验证明了它的相对普遍性，尤其是韦伯（E. H. Weber)，事实上我觉得应该称他为心理物理学之父。此外，构成我们测量原理之最为普遍、最为重要的运用的数学函数，是很久前许多数学家、物理学家和哲学家提出来的，如贝努利（Bernoulli）[拉普拉斯（Laplace）、泊松（Poisson）]、欧拉（Euler）[赫尔巴特（Herbart）、德罗比什（Drobisch）]、斯坦海尔（Steinheil）[普森（Pogson）]，这些函数提出的基础是一些尤其符合心理物理学且被其他学者重复和接受的特定案例。尽管所有这一切的发生不是为了确立一种心理测量方法，也不是为了吸引特别的关注，但在下文（第七章）对这种测量的原理作清晰的阐释后，我们就会清楚地看到，这条原理已经包含在这些学者提出的函数中了。

因此，很明显，从其作为一种心理测量的全新意义上说，我们的心理测量一方面只是一种概括，另一方面，它也只是一种对先前已存在之概念的清楚表达。这一事实可能会在某种程度上减少我们的怀疑，即这样一种测量可能从一开始就存在了。事实上，这个问题并不是一个关于化圆为方或永恒运动的问题，因为它已经被一些学者解决了，而那些学者的名字就保证了这种解决方法的合理性。

在感谢了过去学者的成就对于本书主要内容的贡献之后，如果我不提一提福尔克曼（A. W. Volkmann）对我研究的重要帮助及鼓励，那我就是忘恩负义了。这位思维敏捷的优秀学者为本研究投入了极大的热情——顺便提一下，他的贡献已经远远超过了他本应做的——他还因此为本研究提供了经验基础，这些真的让我非常感激！

同时我敢说，这对本书原理及特性的确立而言是一个好兆头：它们不仅得到了许多优秀学者的精确研究结果的支持，而且它们还是开始此类研究的起点。事实上，除了那些作为基础的且已经与之发生关联的理论研究与实验研究之外，本书在写作过程中还多次设想了未来的研究或者进一步要做的研究，这些后续研究一方面是心理物理测量理论的进一步发展所必需的，另一方面也是其应用的发展所必需的。此外，虽然这些后续研究引起了学者们极大的兴趣，但如果没有这种理论，这些研究也不会出现。迄今只能在物理学实验室或生理学实验室中进行的心理物理学实验，现在需要有属于它自己的实验室、实验仪器和实验方法了。而且毫无疑问的是，随着它们的进一步发展，这些研究的范围也会逐渐地扩大。因此，我认为我们当前这些研究的主要成果不在于它们到目前为止能带来什么，而在于它们以后能带来什么。摆在大家眼前的这份成果报告只不过是一个微不足道的开始。

在将数学引入本书的方式方面，尤其是在本书的后半部分，我希望数学家们在看这些章节时会认为这些章节是为非数学专业人士而写的，而非数学专业人士在看这些章节时又会认为这些章节是为数学人士而写的，因为我一直努力地想让其中一方理解，也想让另一方满意，当然这其中不会一点冲突都没有。我希望数学家们能够原谅我从非数学专业人士的视角出发而做的一些多少有些宽泛、通俗的解释，因为我在撰写本书时一直谨记一点：这本书能让生理学家们特别感兴趣，尽管我同时也希望哲学家们对它感兴趣。当然，把生理学家和哲学家都假想为数学家，这种做法在现在也不太能被人接受。另一方面，我希望非数学专业人士能把那些他们不理解的数学衍生词（即使有些衍生词的出现只要求读者具有一丁点儿的数学理解）当成数学事实，并且能不时地跳过一个章节、一个注释或者超出了他们理解范围的一段内容。如果我没弄错的话，大家会发现本书的整体框架和内容都是很好理解的，尤其对于那些熟悉数学方程式并懂得对数性质的人，或者是那些注意到了第二篇开头的简要介绍的人来说，更是容易理解。至于其他方面，我比较偏向于认为它们不会对本书内容产生干扰，或者至少不会对本书下富有洞见的评判。

我有意避免将本书中所涉及的心理关系之数学取向与赫尔巴特的相应观点进行对比。因为赫尔巴特不仅始终是第一个提出可以用数学方法来处理这些问题的人，而且也是第一个创造性地开启这个研究领域的人；自赫尔巴特起，其他任何在该领域从事研究的人都只能屈居第二。事实上，本书在这个方面的基本观点和赫尔巴特的观点有着本质上的不同，以至于我们几乎没有必要在这里强调二者的区别。事实上，这是一个毫无意义的问题，在此处判定它们二者孰优孰劣是不恰当的做法，尤其是在没有探讨其哲学基础的前提下就更无法做判定了，而对其哲学基础的探讨是我们在这里不惜一切都要避免的。至于如何在这二者之间做出选择，以及如何解决这些基础性的问题，我想留待以后来探讨。

可能读者还会预期我在宣称本书采取的是唯物论还是唯心论的立场，在宗教这个基本问题上的观点又是如何，这些是每一项有关身心关系的研究都不可避免会涉及的。针对第一个问题，本书在探讨身心关系时不会表明采取了哪种立场，这是一个区分唯物论者和唯心论者的问题。回答这个问题的结果必然会偏向于一方或者另外一方，而本研究将这二者之间的经验关系看做是函数关系，这本身就排除了这种片面性。

至于第二个问题，假定我们一定要对宗教问题采取唯物论的观点，这似乎有点太过草率。显然，正如在正文第5页简要提及的，我们尤其可以给基本原理一个片面的唯物论解释，尽管它代表的更多是本书的背景而不是出发点。从表面上看，这个原理在灵魂不朽这个问题上可能会得出同样的结论。我在这里能用来反驳这种解释的只有一点：这整本书都是以与此完全相反的概念和解释为基础并与其相联系撰写而来的。由于此处不适合再对这个问题做更进一步的探讨，为了避免读者还有疑虑，我必须提一下，我在之前的作品中已经表达过这种观点。

本卷书的内容涵盖了心理测量的基础，即心理测量原理的确立，以及有关其方法、定律和作为其经验证据的资料的阐述；第二卷将会涉及心理测量的功用与应用，从外部领域转到了内部领域（即身心关系）。因此，本卷书需要更多的是经验兴趣，而第二卷需要更多的是数学兴趣和哲学兴趣。从新的应用看，它是数学的，它们拓展了数学的领域，这在第一卷已经有所体现，在第二卷已发展到了一定程度；而从这些应用引发了相关主题来理解身心关系这个方面看，它又是哲学的。

1859年12月7日

于莱比锡

第一篇

导　论

第一章 身心关系总论

随着自然科学各分支的迅速发展，有关物质世界认识的探究也渐趋繁荣，并且还有精确的原理和方法保证了它的稳步向前，从一定程度上而言，有关心智的知识也已经在心理学和逻辑学中奠定了坚实的基础，但是有关物质和心智、身体和灵魂关系的认识还仅仅停留在哲学思辨阶段，缺乏坚实的基础，也缺乏必要且可靠的原理和方法。

我认为，我们需要在以下真实情境中寻找导致这种不利情形的直接原因，其实这样做也只能让我们找到间接原因。我们可以直接依据经验来探索物质世界内部的关系，内心或者精神世界的关系也不过如此。当然，我们的感觉及其辐射范围之外的认识会限制我们对前者的了解，而我们每个人的心智会限制我们对后者的了解；而且，这需要我们能够找到基本事实、基本定律、各领域之间的基本关系及相关的信息，这些内容为我们进一步的认识提供稳固的基础和出发点，只有通过这种方式这些研究才能开展下去。涉及物质和精神世界之间关系时的情况则是截然不同的，因为这两种紧密联系的领域在直接经验中，每次只有一种能够表现出来，而另一种则会隐藏起来。当我们能意识到我们的感受和想法时，我们不能感知到与它们联系在一起或即将发生的大脑活动——所以物质面就被精神面掩盖了。类似地，尽管我们能用解剖学、生理学、物理学和化学术语直接描述解释他人的、动物的和整个自然界生物的机体状况，但是我们仍不能直接获知属于前者的心智或者属于后者的上帝，因为在这里精神面被物质面掩盖了。因此，其中仍然还有许多值得假设和怀疑的地方。我们也许会问：一旦谜底被揭开，真的会有发现吗？如果有，那又是什么呢？

目前为止，这些事实性的问题还存在着各种不确定性、犹豫和争论，我们还不能找到一个稳定的立足点，或者在这些关系理论中寻找一个突破点，同时这些理论的事实基础也仍然处在争议之中。

但现在问题是：尽管身体和心智之间是互相依赖的关系，它们还是只能独立而不能同时一起被观察到，那么这种异常情况的原因是什么呢？因为通常我们能够很容易地观察到那些同时出现且互相依赖的事物。精神和物质世界关系的不可违背性令我们怀疑这种情况的根源是由它们的本质决定的。就算无法触及问题的本质，难道我们连一些能够解释类似问题的说法都没有吗？

确实，我们只能看到一个物体的一个方面。例如，站在一个圆环中间，它的外侧面被内侧面挡住了；相反，站在圆环外面，它的内侧面就会被外侧面遮挡了。人的精神和物质两个世界就像事物的内外两面一样不可分割，也可以看成是人的内外两面。就像站在一个圆的某一侧不可能同时看到圆的两面一样，站在人的平面上也不可能同时看到人的两面。我们只有改变自己的视点才能改变看待圆的角度，这样我们就能看到之前我们看不到的那些被遮挡了的事物。但圆仅仅是个比喻，重要的还是现实中的问题。

现在，对身心关系的基本问题做深度或者透彻的讨论并不是我们目前需要迫切解决的问题。大家都可以以自己的方式尝试解决——当遇到这样的问题时。因此，以下我将简要且不带任何偏见地阐述我的观点，目的是为了解决有关普遍信念领域中可能出现的问题，这是这个研究的出发点，至少对于我而言是研究的基础。同时，对于那些正在这个领域中已经有了自己的观点，却仍然还在寻找其他观点的人，我提供了一些弹性的建议，即使我所说的内容对于这项工作的进一步发展并没有本质性的帮助。考虑到开始一项这样的工作会使人沉迷于大量空泛的讨论之中，而且我们很难完全避免这种讨论，所以我对于自己的立场只是进行了如下简要的阐述，希望大家理解。

首先，我还是要再举一个例子。从太阳的角度和从地球的角度看太阳系是不一样的。一个是哥白尼的世界，另一个则是托勒密的世界。尽管这两者就像一个圆的内外侧两面一样不可分割，但同一个观察者却不可能同时感知到两个世界体系，它们是从不同的角度看同一物体产生的两种不同的表征模式。这里我们仍然需要改变视角来弄清楚其中一个世界而不是另外一个世界。

这种例子很多，且这些例子向我们证明了从两种不同角度看同一事物，实际却会看成两种不同的事物；我们不能期望找到一个事物，它从两种视角看到的情状会是一样的。谁可以否认这种事实呢？只有最经典的和最具决定性的案例，才能使我们否认这种事实。这就是精神和物质世界的关系。

可以从内部角度来看你的心智活动是什么样的，另一方面，也可以从外部角度看构成你心智的物质基础会是什么样的。我们是自己在使用大脑思考还是检视另一名思考者的大脑，两者之间是有区别的。[①] 这两种活动是非常不同的，视角也是不同的，因为一个是内部视角，另一个是外部视角。这两种视角之间的差异与前面的例子相比是非常大的，因为这两种表现模式间的区别是很大的。圆环或者星系外观的两种呈现模式从根本上说，都还是由于我们采取了两种不同的外部视角；而是否在圆环内或者是在太阳上，观察者都还是在圆环或者行星的外部进行观察。另一方面，心智的表现实际上是我们从内部角度得到的，因此这种表现和心智本身是一致的，而物质的表现状态实际上是我们从外部角度得到的，所以和其本身可能并不一致。

现在我们知道了为什么虽然身体和心智是不可分割地联系在一起的，却没有人曾能够同时观察到它们，因为不可能有人能同时处在同一个事物的内部和外部。

这样我们也就明白了为什么一种心智不能像感知自己一样去感知另一种心智，尽管我们自以为能够轻易地察觉到同类生物的本质。如果一种心智和另一种心智不一致，就只能知道另一种心智的物质表现。因此，一种心智只有通过另一种心智的物质性才能察觉到另一种心智，因为心智的外在面仅仅是它的物质性。

出于这种原因，心智的表现经常是一致的，因为只存在一种内部角度，而每个人的外在表现则是不同的，因为可供观察的外部视角非常多，且持有这些视角的人也是不同的。

目前，看待这些现象的方式涵盖了最基本的身心关系，任何基本观点都应该涉及这个问题。

还有另外一种说法：心智和身体是彼此平行的，其中一方的变化会导致另一方的变化。为什么会这样？莱布尼茨说过：一个人可以持有不同的观点。安装在同一块板上的时钟，可以通过它们共同的附着物调整

① 在这个例子中，检视的概念等同于基于外部观察而进行的推理，即当消除了直接检视的障碍后，推理出内部心理状态是如何表现的。

彼此的运动（如果它们之间差距不大的话），这就是身心关系的二元论观点。也可以说有人同时转动两个时钟的手柄使它们同步；这就是偶因论，它认为心理随着身体的变化而和谐变化的现象是由上帝创造的，反之亦然。也可以在一开始就把时钟调到完美同步的状态，这样它们能保持相同的时间，之后就不需要再调整了，这就是前定和谐理论的观点。莱布尼茨遗漏了一个观点——最简单却最有可能的。我们可以让时间保持一致——事实上时间从来没有不一致的——因为时钟本身是基本一致的。这样我们就可以不需要那个共同的背板，不需要不断的调整和初始的人为设置。对于外部观察者而言，时钟是靠齿轮和指针（或者是它最重要和最关键的部分）的运动而运行的，而对于钟本身而言，它很可能有属于自己的工作想法、动力和思想。这里我把人说成是时钟并没有侮辱人的意思。只是暂时把人比喻成了时钟，我也并不是总把人称为时钟。

外在的不同不仅因为采取了不同的视角，也因为采取视角的人是不同的。一个盲人尽管和一个正常人处在同样的角度，但是他不能通过外在角度看到外在世界；一个无生命的时钟尽管和大脑一样采取同样的角度，但是它不能看到它的内部。时钟只能作为一种外在表现而存在。

自然科学一贯是从外部角度考虑问题的，而人文科学一贯是从内部角度考虑问题的。日常生活中的各种一般性观点基于的角度是不同的，而相关领域的自然哲学问题则是综合了两种角度的观点。身心关系的理论问题最终还是不得不落到这个点上，即单一物体两种表现模式的关系是统一的。

这些只是我的基本观点。这些观点不能明确身体和心智的最终本质，但是我还是试着从一个单一的视角来统一说明它们的一般事实性关系。

然而，就像我前面提到的那样，每个人都可以自由地选择其他的方法来得到相同的结果，或者完全得不到这个结果。每个人选择的方式会受他其他观点的影响。通过反向推论的形式，对寻找到一种恰当的普遍关系，个人必须自行判断其可能性和不可能性。每个人是想把身体和心智看成只是一个实体两种不同外在的表现形式，或者看成是两个外在相互联系的实体，还是把灵魂看成是一群相互连接点阵中的一个，这些点可能本质基本相同也可能不同，还是从根本上摒弃一元论的方法，这些其实都并不重要。只要我们承认实证的身心关系且同意实证研究，就不会反对更复杂的表述形式。在接下来的研究中我们只在实证的身心关系基础上进行调查，另外我们会采用最常见的表达形式解释这些事实，尽管它们更多的是从二元论方法的角度进行解释的，而不是我自己所擅长的一元论角度。不过这样的转换并不难。

但是，这并不说明我们在这里要发展的理论和基本的身心关系的观点完全不同，也不说明这个理论对理解它们之间的关系没有影响，因为事实恰恰相反。另外，我们绝对不能把这个理论将来会产生的影响——甚至现在正在开始产生的局部影响——和这个理论的基础相混淆。这个基础是纯粹实证性的，任何假设都可能会在开始就被推翻。

有人可能会问：这个基础的存在会不会直接反驳我们起初所提及的那个事实，即身心关系在经验范围之外？但是，它们不完全是在经验范围之外的，仅仅是直接的身心关系处于直接的经验范围之外。我们自己对身心关系的解释已经有了相关的一般经验支持，即使它们无法对那些怀着先入为主的观点来读这本书的人产生必要的吸引力。接下来书中会介绍我们是怎样利用特殊的实验结果进行推论的，这些实验一部分能引导我们往中介关系的领域发展，一部分给我们提供了关于直接关系推论的基础。

确实，我们不能满足于这个一般的观点，尽管它被普遍接受了。要证明一个定律的普遍性与深度不是取决于一般原理，而是取决于基本事实。万有引力定律和分子定律（当然其中囊括了前者）都是基本定律；如果我们彻底了解了它们，把它们整个领域内的意义都了解透彻了，我们就能够从最广泛的意义上了解物质世界的理论。同时，我们还要试着形成关于物质世界和精神世界关系的基本定律，以获得一个持久成熟的理论而非一般性的观点，而且我们只有这样做，才能建立起一个以基本事实为基础的学科，这一点和其他学科都是一样的。

心理物理学就是一个基于此观点的理论。更多细节请看下一章内容。

第二章
心理物理学的概念与任务

在这里，心理物理学应该被理解为一门身心互相依存关系函数的精确科学，从更为一般意义上说，它是一门关于身体世界与心理世界、物理世界与心理世界之间关系的精确科学。

我们把那些通过内省观察或者由内省观察总结出来的内容都称作精神的、心理的或者灵魂的，把那些通过外部观察或者由外部观察总结出来的内容都称作身体的、肉体的、物理的或者物质的。这些定义只涉及了事物的表现方面，而心理物理学需要致力于解决它们之间的关系问题，使用日常的语言来描述各种内外视角的观察，以展示各种单独存在的活动情况。

无论如何，所有关于心理物理学的讨论和研究都只与物质和精神世界的外显现象相关联，与一个直接通过内省或外部观察呈现的世界相关联，或者与一个通过事物表现就能推导出结论，或者与获得现象学关系、分类、联想、推理、定律的世界相关联。简单地说，心理物理学从物理和化学角度涉及**身体的问题**，从实验心理学角度涉及**心理的问题**，但是没有以任何形式从形而上学的意义上谈到超现象领域的身体或灵魂的性质问题。

总之，我们的心理是生理的一个关联函数，反之亦然，它们之间存在一种恒定的关系，这种关系使我们能从一者的存在和变化推知另一者。

一般来说，我们不否定身体和心智之间的函数关系的存在；但是，对于这个关系原因的解释、二者间关系的界定和范围还是待解决的争议性问题。

心理物理学试图尽量准确地定义身心表现模式之间的函数关系，而不考虑这个争论中存在的形而上学观点（与现象相比，形而上学更关心所谓的实质)。

在物质和精神世界中，哪些特征在一起形成了数量和性质的关系？哪些又形成了距离远和近的关系呢？决定它们往同一个方向或相反方向变化的规律又是什么呢？一般而言，这些都是心理物理学所提出且试图进行解决的问题。

这句话也就是这个意思：哪些特征成对出现，就能构成一个物体的内外表现形式关系？又是什么规律来决定它们各自的变化呢？

身心之间存在一种函数关系，没有什么能阻止我们从一个方向而不是另一个方向来关注和研究这种关系。我们可以通过一个数学函数来恰当地概括，即一个关于变量 x 和 y 的方程式，在这个方程式中任意一个变量都能被看作是另外一个变量的函数，且每一个变量会随着另外一个变量的变化而变化。但是，为什么心理物理学偏向于从心理依赖于生理而不是相反的角度来看问题呢？原因是只有生理测量能直接进行，心理测量只有在生理测量的基础上才能进行——这些内容我们在后面将会谈到。这个原因具有决定性意义，它决定了未来我们研究方法的趋势。

我们不讨论上述这种偏向的唯物论原因，它们在心理物理学中也没有意义，唯物主义和唯心主义关于其中一方对另外一方的依存关系的本质属性存在争议，这对于心理物理学来说是不相关的、不重要的，因为心理物理学只关心本体内部的现象学关系。

我们能区分身心之间无中介和有中介的依存关系，或直接和间接的函数关系。感觉直接依赖于我们大脑中某些特定的加工过程，两者中一方由另一方决定或者另一方是它的直接结果；但是感觉与外部刺激只是一种中介的依赖关系，即只有通过神经导体的介入才能进行这个加工。我们所有的神经活动都依赖于大脑中的直接活动，或者直接伴随大脑活动，或者直接产生大脑活动，在这个过程中感觉冲动通过我们的神经和效应器官被传达到外部世界。

身心之间的中介函数关系，只有在这种关系包括了中介变量作用的情况下才能完全符合函数关系概念的要求，因为忽略了中介变量就会导致身心之间的关系缺乏持续性或规律性，而这些性质是通过中介变量产生的。因为在一个活体大脑中，只有靠活动的神经元不断地将刺激引发的信息传入，刺激才能诱发相应的感觉产生。

既然心理被视为物理刺激的直接函数，那么物理刺激就可以被视作是心理的一种载体。生理过程伴随心理改变，从而构成了它们之间直接的函数关系，我们称之为心理物理学。

我们没有做任何关于心理物理学过程本质的假设，一开始我们就决定将它们的基础和形式问题留待解答。至于我们为什么很快就摒弃了这个问题，主要出于两个原因：第一，心理物理学一般原理的确定将只涉及定量关系的处理，就像在物理学中，定性关系依赖于早期的定量关系；第二，在第一部分中没必要对心理物理学的加工过程进行特别的解释说明，因为接下来我会详述我的工作计划。

本质上，心理物理学可能会被划分成内外两部分，这是基于以下角度来考虑的：是更关注心理与身体外部因素的关系，还是与心理密切相关的那些内部机能？换句话说，这种划分是基于身心之间的函数关系是属于无中介还是有中介的。

只有在外部心理物理学领域才能找到整个心理物理学所依赖的真正根本的实证性证据，因为只有这样才能获得直接经验。因此，我们的根本出发点应该基于外部心理物理学领域。然而，如果没有内部心理物理学的恒定性，外部心理物理学也不会有发展，因为身外的世界只有通过身体内部的中介才能与心智建立函数关系。

另外，尽管我们考虑到了外部刺激和感觉的规律性关系，我们也不能忽略另外一个事实，即刺激毕竟不能直接唤醒我们的感觉，而只能通过我们身体内部的加工处理过程与感觉建立直接联系。我们可能还不知道这些过程的本质，目前关于这方面的研究不太受重视（如先前所述），但无论如何，只要当我们在研究外部心理物理学中，需要关注或使用相关的那些定律关系时，就必须承认并且经常提及它们存在的事实。同样地，我们知道身体活动直接受心理活动支配且需要遵从心理活动的规律，尽管这些活动我们并不完全了解，但我们也不能忘了这样一个事实，即心理对外部世界的影响只有通过这些身体活动才能实现。因此，我们必须随时注意到这种未知的中介变量的存在，因为它在完成这一连串的效应过程中是必需的。

心理物理学从字面上看和心理学及物理学相联系，它一方面必须建立在心理学的基础上，另一方面也要给心理学提供数学基础。外部心理物理学从物理学中借用辅助工具和方法论；内部心理物理学则更多地倾向于借助生理学和解剖学的知识，特别是神经系统的知识，我们预先假定读者对它们有所了解。然而不幸的是，内部心理物理学目前还没有良好地利用到相关领域内细致的、准确的、有价值的研究结论。无疑的是，一旦这些研究（以及其他那些与其结论相左的研究）能达到一个共同的认识层面并且可以互相强化的程度，内部心理物理学就可以利用这些研究结论。但目前情况根本不是这样的，这告诉我们一个理论只有在它不完备的情况下才能发现到其自身的问题。

我们打算从以下角度来挑战我们自己的工作：

在发现与心理活动直接相关的身体加工过程的方法之前，我们就能够从某种程度上确定它们之间的一个定量关系了。感觉依赖于刺激，一个更强烈的感觉依赖于一个更强的刺激，但是刺激只有通过身体一些内部过程的中介作用才能产生感觉。我们发现，在某种程度上感觉和刺激之间的定律关系必须包含刺激和身体内部活动之间的定律关系，这种内部活动遵循身体加工过程间交互作用的一般定律，且为我们得出关于内部活动本质的一般结论提供了依据。的确如后面的内容所显示的那样，尽管我们忽略了心理物理学加工的具体本质问题，因为这些因素涉及一般心理活动间更重要的关系，但是我们仍然形成了一个基础，它在一定范围内，允许我们对这些基本事实，以及这些界定内外心理物理学间关系的定律，进行确定和充分的构思。

除了它们对内部心理物理学的重要性之外，这些定律在外部心理物理学领域也已被证实，并且具有一定的重要性。我们会发现，物理测量基于这些定律关系，促使了心理测量的产生，针对这个问题，我们展开了一些重要且有趣的辩论。

第三章 一个初始问题

目前有关内部心理物理学所有模糊和有争议的问题——现今几乎整个内部心理物理学领域内都会包含这些问题——以及内部心理物理学本身的问题，我们都将暂时搁置到一旁。后续的实验会给我们提供解决这些问题的方法。但是其中有一个问题，至少在开始必须要单独提及。它关系到整个心理物理学的未来，我们现在必须在一定程度上大致地解决这个问题，其余的就留待后续讨论。

如果我们把思想、意志和美感归为高级心理活动，把感觉、内驱力归为低级心理活动，那么至少在目前这个领域内——先不考虑下一个领域的问题——当没有引入身体过程或没有和心理物理学过程相联系的时候，高级心理活动比低级心理活动更容易继续进行下去。没有人能在脑子不动的时候可以思考。但几乎毫无疑问的是，只有在我们神经系统的特定活动下，一个特定的视觉或听觉才能产生。没有人会质疑这点。有关心智中感觉层面的观点，事实上是基于这样一个设想，即在心智和肉体之间存在一种确切的关系。然而这样就存在着一项很大的疑问：是否每种特定的思想都与特定的大脑加工过程相联系呢？如不然，那是否从一般意义上来说，在无需一种能让这些心理过程以特定方式产生的特定脑生理过程的前提下，整个大脑活动就足以用来思考和进行更高级的心理活动呢？确实从这个角度来看，我们需要精确地寻找高级和低级心理活动领域之间的本质区别（从狭义上说，这种区别类似于灵魂和心智的差异）。

即使我们假设高级心理活动与生理加工过程并不存在特定的关系，它们之间还是会存在一般且确定真实的联系，这种联系属于内部心理物理学所考虑和研究的范围。我们最终将会发现这种隶属于通用定律且包括了普遍原理的一般性练习关系。的确，这种关系的发现应该被视为内部心理物理学最重要的任务。下面有一章（第五章）将会引导我们去考虑这种情况。

打这样一个比方：我们把思想看成是生理加工流的一部分，仅从这些过程的角度看这个比喻可能是对的，或者可能就像一个船员掌舵一样，生理过程需要这股潮流来引导，用他的桨带动起一些随机的小波浪。当我们确定了这股潮流或思想过程后，也需要考虑到河的条件和规律，尽管每种情况下的视角的确存在着不同。即使是最自由的航行[①]也要遵守规律，依照方法和原理的本质来行动。同样地，在任何需要处理高级心理活动及其生理基础之间的关系时，心理物理学就显示出了自己的必要性。至于这个必要性存在哪个角度以及达到哪种程度，心理物理学将来迟早有一天会展示给大家的。

目前我们每个人都应该试着尽可能地去给内部心理物理学的定义和范围做一个划定，直至现实的限制和困难迫使我们放弃这个尝试。依我的观点来看，在这个领域内尚未有范围限制，不过现在看来这仅仅是个人的观点而已。

和声与旋律无疑比单音更好听，但它们均是基于振动的频率而产生的，而振动本身只会产生单调的响声感受，振动频率变化的作用仅仅在于能让我们把这些单音集合起来同时呈现，而不是一个接一个地出现。这样，和声与旋律对我而言只不过是一种更高级的关系，而并不是说更高级的心理活动就不存在对应的生理基础。似乎所有的情况都与这种说法一致，都是对它的进一步验证和扩展。但是，对这个事实的进一步扩展或者是声明都与本书起初讨论的内容没有关联。

---

① 莱茵河上的国际性航行是自由的，但仍受到莱茵河航运中央委员会的监管，它是一个国际性的组织，职能是保证高安全级别的莱茵河和周围的导航。——译者注

第四章 关于感受和刺激的概念

目前心理物理学研究还不完整，没有充足的证据来列举、定义和划分与这个主题相关的心理学术语。我们目前的首要任务是采用以下的命名法，对感觉体验中“体验”一词进行一般性的解释。

我试图区别集中感受和广延感受，区分标准是集中地或广延地感知物体的程度大小。比如，我会把亮度感受看成是一种集中感受，空间视觉或触觉看成是广延感受；相应地，我还会区分其他感受的集中和广延程度。如果我们觉得一个物体比另一个物体看起来更亮，我们就说这种感受更集中；如果它看起来更大，那我们会说这种感受广延程度更高。一般理解而言，这只是感受的定义和含义的问题，没有涉及特定的感受测量问题。

无论哪一种感受，是集中还是广延，我们都能区分它们的程度和形式，尽管在集中感受的情况下，程度通常被区分为强度和品质。音调是声音的一种品质，它是可以定量的，这样我们就可以区分音调的高低。

韦伯[①]——无疑非常确切地——把空间感觉，或我们可以视为广延感受（正如我们在这里所使用到的术语）的能力或感觉叫做一般感觉。把那些能引起集中感受的感觉叫做特殊感觉。前者不能像后者一样通过单个独立的神经纤维或各自的分支（感觉环）得到，而只能通过许多神经纤维痕迹的协调才能得到，因为这种痕迹的强度和品质，以及神经中枢的数量与布局，对于所形成的广延感受的大小和形式是非常关键的。他对这个问题的讨论[②]有利于我们区分感觉的一般关系。目前这个讨论

① 文中单以韦伯之姓出现的均指的是恩斯特·海因里希·韦伯，他的兄弟以及孩子们均带有名或首字母缩写来指代。——译者注

② *Berichte der sächs. Soc.*, 1853, p. 83; im Auszugein *Fechner's Centralblatt für Naturwissenschaften und Anthropologie*, 1853, No. 31.

足以说明上述关于集中感受和广延感受之间的差异。实际上，这些简要讨论的目的只是为了引出相应的感受性和感受测量的问题，所以我们不必涉及更深层的感受理论。

因为广延感受和集中感受有着不同的本质且基于不同的情况，所以有必要知道关于它们的规律。有人可能会认为，根据集中感受的大小取决于刺激强度的定律，广延感受的程度或感受的广延度也应该取决于被刺激的感觉环的数量；但这种想法是没有根据也尚未被证实的。我们未来的研究中所提到的感受主要指的是集中感受，而非广延感受，除非我们特别提到**广延**一词或者进行其他特定的指代。

除了广延感受和集中感受之间的区分，我们也会考虑客体感受和一般感受的区分以及所谓的正性和负性感受的区分。比如光和声音的感受这样的客体感受，就是来源于对自己的感觉器官以外客体的感受。而像痛觉、高兴、饥渴这些一般感受的变化，则与我们自己身体的情况有关。讲到这里，读者可能会联想到韦伯在论文中所提及的对触觉和一般感受的经典研究。

至于正性和负性感受，我们通常会对类似于冷暖、高兴和痛苦这样的感受进行比较，这些感受通常由同一种刺激引起，只是刺激的程度不同，而且通常包含它们的对立面。例如，冷的感受就是由于热量的减少产生的，而暖的感受就是由于热量的增加产生的。高兴的感受与获得兴奋刺激有关，而厌恶（痛苦）的感受则是相反的趋势。

尽管正性感受和负性感受从一般意义上可以这样指定，但是我们不能不注意到，所谓的负性感受在心理学上并没有负性的意义。负性感受并不表示感受的缺失、减少或者消除。相反，它们可能比所谓的正性感受更强烈，或者可能会引起身体强烈的所谓正性感受，它们可以引起或提高身体的正性和负性反应。比如，冰冻的感受可能让一个人发抖，痛觉能引发人哭泣和身体剧烈的抽搐。

刺激从狭义上说只是指引起身体反应以及集中感受的对象。从某种程度而言，来自于外部世界的刺激叫外部刺激，来自于内部世界的刺激叫内部刺激。外部刺激可以从对外部刺激的记录来解释，如光和声音；内部刺激则起初需要进一步加工，而后至少会有部分被消除。我们耳朵听到的低声可能始于空气振动等外部影响，之后形成一种声波传至我们的耳朵。同样的声音也可能来自于我们的身体而非外部世界。这些情况我们了解得尚不清楚；但是因为它们产生了和外部刺激同样的影响，所以我们也需要同等地看待它们。从这点上我们不知道也没关系，但是我们必须承认（根据它们的影响），感受的内部刺激来源和外部来源一样，有着相同的概念、观点和准则。

如果心智只是由于内外部刺激影响到了身体的某一特定部位而产生的，并且我们从某种程度上承认了感受对于身体的依赖性，那么所有的感受都只能看成是身体活动的结果。这样的话，甚至身体最深层的机能也会受到刺激的影响。另一方面需要关注的是，如果说感受只受身体活动影响且它们是一种函数关系的话，那么把这种同时条件化的感受和那种直接产生的感受相提并论是不合适的。如果我们不想把两种类型混在一起的话，那么只需要把那些能引起感受的刺激包含进来。同时，对上述问题我们也不需要立即就得出结论。这些具有分歧的观点对我们的实际观察没有影响，我们仅需要根据内外部刺激影响的等价性，来考虑内部刺激的存在和程度。同时，从内部刺激的位置和品质来看它只是个未知的 x，尽管存在这种限制，它们仍被认为与外部刺激一样存在同等的定量影响，并且进入了现象学的研究领域。内部刺激的名字和价值由这种影响得来。

一些诸如重量这样的刺激，我们在日常生活中可能不容易想给出它们的含义，在提东西产生触压的感觉或者重量的感觉时，我们就会毫不犹豫地把它们归为重量。另一方面，我们对产生广延感受刺激的原因所进行的概括也是有缺陷的，而且目前我们还不清楚这些原因。即使没有其他外力作用，我们闭上眼睛也能在一定程度上体会到黑暗的感觉；特别是我们集中注意力的时候，即使没有被游标卡尺或者其他东西碰到，我们也能在一定程度上感知到自己的身体表面。增加外部刺激会部分限制这些自然感受的产生，还会部分决定它们的形式，也会部分决定我们用以判断相对大小和距离的标准，然而这对于空间感受是无益的。这些感受似乎来源于自主神经天生的协调性以及之间的有机联结，或者来源于中央神经末梢，尽管这些猜测目前都还没得到确认。如果在这种联系中仍然有可能涉及刺激，我们也只能认为是这些神经产生的内部刺激在起协调作用。但是，如果内部刺激可能和感受同时发生的话，那么这种表达（空间感受）又不合适了。有些人可能会强调说，可以通过身体活动的体验，来帮助我们进行广度的判断。但是，我们目前仅仅是在对术语进行定义，还没有到深入探讨这种相当模糊的方法的时机。

有人可能会说，如果不考虑这个问题的模糊性，以及**刺激**这个术语在多大程度上是合理的情况，就可以使用广延感受中刺激感觉环的数量代替在集中感受中刺激的感受程度，这样一来可以建立函数，推知广延程度的增加或减少。因此，在定量的函数关系问题中，上述的“数量”，就只能从共同但相当普遍的视角中提取。但是，我们不能确定它们的函数规律在两种感受中都是一样的，也不能保证除了数量之外，广延感受的程度不与别的环境参数相关。确实，这些问题本身就是重要的心理物理学研究的目标。

在感受所依赖的外力大量起作用的前提下，并且在外力沿着使感受增加的方向持续作用时，感受便会持续增加直到被发现，而当外力持续减少时，感受也会持续减少直到觉察不到。但我们必须了解，产生类似皮肤的温暖和压力等感受的机体是固定的，只能通过与一种既定的平均或正常作用力水平——比如正常的皮肤温度或正常的空气压力——相比获得的差异变化来产生感受。这种感受会往两个方向增加但是性质不同，因为一种诸如冷或暖、压力或者张力这样的感受，是取决于增加作用力超过某个正常点还是降低作用力低于这个点。这样我们不应该使用作用力的绝对大小来衡量刺激，而是应该将当前作用力的值减去划分感受的正常点的作用力值，结果的正和负，代表了感受的性质，在正常点上没有感受存在。我们会把前者叫做正性感受，把后者叫做负性感受。

因为刺激和感受之间存在相互关系，所以刺激通常被认为在不同环境中会发生不同的效应，除非有明确的说明或者具体背景中存在其他干扰。但是这种可比性在另一种不同的刺激模式中可能是无效的，在刺激的对象或机体发生变化的情况下也是无效的。不同感受性的概念和这种情况有关，在第六章中会详细介绍它的概念和测量方法。

为了便于理解，有人提出一种刺激对应一种感受，同时一种刺激的差异与一种感受的差异相对应，即感受或者感受的差异更强，刺激就会被感受为更强，反之亦然。这也是一种让我们不会产生误解的表达。

第二篇

外部心理物理学：心理物理学测量原理

第五章
身体活动的测量：动能

刺激的功能不是被动产生的。一些刺激，比如光和声音，可以被直接概念化为运动，虽然另外的一些刺激，如重量、气味、味道不能被概念化，但是我们可以假设这些刺激仅仅通过引发或者改变我们身体内部的某种活动，就可以唤起或者改变我们的感受。因此它们的大小可用来表征身体活动的程度，从一定程度上而言，这种身体活动是与依赖于它们的感受相关的。

关于身体活动的一般性测量，现在我们来讨论其中一些适当的话题，但暂时在这里先不对各种刺激及其引起的身体活动的具体测量方式进行探讨，因为我们认为在某种程度上来说，像这样的测量是现成的，可以借鉴物理学和化学中的某些方法。

在日常生活中，人都经常会使用特定的尺度来衡量物理活动的大小或者强度。人们尝试寻找诸如运动的速度，或是运动质量的大小等信息，但是却没有对它们形成清晰的概念。首先人们很自然地相信：运动物的质量和速度大小值的乘积，也就是动量，可以被视为物理活动大小的度量。确实，一般来说，冲击的瞬间和运动的传递过程中，物体在冲击之后的速度，或者在给定传输速度下的质量大小，与爆炸物的动量成固定比例关系。如果有人想要使用这种效应的大小来计算物理活动的大小，他就需要找到测量动量的准确方法。毫无疑问，测量依赖于对物体活动的定义。同时，如果你想要使用与物理学、力学、生理学，甚至是日常生活中同等的术语，并遵循它们的准确含义，就只有动能而非动量可以用来测量物理活动。

我们在这里所说的动能，经常会被误解为哲学中所谓的生命力，因为它暗含了测量上的一个确切概念，以下将要提及。

一个粒子的动能，不考虑其是否受到原子能影响，是通过把它的质

量 m 与速度 v 的平方相乘获得的，所以一个特定粒子能量的表达式就变成了 mv^2。[①] 那么整个系统的动能就是每个组成部分的动能之和，因此如果一个系统中有三个或者更多的粒子，每个粒子质量分别为 m、m'、m''……速度分别为 v、v'、v''……就有：

$$总动量 = mv^2 + m'v'^2 + m''v''^2 \cdots$$

这个公式通常可以按照如下简写，适用于任何粒子总数：

$$\sum mv^2$$

需要注意的是求和符号 $\sum$ 不是对一些相同的 mv^2 乘积求和，而是针对带有不同质量和速度的粒子，分别计算乘积之后再进行求和。

这个时候不必去考虑在测量中，所引入的各种概念分别包含了什么样的规则，而是应该罗列出一些更突出的值得我们去考虑的问题。

和数学动态模型一样，相反方向的速度一定携带负号。因此显而易见的是，如果有人关注当一个系统中的粒子们活跃地摆动时，活动的总量在一定的时间内将会发展到何种程度，他就会发现活动的总量接近于零，前提是他将动量作为物理活动量的衡量标准。因为运动的速度有向前，也有向后的，所以也就有了相反的符号，结果当它们乘以它们的质量（质量永远是正值）时，乘积的结果在加和过程中就正负值抵消了。但这种抵消并不是在每个个案中都是合理的，例如，对于朝一个方向和相反方向需要同等的能量的运动而言，这种抵消的结果就会是零。不同的是，如果把动能作为衡量的标准，由于速度进行了平方的计算，所以无论正值还是负值，平方之后都会得到正数，这样向前和向后的运动都会对物理活动量的总和产生贡献。

其次，我们应该注意到，只有通过身体输出或者完成任务所做功的变化，我们才能获得其中所消耗的动能，从而对身体的活动进行测量。因此这就可以把动能和日常生活、粒子力学中的概念联系起来。根据做功的普遍概念，当重量被举到两倍或者三倍以上的高度时，人或机器必须产生两倍或者三倍的功；假如当前除了举重之外，还包含了其他的做功类型，那么我们还要把举重转换成该类型的功，以进行等同的比较。

依据已知的原理，一块石头被垂直地被抛出后到达一定高度（除去

---

① 在力学中，严格说来，粒子的动能一般是 mv^2 值的一半；但有些人为了方便起见则使用整个值，而我自己也是如此，在讨论对于能量的依赖条件时，这种差异不会对理解造成影响，仅仅只是改变了这个数值的单位。

空气阻力）时，与其被抛出的瞬间被赋予的初始速度相比，并没有成比例增加，但是对于速度的平方而言却非如此，与石头被抛出时相比，到达一定高度时的动能成比例地变化了。然而，将石头被抛出时所赋予的速度（或者在快速增加时的速度），同样赋给一块被提升的石头，那么速度的增加就会变得比较缓慢。通过提升达到高度的多少，和通过抛掷达到的高度一样，依赖于作用于石头的动能，或者更广义上来说，依赖于通过重力作用产生的负荷或重量。

总之，除去一些不太重要的细节，为了爬上高山，一个人必须储存足够的动能以完成向上的运动，这种动能的大小就相当于把他提升到目的地所必需的能量。

因此总体上来说，不管物体当前运动的方向如何，某个特定时刻下特定质量物体的动能，可以用当前高度来进行表示，或者是一个速度相同、质量相近的物体将要到达一个既定点时，它的动能也可以借由与重力相反方向的特定速度来表征。需要注意的是，上述结论必须符合以下前提，即我们假定先前使物体加速的作用力已经停止了作用，而且除了直接与重力抗衡的作用力之外，没有新的作用力存在。对于物体向上运动轨迹中的每个点来说，我们可以根据物体将要到达的高度与起点之间的差距，来恰当地表征动能，这与第一个观点并不矛盾，在这一过程中，如果动能不断地下降，那么物体所能够到达点的高度也就相应地下降。

把某物抛出或者将一个重物举到半空中，与重力相反方向的速度不断地下降，最后一旦到达特定的高度，所有的速度就降为了零。因此，物体无法超越那个特定的高度点。除了与重力相反方向的力之外（或者算上这个力），在弹性、摩擦以及所谓的媒介物产生的阻力，或者其他的阻力研究中发现了一样的效应——在所有的情况下，这些阻力都必须克服，就像存在着克服重力的作用力一样。但这仅仅是因为克服一个给定的作用力（以及因此所做的功），与在真空状态下抛掷或者举起一个给定重量所使用的动能是相似的情况。所有消耗了同样数值能量的作用力，一定会被认为是相同的。

让我们想象一下，假设物体在真空中运动，没有媒介物或者反作用力的阻抗。那么它将会在速度没有损失的情况下，借助初始速度产生的动能无止境地飞行，而且这个过程中也不会用尽任何能量。尽管我们称其为运动而不是做功——它总是事先假定该物体在运动中需要克服反作用力并因此消耗能量——而动能始终能够维持物体运动所需要做功的水平，以此对抗反作用力。在许多种类的做功过程中，例如用马拉货车的过程中，动能的量保持恒定，但仅仅由于阻力作用，耗尽了货车从马的运动中所获取的能量。如果没有阻力在额外地消耗着能量，货车的动能会不断增加。

动能在系统中可以通过各部分之间共同的交互作用而增加，正如在行星系统或者每一个组织中的情况一样；它可以通过固体或者液体媒介中的传递和传播运动来进行传递和传播；最终内部产生的动能可以通过外部影响来调节，就像是两个天体构成的系统所产生的动能受到第三个天体的影响，或者诸如一个生命体内部的动能受到外在刺激的影响。

总之，就我们目前为止谈到的，不仅动能的产生方式，而且它的传递、传播与调节方式也依赖于它的各个成分之间的交互作用。有机体的交互作用产生了动能，正如给予将要进行石头投掷动作的手，石头与手的各个部分产生交互作用，手的能量就可以传递给石头，因为每种运动的传递依赖于各个成分间交互作用的统一程度。

整个自然就是一个单一的系统，该系统的每个组成部分都持续地作用于其他部分，在这其中，各种分系统产生、使用以及传递给其他分系统以不同形式的动能，无论是发出还是接收能量，都需要遵从分系统联结的一般性原理。因为在精确的自然科学中，所有的物理现象、活动和过程，不管它们可能被称为什么（不排除化学性、不可预估的和有机的物质），都可以被归结为运动，无论是大型的还是最小规模的粒子运动，我们都可以发现它们的活动或者是动能的强度标准都是能够被测量的，如果不能够被直接测量，那么至少可以利用任何一次动能的效果，通过计算原理进行估计。

关于物理现象的本质，例如我们的感觉是依赖于何物而产生的，我们的思维伴随着何种活动，我们从一开始对答案就感到非常不确定——简单来说，这就是一种心理物理学的加工过程——但至少我们非常确定该使用何种方法来测量这种本质。假如说这些研究内容尚在物理学中寻找一席之地，那么对于衡量这些本质的能量研究亦如此；如果做不到，那么它们对于我们就没有意义了。

这个事实是非常重要的，原因有两点：首先，它为我们提供了清晰的分析基础，其次，它提供给我们以建立原理的基础。

如果我们需要清楚地把心理物理学和物理学、生理学以及日常生活联系起来，就不得不了解心理物理过程中各种特殊属性的大小，即使我们对于这些属性知之甚少，我们也可以基于动能研究领域内总结出的基本条件和原理，建立起广泛且有效的结论。就目前来说，疑问就产生了，即这些心理物理过程是否终究会对这种一般原理的适用性形成挑战，现今的观察研究不得不处理这个问题。

因此，让我们来看看动能研究领域内一些重要的基本条件和原理，它们在观察研究过程中给我们提供了线索，或者给我们提供了在这个领域中同类研究的应用性结论。

因为能量的大小会以不同的形式进行传播和转换，所以我们会看到一个系统的表面可能是十分平和的，但是仍会在不易被察觉的微小运动中产生大量的动能，效果经常与大型的运动相当。

当一只大钟被敲响时，我们看不到它轻微的振动。然而这种振动的动能（加上一些辐射产生的热量）表示了用以击响这只钟所需要的总能量；如果这种来回振动的运动可以在一个方向上累加起来，那么这只大钟将会被击打出较远的距离。

一个从表面上来看相当不重要或者不存在，但在现实中却无疑是很重大的问题是：动能可以经由化学反应的活动产生。我们发现在化学反应产生的时候没有特别的运动发生，但是它会伴随着光和热现象，光和热是由于以太[①]的振动而产生的，我们可以假定在反应中具有一定分量的粒子被振动所激活，并且与以太相互传递着这种振动。这就像是从表面上看，打击的能量似乎在大钟无形的振动过程中消失了一样，相反，只要有合适的媒介存在，这些细微的小型振动所产生的能量就会爆发成为可见的大型运动。

因此蒸汽机车缓慢移动产生的总能量仅仅是动能形式的改变，它是由燃料燃烧所引起的微小振动改变而来（包含了弥漫其中的以太），产生的能量随后被传输到引擎的各个部位，最后带动整列机车。另外，这里所提到的能量尚是可见的状态，一旦燃料的无形运动消失，这种可见状态也会随之消失，因此为了保持这个过程继续，就必须稳定地维持供应燃料或是其他新的能量来源。即使没有引擎和机车的存在，能量的持久供应也是必要的，因为振动会传输到环境之中，或者是辐射到周围的

① ether，以太，是古希腊哲学家所设想的一种物质，是一种假想的电磁波的传播媒介。——译者注

空间里，最后自行减弱。引擎和机车的加入只是将这些动能赋以特殊的用途，否则它们将会白白地流失。

因此类似地，人通过四肢实现可见的运动所产生的动能，只不过是新陈代谢过程中，由化学反应产生的微小内部运动变换得到的结果。人们在每一种外部形式的做功过程中都会使用到一些内部产生的能量，因为身体会在运动中耗费能量，而且即便没有可见的运动，人们在向外界传输、分泌排泄、辐射的过程中仍然会不断地丧失能量。以上情况造成了人必须通过不断的新陈代谢过程进行能量补偿，以使有机体正常运转。

就像微小振动产生的动能不能被忽视一样，不可见运动产生的动能也不能被忽视，可以说这二者是能量界的重要组成部分，因此与可称量物体相比，不可称量物体运动的动能同样不能被忽视。相反，不可称量物体运动的动能在能量界中占了很大的比重，它们在我们可知觉到的可称量物体相关事件和结果中均扮演着重要角色，这是由物体之间能量的转换和传输所决定的。

虽然我们必须假设以太粒子的质量是趋向于零的，但是并不表示它们的质量就是零，而且我们赋予这些粒子以不可想象的高速度进行补偿。这些振荡之后就会产生大量的能量，当达到一定的分量时，就可以执行重要的做功过程。

无论是在物体之间还是在各个子系统之间传递，无论物体是否可称量或不可称量，无论是经历了冲击、摩擦还是媒介的阻力等任何外在形式作用力的改变，动能均既不会增加也不会消失。

似乎每次打击、每次带有阻力的摩擦作用后，动能就会减少。所有的石头落到土地上后，它们的动能似乎就消失了。琴弦振动产生的动能由于空气阻力的作用就逐渐消失了。如果拉车的动物无法不断地从自身的新陈代谢过程中获得能量，然后将这种能量赋以马车车身，那么车身在与地面摩擦的过程中就无法保证动能不会下降。

所有可见运动的能量都会流失，在可称量或者不可称量部分的不可见振动中我们将会再度发现它们的身影。后者类似于热量的特定产物，所以对于可称量部分而言，由于打击、撞击等类似行为而损失的能量，可以通过热量的精确测定进行等价替换。在可称量的物体范围内，如果有动能消失而转换成了热能，那么通过恰当地利用这些热能，可以使原有的动能再生。的确，对于某种可能与其他可称量基质相同的物体基质而言，它的振动能够导致热量表现产生的最重要原因之一，是在运动传输的过程中，一旦可称量基质发生能量损失，就会有一定的热当量产生，反之亦然。

格鲁纳特（Grunert）在《数学档案》（*Archiv für Mathematik*，1858，p. 26）中提及了1856年5月30日皇家科学院正式会议上的一次讲座，这就是鲍姆加德纳（Baumgartner）所作的《热功当量定律对自然科学的意义》，鲍姆加德纳对热功当量理论中的原理进行了大众化的解释和讨论，这些内容无疑将受到一些人的欢迎。从中我想要引用一些文字。演讲人假设功的单位为1英尺磅，即把1磅的物体举起1英尺所需要做的功，而热量的单位则以将1磅的水从0℃加热到1℃来进行衡量。

通过消耗一定数量的热量，就会产生一定数量的功，反之亦然。通过众多严谨的实验，其中研究者操纵部分功转换为热能，部分热能转换为功，并且使用了不同来源的热能，结果发现消耗1个单元的热能等价于1 367个单元的功，反之亦然。这个结果以奥地利的度量衡标准为基础。

转换成日常语言意思就是：将1磅水从0℃加热1℃所需要的热能，与1 367磅重的物体下降1英尺产生的机械能相等。

功和热能的相互之间的转换不会反复无常或者偶然地发生，而是遵循特定的原理，这些原理表述了能量交换发生的条件。表面上看来，流向物体多少的热能，就只能转换为多少量的功。然而，只有在热量从较热的物体向较冷的物体流动的过程中，这种转化才能发生，也就是说只有存在温度差时才会发生。而且，增加的热能可以被分为两部分。一部分用以提升温度，保持体积恒定；另外一部分发挥功的作用，例如推动一个负载。如果不是这种情况，就不会有力的交换。这也就是为什么当一定质量的气体膨胀时，它就会变冷并因此克服了压力，而假如气体膨胀发生时不需要克服阻力，它的温度就会保持不变，这与气体向真空流动时的情况是相同的。

由于燃烧过程中的化学作用，假如所有的热能均被用以产生蒸汽或增加气压，并且全部转换为功，那么每一粒重的煤块在蒸汽机或者气缸的锅炉中完全燃烧时，就会产生0.908单元的热能或者1 241英尺磅的功。

有人会说全世界的动能完全保持恒定，这是不正确的。只有在活动中，转换和传输的运动过程中，动能才没有发生改变，这使得我们需要考虑到热量产生的等价性问题；但由于在这一过程中运动不断地改变，导致作用力的效应不断改变，所以动能的量的确发生了变化。如果一个物体在这个过程中和另外的物体相撞，当在假设计算中考虑到了可称量粒子的冲击效果，以及加上了由此次撞击产生的热当量的前提下，那么两个物体的总能量在撞击前后是一致的。另一方面，我们看到，每一颗行星在接近太阳的时候动能会增加，在离开的时候动能又会减少，摆动着的钟摆在下降冲程中增加动能，而在上升冲程中减少动能。但即使在这个例子中，动能也并没有保持不变，不过在第一个例子中太阳和行星，以及第二个例子中太阳和地球①组成的系统中，两个物体的相互作用力影响下，一旦两个物体回到相对［静止时］的位置状态，动能就会被再次以同样的大小存储。现在有人发现，许多其他系统在其内在作用力的影响下，会发生循环或者振动运动，以至于系统的各个部分随时间的流逝总能回到给定的位置。普遍应用于以上例子中的原理是存在的，那就是被大家所熟知的动能守恒定律。根据这个定律，一个单独系统中的能量无论先前经历了何种形式的波动，只要当系统的各个部分回到原来的位置之后，能量总是会恢复为原来的大小。这种恢复的发生是不考虑其内部手段和方式的，因为在复杂系统内，恢复机制可能确实并不总像我们引用的基本系统中的机制那样简单。

假设我们打制一块钢板，那么通过打击赋予这块钢板的动能和产生的热能一起，完整地表示了人体为了打击钢板而消耗的能量。如果我们面对的是一个有弹性的物体，那么通过打击产生的能量就能驱使物质粒子来回振动，当粒子通过平衡状态下的初始位置时，总能够重新获得它的初始动能，但一旦它离开了初始位置，在整个振动过程中就不能保持原有的能量了。另外，如果我们面对的是弹性差一些的物体，比如说一块铅，它将会永久地保持形状不变，通过打击使得物质粒子偏离平衡位置，但是动能却不可能重新恢复。与前面的例子相反，在这个例子中动能确实丢失了［如同热能一样］，可以说，能量已被用来导致粒子位置的永久改变。

动能的守恒定律既不能够阻止系统，也不能阻止无限宇宙系统中某部分的能量发生暂时性的改变、增加或减少，也不能够阻止发生永久的改变。只有一个确定的事实：在系统内部作用力的影响下，先前任何大小的波动驱使系统的某个部分回到初始位置时，它的能量都会重新恢复

① 应为钟摆和地球。——译者注

到原有水平。但我们不能保证这种恢复是普遍现象，因为在很多场合并不会发生这种情况。根据万有引力定律，如果有一个由三个物体相互吸引构成的简单系统，那么能量的恢复就永远不会发生，除非存在特殊的环境条件。众所周知，太阳系中的行星，由于它们公转周期的不可比较性，也就是它们从未回归至相对于其他行星以及太阳而言的相同位置，只是在一段较长的时间之后可以回到大致相同的位置。因此，我们所在行星系统的动能可以按照与原有动能相近的量进行恢复，而不可能恢复到与原有完全相等的量。

毫无疑问，在无限的宇宙中，系统中某个部分暂时或者永久丢失的动能，通过其他部分的同步能量增加过程，或多或少地保持了整个系统的平衡；但是没有一个定律能够保证经过上述这样此消彼长的过程后，整个系统的能量能够永久而且精确地补偿至原来的水平。前述假设是不成立的，因为还有另外的原理存在，即在新的位置上，物体间又建立了与先前截然不同的稳定关系，而不是在原有的相同水平上保持恒定。

不仅仅是存在的动能大小，还需要在此基础上再加上由广泛存在的振动产生的能量——我们可以简称它为势能，尽管通常的表达是张力——两者之和才是每个系统为了移除外在影响所需能量的恒定大小值，因此，不可否认在这个世界范围内都是如此。

为了描绘一个孤立于所有外在影响的物质粒子体系，我们选择了一条在真空中不受任何阻力而振动的琴弦作为例证，将它悬挂在两个固定点之间，其间它没有传递任何运动以所悬挂的固定物。弦的动能是变化的。下落到最低极限位置时动能降为零，但势能在同时达到最大值。弦从每个点向平衡状态位置运动过程中，它就产生新的动能并且不断地增加，直到在经过平衡状态位置时达到最大值。在最大位移处，能量确实就已只剩下势能，也就是说已经完全没有动能存在了，但由于存在着振动，也就有产生动能的可能。当弦从极限位置运动至中间位置时，所有的势能都会转换成动能；但是动能增加多少，势能也相应地减少多少。任何动能不再是现成的，除非到达中心位置时，所有的势能都被耗尽的情况下，因此我们不可能在耗费动能的同时还指望它进一步地增加。从这点来看，当运动持续进行时，势能在消耗动能的基础上相应量地增加，如此周而复始地进行，从而导致弦的动能和势能之和总是保持恒定。也就是说只有在此消彼长的前提下，不同形式的能量才会增加。

弦的情况反映了宇宙的情况。只有在消耗势能的情况下，动能才会增加，反之亦然。然而，宇宙的各个部分不能像弦的各个部分一样，实现动能和势能的同时双向变动，而是在极为不同的条件下实现各自相对和谐的状态。只有在被当作一个整体时，它们能够实现上文所述的原理，因为任何一个物体传递给其他物体的动能，并不等于自身势能的增加值——反之也是如此，获得其他物体传递的动能并不会以势能的形式减少。这两种能量之和只能在整个系统范围内保持恒定。毕竟，弦可能通过把它自身的运动传递到空气中，因而导致动能和势能的损失，最终静止于平衡位置；考虑到空气的关系，这个由弦和空气共同组成的系统中，动能和势能之和是保持不变的。

这就是伟大的所谓能量守恒的定律，和动能守恒定律相关，甚至在重要性上而言更具有普遍意义。这个原理是基于早已为人所熟知的力学原理而建立的，由赫尔姆霍茨首次明确提出，他提出了该原理的完整含义，并且解释了其最重要的应用案例。从那时起它就在无机物理和生物物理领域内获得广泛的关注和应用。它一般意义上只应用于与时间或者速度不存在函数关系的作用力；但是直到现在，仍没有人找到理由怀疑它在有机和无机方面的一般应用性。

乍一看来这似乎很奇怪。在电学——以及磁学领域，因为它也可以追溯到电学的范围——根据威廉·韦伯的观察，它们都是与速度和加速度有关的作用力。但似乎只有当这一定律在所有自然现象中均有效的前提下，这些自然力才会以上述方式联合。这种效应，不言而喻即电磁效应，这种效应可以由电流产生的效应所替代，这样一来，它们确实能够由独立于速度和加速度的作用力效应来表示。另外，威廉·韦伯教授在回答我的问题时还告诉我，无论在何种情况下，他在研究中都发现了作用力的定律，有些甚至超出了上述效应的程度；即是说在这些作用力的范围内，这个定律的全面有效性仍然缺乏一项精确的证据。

根据定律，如果一个系统受到由于外力初始作用产生的内部作用，或者是已存在作用力的内部作用的限制，那么动能只有在消耗势能的基础上才会进一步增加。由于动能的恒定增加，势能会被耗尽，这时可供动能增加的潜在容量就会减少，而从另一个角度而言，容量又会随着动能的减少而增加，所以尽管动能在增加和减少之间存在着不断的转换，并在一个部分和另一个部分之间不断地传递，但是在一个系统中，动能既不存在无穷无尽的增加，也不会持续减少至仅剩自身内部的作用力。因此一般来说，宇宙体系中无疑也在发生着同样的变化，宇宙的活动可以因此获得有限条件下的恒定性。

因此，某体系内某部分的动能可能在不借鉴势能的情况下增加，也可能在势能并不增加的情况下减少，因为动能是在两个部分之间相互传递，所以只要有一个部分的动能增加，就会有另一部分动能相应地减少。既然每一个有限的物体均是宇宙系统中的一部分，那么只有在动能和势能相对于内部作用力而言，非常恒久地保持平衡状态的前提下，这个定律才适用。至于外部作用力，这个定律只有在相对更大的体系中才适用——这个体系可以大到整个宇宙。

我们需记住一个要点，即能量守恒的原理或定律没有对动能和势能间转换的过程和方法进行详解，也没有对系统在任意时间点应处于何种状态进行叙述。上述内容更依赖于每个系统的特定条件和环境，而这不是由普遍性原理来决定的，但是我们可以从经验中获知。能量守恒原理仅仅告诉我们的是，在一个自身内部具有作用力的系统内，动能和势能的交换过程中二者之和的守恒，只能从整个系统角度而言才存在；这种交换可以自由地以无穷多的形式来实现。这个定律后来仅仅是与一种特定而非一般的观点绑定。不能使用这个定律来定义某种现象的整个过程。

上述现象就如同人类的自由一样，仍存在着普遍的现实性限制，根据自然界总结出的普遍原理，我们发现这些限制将会通过控制人的意志和思想，不仅在外部也能在内部产生一定的自然作用。

人类可以在地球上随意行走至他想要去的地方，也可以以任何方式转移自己的重心，并不会受到某个著名自然定律的束缚或阻止。但是只有当他的重心能够一直保证遵循着能量守恒定律时，他才可以这么做，这个定律本身遵循行为和反应等价的原理。当个体从一个高度落下或者跳下时，仅凭自己的意志，他的重心完全不可能从运动轨迹上偏离一丝一毫，除非空气阻力能够提供帮助，但这种帮助的可能性是很小的。根据以上提到的普遍原理，没有一个物理系统可以仅通过内部的活动，就可以转移自己的重心，想要这样做就必须借助外力的协助或外在阻力。那么，尽管自由意志能够影响运动的自由性，但由于定律的存在，这种影响仅仅只是存在于意志层面而已。

就动能而言它们是没有差别的。意志，思想，整个心智都可以随心所欲，但这种自由只有在遵循而不是对抗动能一般定律的前提下实现。就目前而言，它的过程与心理物理的过程是绑定的，进而与能量守恒定律绑定，最终导致心智本身与上述定律进行了绑定。

能量的守恒定律是一项通用的能量守恒定律，这是个好的现象，而且心智在这个定律的限制之下，与感觉、思想或意志绑定，也不失为一件好事。

关于心理物理过程中通用定律的有效性范围，尚缺乏一般且准确的证据。但我们可以相当肯定地断言，所有的经验性事实（就我们已能够确认的而言）是符合该定律的，并且可以毫无异议由该定律进行解释。因此，只要没有相反的证据出现，我们就不得不承认其存在的事实。

我们回顾一下这个领域中的一些主要关系，特别要注意最有可能否定这个定律普遍性的那些关系，即更高自由度的心理活动。

首先有人可能会想，如果不是所有的心理活动，至少高级心理活动可以在毫无动能、不遵守任何动能定律、不带任何动能增加或者减少的条件下发生。但是所有观点都反对这个假设。身体活动与高级心理活动之间是否存在这样一种特殊的关系，以至于只有在某种特定的身体活动存在的前提下，对应的心理活动才能产生和存在？这个问题我们留待解决。目前我们已经确定并且不得不承认的是，至少在我们的世界里，高级心理活动与低级心理活动相比，所需的基本身体加工的程度是一样的。而且人类需要能量来使这些活动发生的事实，以及其他经验性事实均告诉我们，人们需要足够数量的能量以保证这些心理活动的强度。

不过，有人会进一步思考，心智将自己的能量来源提供给身体活动，来维持后者的正常运转，或者至少为其运转提供强有力的支持。这就意味着心智在不需要消耗其他任何区域动能（或者是本体的势能）的前提下，可以增加整体的能量，那么这就否认了能量守恒定律，这个定律确定了这个领域内动能和势能的一般性平衡关系。简言之，这将意味着心智可以是体内全新能量的创造者。

我们要检验一些事实，用以进行一定的解释，同时可以帮助我们继续进行有关这个问题的讨论。

大脑中心理物理活动以及身体其他部分非心理物理活动，对能量表现和使用的同步性现象在日常生活中确实存在。我们能够考虑同时以不同的方式使用我们身体的器官，并且这种行为已经成为习惯。假定我们现在增强思考的强度。我们就会立即发现心智为了增加自己的强度，并非凭借自身创造动能以增强心理物理的加工过程来实现这一目的，而是从其他的身体活动中攫取能量，如果不这样做就不能达到放大自身的目的。假定你刚刚专注于进行剧烈的身体运动。突然一个异常惊人的想法占据了你的心智；你立即会放下你的双臂，而有关这个想法的思考以及相应的心理物理过程被激活了，这种状态会一直维持至与思维相关的内部活动结束，你才能继续进行之前的运动。那么手臂的动能又到哪里去了呢？它被用来维持大脑中活动的运行了。

就像缜密的思维必然会打乱所有外部身体运作一样，跳跃的运动也会打乱大脑中的每一次思考。大腿用于跳跃的能量是从用于思考的心理物理加工流中获取的；心智既没有力量去维持该过程运行如前，也不能自动地弥补这种损失。

当我们随意划分那些可支配的动能时，我们能够分配给任意一种活动以动能的最大值，而让其他活动处于静息状态。就像我们让一只手臂休息，是为了让另一只获得最大值，同样地，我们必须让身体的其他所有部位休息，以使绝大部分能量集中在大脑，反之亦然，我们必须允许大脑中的活动尽可能地停止，从而使四肢能够产生最大的能量活动。所以我们会看到深思者尽可能安静地端坐，而从来没有看到有人在奔跑或者举重的同时进行深思。后面这种情况是矛盾的，不会发生。

甚至对于诸如消化这样的自主功能而言，其中所需的动能与思维所需的能量之间也存在着平衡和交换的关系。然而在这里，我们仅仅需要说明而没有必要解释的是，通过一些常规的安排，人不能通过思维从非自主功能中剥夺足够多的能量，以至于使其对应的机体正常功能过程停止，反过来也是如此，即也不能通过其他功能来从思维中剥夺足够多的能量以至于使其停止。

思维仅仅是一个例子，但是思维的事实也是各种心理活动范围内的事实。集中感受、热情，或者感官知觉从这个角度来说和思维是一样的。然而，在某些情况下，心理物理过程将由于器官的调节作用，自然地与特定的外部活动进行绑定，随着外部活动程度的上升或者下降而变化，同时阻止其他活动的发生。有关相应身体活动的原理将在以下部分进一步探讨。

心理物理和非心理物理活动之间的关系，在独立的心理物理过程之间也同样存在。沉迷于外部感知和深度思考的情况不可能同时发生，集中注意地看和听的行为也是不可能同时发生的。为了对某些事物进行快速的反应，我们不得不从其他范围内抽取资源；而且当我们的注意力分散时，某些细节就会被弱化。而这里的事实是，如果上述事实只是由它们自己相互进行证明的，那么我们将会看到仅仅是心理定律的作用，但实际上它们与先前讨论的内容有着如此紧密的联系，以至于我们一定会看到能量守恒定律在纯粹的心理物理作用力中的体现。既然思维可以从其他正在进行的心理物理过程中获取能量来实现自身活动的扩张，那么它似乎就不需要从非心理物理活动中获取能量了。因此我们不会否认心理定律的存在，这些定律也不会被归结成为物理定律。我们想说的只是，这些掌控着心理和身体活动定律之间的联系，不会比同领域定律之间联系的强度弱。这个说法很正常，相反的观点才会让人感觉奇怪。

各部分之间的节点决定了其中只有一些节点能在特定的组合下，或者是在相当特别的序列条件下被激活；一些节点在一种或者另一种联系下即可激活，而有些节点仅能——或者更容易——在一些特定情境下才能激活，凭自身能量无法激活。只有在这里所说的这类活动中，相互协作的各个部分的能量分布之间，这个原理才和前文所提到的结果相矛盾，一方面它削弱了单个部分的输出，另一方面——或更进一步的是——使得它们之间的组合成为可能。参照这个原理，可以解释表面上与先前的原理相矛盾的现象，各个部分的活动量看起来是同时提高或者下降的，而不是分别通过自身活动的增加相互限制的，而且在这些活动中，各个部分像是相互支持、相互联系或者相互伴随的关系。我们再次发现行为机制是平行的，因此和能量守恒定律没有相左的地方。

联结能够通过使用和练习而加强，部分地，或者至少在我们的机体中可以部分地实现重建和分解这些联结。对各个分离的激活部分进行不断的练习，可以使它们活动的强度增加。同样这个原理——我们很容易发现——适用于心理物理和非心理物理活动范围之间的联系。

总之，就我们目前所观察到以及由观察推理得到的事实而言，我们可以说，在我们体内无论什么部位，心理物理活动过程中动能的使用和产生，均遵从着与我们身体内外非心理物理活动相同的动能定律。就像心智自由的含义一样，与此定律相悖的活动都是无法实现的，而只有在此定律基础之上才可以开展任意活动。

现在我们怎样去解释如下的现象呢？

我们看到一个人突然完成了某项身体或者心理的壮举，而这仅仅源自于纯粹的心血来潮，因为他之前一直慵懒而安静地坐着，似乎并没有心理物理和非心理物理活动能够提供足够的动能。那么这些动能又是突然来源于何处？而且这个高强度的活动在强大的意志力影响下，势必会继续下去。如果没有意志我们去哪儿寻找这个不断供给能量的源头呢？

就第一个关心的问题而言，我们只有通过将先前分散的能量在一个方向上突然集中起来，并且在某个特殊的指令下才可以突然实施努力，这样就可以在任何场合剧烈地激活某种行为了。我们甚至可以从非自主功能中获得能量来完成诸如此类的行为。另一方面，如果在强大的意志力影响下，我们甚至能够持续地执行这种不同寻常的功能，而如果没有意志的话，就没有办法做到这一点，而且其中必需的动能的产生和使用仍然没有发生，这要么就是能量守恒定律出了问题，要么就是纯粹的意志力导致的心理作用所致。

确实我们发现，每一种自发努力将我们的身体能量越消耗至极致（也就是说，它减少了再加努力的可能性），活动强度就会越大，持续的时间越长久。这个事实就证明了我们身体内动能的自主发展是以势能的消耗为代价的，而势能本身可以始终保持增长，它的产生遵从能量守恒定律，正如在意志不起作用时动能的发展趋势一样。因此不能否认在自由意志的影响下，动能是能够产生的，否则就不会有它的存在，但它必须消耗势能，换言之，即当没有意志参与的情况下，任何使动能增加的能量来源。无可辩驳的是，意志——或者从心理物理意义上来说，那些在意志控制下的活动——为势能能够永久地转化成动能提供了机遇。然而我们必须了解的是如果产生动能所需要的一般有效条件不存在，那么意志自己本身是不能够创造动能的。

我们身体动能的变化会反映为营养、健康、觉醒、睡眠状态的波动，从整体上看可能表现为持续的上升或下降。不过，在正常条件下，身体似乎不能发生整体性的突然剧变，但却趋向于发生突然的能量重新分配，这种分配是部分地通过刺激、自主的注意定向，或者活动范围的改变实现的。唯心主义者把对刺激的行为归结为心理原因，唯物主义者则把选择和注意归为物质的原因。然而，我们则选择那些在观察中可以直接获得的事实，有时这些事实偏向于物质的角度（或者是表象的模式），而有时心理角度的事实又为能量分配的改变提供了证据。

在某种程度上来看，这种关系就像有着复杂机制的蒸汽机一样。根据机器产生蒸汽的多少，它的动能就会相对地增加或者减少；但是在正常的操作中，两者均不会突然地发生。但我们可以随意地通过打开这一处阀门而关掉另一处的阀门，轻易地打开机器的这一部分同时关掉另一部分。我们有机体和蒸汽机的主要区别在于，我们的引擎在体内而不在体外。如今毫无疑问的是，在同样的时间间隔下，身体剧烈活动期间相比于身体休息的时候，消耗势能将会产生更多的动能——因为更快速的能量消耗需要更多能量的补充——但这并不是心理因素的作用，在特定时刻由意志产生了能量，而是因为在运动初始阶段，化学新陈代谢的过程强度增加了。当我们快速行走时，呼吸也会变得急促，血液循环也会加快。这就好像我们增加蒸汽机的牵引力一样，这样就能在消耗燃料产生的势能基础上，更快速地产生既定量的有效动能。如果有机体没有处在良好状态或者能量供给不足，以至于化学新陈代谢过程不能有效地进行，即使有强大的意志也不能够起作用。

我的意思并不是说身体中的动能可以像引擎中的蒸汽一样，自行地到处扩散分布，而只是想说明能量守恒定律导致了相应的结果。

依据我们最理想的猜测，我们身体内动能的产生最初可以追溯到新陈代谢的过程，因为每个部位都有自己的新陈代谢过程，而且它自身也包含了动能的来源。另一方面，经验显示，凭借我们已经援引的这一类事实，这一过程在有机体内部是以联合成一整体的形式进行的，所以不仅不存在某部位仅凭借自己的能量而单独增强，而且根据能量守恒定律，不同部分的新陈代谢过程之间也存在着能量数量的平衡关系。所有部位新陈代谢过程的环境，在循环和神经活动的影响下由机体进行协调，它很容易解释所有这些部位新陈代谢的交互作用。因此，尽管这种现象存在，但动能，或者是诸如蒸汽机里的蒸汽这样特殊的载体，实际上均不会直接在不同的部分之间流通，或分散分布，或由刺激、意志、注意驱动四处移动，出于简洁的原因，请允许我们提到动能的分布时总是使用同一种比喻，因为我们知道如何对它们进行正确的释义。

所有条件的细节均不是很明了，但就目前而言，我们已经清楚明白了一般的情况，而且这些情况作为一般的前行线索已经足够了。进一步的阐述要么只会导致我们获得不确定的结果，要么从一开始就会陷入混乱。

根据上述内容，用于砍树的动能和用于思维的动能——潜在的心理物理过程——不仅在数量上不相上下，而且彼此可以相互转化，因此两种行为均可以通过公认的标准进行物理学意义上的测量。就像采用一定量的动能劈开原木或者将某物举到某高度一样，我们同样可以采用一定量的动能进行一定深度的思维活动；而且这几种能量同样可以相互转化。这种说法并不是对思维的诋毁；它的高级性依赖于思维流本身的手段、方向和目标，而不是依赖于是否可以对该过程所需的身体活动量进行测量。同样，哥伦布发现新大陆的航行并没有丧失价值和意义，因为运载他的船所产生的动能，可以参考随机抛掷的石头之动能或者风能的测量方法进行测量，而且这些能量之间均存在相互转换的可能。确实，身体一方的确可以从与之相关的心理一方那里获得或者失去自身的能量值，因为这种关系的存在，所以可以既不给予也不消耗身体的能量，就能完成既定的任务。我们能够确定，平静的思维或者感觉流可能具有相当的能量值，但是如果这种微弱的加工过程能够转换为相关联的能量，那也仅仅就能完成一些微不足道的或相当不具有重要性的身体活动；然而我们非常确定这种微弱的加工过程是存在的，当情感生活或者思想世界活跃于较高的强度水平时，这种隐含的身体活动将会表现得非常生动突出。

就此联系而论，我们需要指明，心理活动的强度依赖于隐含的身体活动的大小，反之亦然。然而，当潜在活动不产生既定动能的前提下，可以设想产生某种强度的思维是非常困难的，同样地，在适度的思维没有发生的情况下，产生既定强度的潜在活动也是很困难的。这并不是说既定强度的思维就对应于某个动能量值，而是身体中的某项物理加工所产生的动能可以支配这次思维过程。目前来看，每个人都可以和我们一样，随心所欲地寻找过去范围内每一次简单的思维活动，抑或是更一般性活动的原因，最终寻找到适用于整个宇宙的某一体系中所有活动的成因，在这个体系中，存在着最高级和终极的思维单元和意志，而且它们能且只能以这种方式存在。然而这里，为了进行有价值的判断，我们没有太专注于信念的影响。

我们同样已经有意识地避免进行关乎自由意志问题的争论。就像强行讨论它是非常不合时宜的一样，有意忽略它也是不明智的。然而，动能的一般定律从普遍意义上来说仅仅是限制了它的自由安排，通过这种外显的阐述，我们认为应该承认动能的自由性质。能量守恒定律既没有规定我们是否可以以及如何将势能转换为动能，也没有规定是否必须以及往哪个方向转化。就此而言，意志在这个定律的限制范围内能够保持完全的自由性。然而，我们并不关心是否存在着其他的限制条件，以及这些条件的作用程度几何，回答最后这些问题已经超出了我们的研究观察范围。

第六章
感受性测量原理

即使以同样的方式呈现，两个主体或器官对于同一刺激的知觉仍可能是一强一弱的，也可能是同一个主体或者器官，在不同时段对于同一刺激的感觉一强一弱。相反，不同强度的刺激可能在某种特定环境下被感知为具有同等大小。相应地，我们认为这种情况是由于主体或者器官在不同时段的感受性程度有强有弱造成的。

当感觉器官瘫痪之后，即使最强烈的刺激也不会被感觉到——此时感受性为零。另一方面，在一些兴奋状态下，即使是最微弱的光或者声音刺激，都会给眼睛或耳朵以生动，甚至是烦人的感受——器官的感受性大幅度地增加了。这两个极端中存在着所有可能的感受性等级梯度。因此，有足够理由来区分和比较感受性的等级大小。问题是：怎样能够准确地区分？怎样进行真正的测量？

我们应该考虑接下来的这个问题。一般的数量测量包含对同一个单元量在一个物体中出现的频率进行确定。① 在这种界定下，感受性是一种抽象能力，就像抽象的能量一样不易测量。但是实际上我们是通过测量与之相关的其他指标，而不是测量感受性本身来确定它的值的，其中一种方法是使用函数，这个函数是由这个指标概念随着感受性变化而增减的趋势而得出的——也可能反过来，即感受性随着这个指标概念变化而增减的趋势——因此我们可以对感受性进行间接测量，即采用和能量测量相同的思路。我们没有对能量本身进行测量，而是测量相同质量的物体所能获得的速度，或者是相同速度之下不同质量的物体，通过这些相关或者具有相互依赖关系的指标推导能量值。因此我们也可以尝试类

① 例如，一条绳子，1 米在其中出现的频率，假设出现了 5 次，那么这条绳子就是 5 米长。——译者注

似的方法，即测量同样大小刺激产生的感受性强度，或者引起同样强度感受性的刺激大小。在第一种情况中，如果同样的刺激在客体甲中产生了相对于客体乙两倍的感觉，那么我们可以说甲的感受性是乙的两倍；第二种情况中，如果只使用相对于客体丙中一半的刺激就能在客体丁中引起同样程度的感觉，那么丁的感受性就是丙的两倍。

然而第一种过程不会发生，因为就如随后我们会介绍的那样，迄今我们还没有找到对感受进行测量的方法，这样一种测量的方法本身就和对感受性测量的方法是同源的，只是具体实施起来有差异。从另一方面来说，已经没有什么事情可以阻止我们使用第二种方法了。刺激的大小可以经由准确的测量得到，感受的等价性可以通过采取必要的步骤很好地获得，我们随后会对此进行详细讨论。因此我们认为刺激的感受性与能够引起同等集中感受的刺激量，或者可以说是（更一般地说，为了将广延感受包括进来）引起同等大小的刺激量之间，是成反比关系的，或者简言之，成倒数关系。

如果只使用相对于客体丙中一半的刺激就能在客体丁中引起同样程度的感受，那么这种情况下我们就会称，丁的感受性正好是丙的两倍，但我们最终却不得不承认这仅仅是一种定义。如果感受性本身是能够测量的，我们就不可能随意地产生这样的定义，但就目前而言，增加的比例必须由实验或者推理来决定。然而实际情况不是这样的。解释是随意武断的，而且人们倾向于选用最简单的可能性解释，因为这样的使用是最为轻而易举的。

这样考虑的话，测量仅仅是一种支持手段，它除了在指引我们确定刺激和感受之间的真实关系，以及使得用数字把二者关联起来成为可能这两个方面起作用之外，再没有任何更深入的重要性。它既不能也完全没有必要帮助我们对感受能力的大小进行抽象性陈述。总之能够确定的是，任何一个主体在任何时间段，它需要两倍于另外一个刺激的刺激作用，才能产生与另外一个刺激导致的感受相等的感受。无须赘述，我们仅用一句话就可以准确地表达：这种情况下刺激的感受性是另一种情况下的一半。在这个研究范围内，类似这样的数字数量指的仅仅是各种不同的事实性关系，除此之外，别无他意。

刺激在我们体内引起的物理活动的强度或者精力，以及这个感受直接依赖的——简单来说，心理物理的过程——均不包含于外在的心理物理测量中。至于这些活动是否与刺激的强度成比例，对于测量的概念和应用是无关紧要的。对于刺激感受性的测量而言，这个概念毕竟只适用于感受和刺激之间的关系，而不适用于刺激在我们体内引发的加工过程。无疑地，这个问题应该被提出，但是只能在假定存在这种测量的前提基础上进行讨论。

然而避免以下的错误认识很重要。即对于一种能够对既定刺激产生两倍感受性的感受而言，使用相对于既定刺激一半强度的刺激，足够引起同等（一倍）强度的感受，我们不能得出结论说，使用与既定刺激相等的刺激会引起两倍的感受。目前我们不能下这样的判断，因为我们不能对感受进行测量，未来当我们能够测量时，我们一定会发现这种关系不正确。

我们要注意区分对刺激改变与差别感受性、刺激的感受性这两个概念，这很重要。然而，测量理应采取相同的方法，除非测量的并非刺激而是刺激的改变和刺激差异。

确实，就像要求同样强度、双倍强度、三倍强度的刺激引起同等强度的感受一样，为了引起同样程度感受的改变，或者相等的感受间差异，就要求刺激不改变、两倍的改变、三倍的改变，或者刺激间没有差别、两倍差别、三倍差别。因此刺激的改变，和时间序列上的刺激差异一样，均可以按照两个同时出现的刺激差异的情况进行归纳和命名。总之，我们应该从现在开始使用这个术语。当然，这不意味着差异成分是同时还是相继发生这个问题是无关紧要的。不管是现在还是以后，通过“成分”这一概念，我们应该可以从相应的感受推知刺激间存在的差异。

有人可能基于自身肤浅的认识，就倾向于把对刺激和刺激差异的感受性测量两者混为一谈。给出两种不同物理强度的音调，我们能够想象出第三种音调，它等于前两种音调之间的差值，有人可能就会设想一种刚刚能够听到的最小音调，以及两种音调间刚刚可以被感觉到存在差异时的最小差异值，并且认为最小音调和最小差异值的大小应该是相等的；但是这种假设实际上是错误的。相反地，随机观测实验的结果告诉我们（随后我将给出精确的证据），两种不同强度的音调、光等物理量之间存在的差异，必须比它们的绝对强度要更大更强才能够被注意到，而最小可觉强度的绝对值保持同样大小。

根据上述事实我们能够看出，区分刺激和刺激差异相对于感受性和感受性的测量是必要的。

就相同的刺激差异而言，它是否容易被觉察到，依赖于成对刺激间差异的强弱程度，差别感受性一般不仅随着个体的状态而变化，并且会随着刺激的强度而变化，通常较强刺激的差别感受性低于较弱刺激。随后的研究的确表明，通过刺激差异引起的差别感受性的大小，主要依赖于刺激差异相对于刺激的比率和刺激变化前后的比值。对这一定律进行探究，即感受的差异依赖于刺激的强度——根据该定律，刺激差异的程度，导致感受差异值随着刺激强度的变化产生了一致且明显的改变——是外在心理物理最重要的任务。

接下来有关各个领域的研究将表明，至少在特定的范围内，假如给定刺激的成分等比例的增加或者减少，那么它们之间的差异总是能够被同等地注意到。在这个陈述里，我们想表达的意思是：刺激的差异与刺激之间的相对比率保持不变，但刺激差异和刺激的绝对值大小可能却改变了。

通过相对的刺激差异，我们将会从大体上了解到涉及刺激差异的总和、平均数，以及其中任一方的刺激差异值，因为不论是哪一方刺激，只要一方的变化率恒定了，另一方的变化率也就自动保持恒定。实际上，相对刺激差异和刺激比率的关系总是如此紧密，以至于我们不必太过在意双方中究竟是哪一方保持恒定。

例如，如果成分5和3都扩大一倍，那么二者的比率仍然是5/3，二者之间的相对差异没有改变，或者当设定后面这样的运算如(5－3)/(5＋3)＝2/8，或者(5－3)/5＝2/5，或者(5－3)/3＝2/3，之后把它们扩大一倍，它们就分别变成4/16、4/10、4/6，分数值与上面的结果一致。

另一方面，如果刺激比率发生改变，刺激差异必然朝着相同方向发生改变，但不是成比例地改变。举例说，如果成分5和3的比率5/3变成6/3，在这里5发生改变但是3没有改变，相对的刺激差别(5－3)/(5＋3)＝2/8变成了(6－3)/(6＋3)＝3/9，即从1/4变成1/3，从比率5∶6变成3∶4。

目前来看，既然该定律认为差异是同等可觉的，如果各成分是同比例地增加或者减少的（也就是说，如果相对的刺激差异和刺激的比率保持一致），那么不得不说差别感受性和刺激的大小是互为倒数的，如果刺激扩大一倍，那么差异也要扩大一倍以产生相同的差别感受。

这样看来，直接将差别感受性表示为比例关系是恰当的，也就是说，将其视为不过是同样的绝对刺激差异能够引起的相同感受差异，但由于同样的相对刺激差异或者刺激比率也能起到同样的效果，因此两种情况下的感受差异都能用这个概念来表示。在测量感受性时，具体指的是哪一种情况也就是个定义的问题，只要我们继续根据定义进行测量，对结果是没有影响的。至于这种情况形成的原因，我们在后面的内容中会说到，在感受差异相同的情况下，采用刺激比率的倒数而非刺激差异来计算变化的百分比，这种方法更适合测量差别感受性的改变。另外，在谈及相对刺激差异或者刺激比率的恒常性时，总是会提到相对感受性的等价性。

总之，我们必须在感受性上进行双重的区分：（1）我们必须区分绝对刺激强度和刺激差异的感受性，简言之，绝对感受性和差别感受性，其中前者的测量通过能够产生等强度感受的绝对刺激值的倒数来表示。（2）然而，第二种通常被理解为用下述两种方式中的一种来测量：在差别感受性中，我们不得不区分绝对差别感受性和比例感受性，或称相对的差别感受性，而这主要看的是我们在测量的时候，使用的是绝对差异还是刺激强度变化比率的倒数。前者我们通常称为简单差别感受性，后者称为相对差别感受性。

从这个角度而言，这些区别看起来可能比较琐碎或者空洞，但是随后我会表明情况绝不是这样。确实，最重要的事实关系概念的清晰度不仅依赖于这些区别，而且至少部分上依赖于不同感受性差异的清晰度缺失，这种缺失持续导致过敏性理论陷入困境。

一般来说，术语**感受性**除了指**过敏性**、**兴奋性**、**敏感性**外别无他意。一般这些术语不仅被用来指代感受的激发，而且代表外在和内在刺激的活动，之外就没有其他应用了。然而，因为所有的感受依赖内在的过程，所以就可以很好地把感受性这个术语与它潜在的心理物理过程联系起来，而不需和感受发生联系。例如，说到绝对感受性时，说它是标准的一倍大、两倍大、三倍大，是根据是否需要同等强度、一半强度，或两倍[①]强度的外在或者内在刺激来激发同一心理物理过程。但是这种思路不具有可实践性，因为心理物理过程不易由观察而得到。

从其他角度看来，如果这些区别没有建立在清晰定义的事实关系基础上，那么过敏性和兴奋性两个术语只能在部分情况下当作一对同义

① 无疑费希纳在这里的意思应该是三分之一，而不是两倍的刺激，因为上文中是三倍的感受性。——译者注

词，或者在部分情况下作为随意的定义而存在。然而，对不同的感受性概念进行分类后，我就能顺理成章地介绍一种独特的用法，这样未来我就可以使用过敏性来单独对绝对差别感受性进行解释，使用兴奋性对相对差别感受性进行解释，前者指的是感受，后者指的是对差异的感知。

到目前为止，在我们的定义中，主要把注意力集中于集中感受，而这严格来说仅仅涉及了刺激的概念。不过，感受性的测量可以从集中感受的范围转移到广延感受，与下面的事实一致。

众所周知，韦伯的实验中，把卡尺的两个尖端在皮肤上分开一定的距离，使得它们之间的距离刚好被注意到。通过对他的程序进行调整（后面我会更详细地解说）后进行测试，我们完全可以确定卡尺两端的距离在不同部位的皮肤表面是不是大致相等的，这套测试的结果表明，刚刚能够注意到的实际距离（或者更一般地说，感受表现为同等大小时的距离大小），随着皮肤表面的不同部位而变化。使用后面将要提到的这种方法同样也能够证明，在不同部位的皮肤上能够刚好注意到距离变化的差异值也不同。类似于在不同部位皮肤表面，空间大小知觉和空间差异大小知觉之间存在差异的情况，在视网膜的不同区域上也有所体现，尤其是在中央凹和外周区域之间。因此可以说不同的感受性，有的是知觉表现得更广，有的是表现得更集中，可以简单地分别称它们为广延感受性和集中感受性。

皮肤和视网膜上不同位置广延感受性的绝对和差别性测量，必须以同等大小感受程度、差异程度、比率程度的倒数形式来获得，就像测量集中感受性时，需要通过同等强度感受时的强度差异，或者是强度比率来获得结果。例如，皮肤上某区域的广延感受性是另一个区域的两倍，那也就是说，假设在后一个区域上，某段距离能够产生一定的感受，那么这段距离的一半，放在前一个区域里，就能引发同等的感受。

尽管我们所讨论的各个部位的广延感受性，无疑与包含在某个区域的所谓感觉环的数量存在着依赖关系，但把广延感受性的测量和感觉环的未知数量联结起来却是无效的，就像把集中感受性的测量和心理物理过程的未知程度联系起来一样。无疑背部的某个区域包含的感觉环肯定比指尖的要少，因此背部的广延感受性要比指尖差。然而，广延感受性的概念应该考虑到由于生物序列和性状的不同，某个器官在某个方面和另一器官存在不同。如果把所有感受性的测量简化为不同感觉环的数量，那么差别感受性的测量将可能半途而废。任何情况下如果没有可得的数据，整个测量就仅仅是纯粹的推测，即使在这个领域中的确存在一般有效的从属关系，可能将所有情况下的测量导向相同的结果值，但是这种关系尚属未知。到目前为止，必须承认广延感受性和集中感受性的测量数据一样，如果根据这里所提供的原则所获得，那么只能看到观察数据的值，它们本身不会提供有关感觉与其物理活动基础间基本关系的深刻理解，但是如果和其他的数据一起，并且人们一直将它们用作纯粹观察的数据，反而就能够对确立这种关系有所贡献。

有人也许一开始就怀疑——考虑到个体差异、时间变化、无数的内在和外在条件变化导致的感受性变异——对任何一种形式的感受性会起到多大的作用呢？一方面，这些变量不断变化对于准确的测量没有贡献；另一方面，因为观察到的结果都是在特定个体身上，在特定时间段、特定环境下发生的，在另外的时间段和其他环境下均没有再现，表明这些结果不恒定，因此没有价值。

确实，不可否认在我们的心理物理领域方面确实存在测量方面的困难，而这些困难在纯粹的物理学和天文学中并不存在。然而这种差异并不意味着对它们进行测量并获得丰硕成果的可能性被完全破坏了，而是想表明观察的范围必须扩大，引进在其他领域都尚未出现的新思路。

考虑到感受性是一个变量，我们不应该寻求一个恒定值作为它的测量参数。然而，我们可能要寻找它的区间和它的平均值，我们也可能要调查它的变化随着条件如何变化，最后我们可能还要探索在变化中保持恒定的比例关系；最后这一点是最重要的。下文中将要讨论到的感受性测量方法，不仅为这些问题的研究和调查提供了大量的手段方法，而且保证了足够的精确度。

在这些环境中进行彻底的观察，必然比对单个恒定不变的客体进行调查要复杂，因为单单在一个人身上执行实验，或者只在一种感觉领域内进行实验都是远远不够的。不过，我们将要提及的方法手段，可以为未来的研究开辟广阔的视野，尤其对年轻一代而言。研究本身并不困难，但它需要耐心、专注、持久力和诚信。

第七章
感受的测量原理

先前的章节对感受性测量进行了讨论。作为一项仅仅针对感觉能力的测量，这种测量绝不能和对感受的测量本身混淆起来，不过目前在感觉研究领域中，也暂时还没有使用到存在这种问题的测量方法。它需要的仅仅是对同等的感受进行观察，有的时候是对同一种刺激条件，有的时候则是不同的刺激条件。当然，我们这里测量的不是感受本身，而是刺激或者刺激的差异，它们能够产生相等的感受或者是相等的感受差异。测量方法是否有可能以及有多大可能测量感受自身和心理，总的来说这个问题仍然没有答案。

事实上，目前还没有这样的测量，或者（为了更谨慎地表达）还没有这样的测量被广为接受。更确切地说，这样的测量一直被怀疑和否认，直到最近似乎有被接受的可能。即使赫尔巴特尝试用数学心理学解决该问题，也都没能够成功，可以说，这次失败总是成为别人攻击其理论的最重要理由——尽管我们可以说，实际上赫尔巴特还是很好地把握了这种测量方法的。然而，现在我们仍将在下面的内容中介绍这种测量方法，并且在理论和实验中证明它的功用。起初我们将只考虑感受的问题，因为尽管心理测量原理的应用远远超出感受的范围，但是我们随后也会说到，感受研究是其他心理问题研究的出发点，它提供了最低复杂程度和最开放的直接观察条件。

首先，从一般意义上说，我们不能否认心理研究应该从数量上进行考虑。毕竟，我们可以说感受的程度是强还是弱；不同强度的驱力，导致注意力强度、记忆或者想象画面的生动程度、意识的清晰度和独立的思维的强度产生上升或者下降的变化。对于睡眠者而言，他大体上不存在意识；沉思者的意识能够增加到最大强度。另外，意识的全面清晰度、单独的想象和思维的程度也是如此这般地上升和下降。因此高级心理活动需要的身心资源不会少于感觉活动，心理整体上的活动不少于细节活动，所以均应量化决定。

然而我们在这种环境下能够立即做出的断言，仅仅是一种感受变大了、变小了，还是相等，而不是这些变化的倍数有多少，后者才是测量真正需要的结果，也是我们的目的所在。即使没有真正对感受进行测量——就目前而言，只考虑感受的测量问题已经足够了——我们也可以说：这一下比那一下打得更疼，或者这道光感觉比那道光更亮。对感受进行真正的测量时，需要我们能够界定某种给定的感受强度是另一种感受的两倍、三倍……以此类推，总之就是若干倍数——但是谁可以保证已经具备了这种能力？我们在感受领域内有能力很好地判断两种感受的等价性——我们测量感受性的整套方法，包括后几章要详细讨论的，或者包括光学测定方法，都是以这种能力为基础的——尽管有了这些手段，我们仍然没有真正地对感受进行测量。

这个方法迄今为止还不允许我们进行真正的测量，但是我们已经奠定了度量的基础，即相同单元之间的可乘除性，尤其是当对感受领域内的等价性进行判断时。当然，我们将会证明从原理角度而言，心灵角度的测量与物理的测量是一样的，都可以归集为诸如某客体的测量值是标准单位的几倍这样的结论。

尝试尽力去直接得到这样的归集是徒劳的。感觉本身不能按英寸或者度这样的单位进行划分，以便于我们可以计数和归集。不过我们要时刻铭记，同样的问题也会出现在物理参数的测量中。毕竟，当测算时间时，我们能根据时间直接对时间长度进行计数吗？当测量空间时，能根据空间直接测算空间单位吗？对于不是由纯粹时间测得的时间、纯粹空间测得的空间、纯粹物质测得的物质，难道我们不会采用独立标准或者测量标尺来测量它们吗？测量诸如时间、空间这样的数量同样需要其他的参照物。心智和心理的测量又何尝不是这样呢？事实上，我们总是在纯粹的心灵的领域寻找心灵的测量方法，这也许就是为什么到现在我们还没有找到方法的主要原因。

似乎在这个问题上存在某些困扰。让我们假定每种程度大小仅仅只对应一种相应的测量单位。这样我们可以很有理由地说空间只能被一种空间单位测量，时间只能被一种时间单位测量，而重量只能被一种重量单位测量。然而，就相关的测量方式和测量的操作而言，在不同情境下它们并非固定的。因为测量得到的数值不是事物所固有的本质，不能被独立地获取和操作，所以我们不能找到测量的基本单位和测量基本性质大小的手段。这个问题目前可以解决，通过对事物的合理安排，使得实际的测量方法与真实具体的测量相符合，这样所需要测量的大小关系就能够通过相应的单位进行测定。

因此，当我们想要将心灵活动量化时，比如感受或动机的强度——从更广义的角度而言，即注意的强度、意识的清晰度等等——我们都会使用同一种单位。不过，我们不需强迫自己寻求纯粹的心理范围内，即内部感觉领域中必需的测量手段和测量操作；我们所要做的所有事情就是采用这些方法，以便获得客体与心理测量单位之间清晰的关系。我们完全不可能把一种感受直接除以另一种感受，从而使后者构成前者的单位；但是通过把额外的标准加入感受，就能像将码这个单位与物质长度标准绑定一样，使某个标准有效地与感受进行绑定，那样就有可能实现感受的测量。

但是为了这个目标我们能提供什么建议呢?

我接下来将要针对测量原理的各种可能存在的疑问进行辩驳。

要测量空间，我们需要对该标尺所覆盖空间的实际情况有所了解。同样地，心灵单位的确定，离不开蕴藏在心灵过程中具有某种物理属性的某些物质。然而，由于形成心灵量化直接基础的心理物理过程无法被直接观察到，我们必须用标准化刺激代替，这些刺激存在于外在的心理物理过程中，并且可以将心灵量化，而且它们是按照常规方式增加和降低的。另外我们还希望，能够将这种思路延续下去，以获得可以测量内在心理物理过程的内在标准。

如果我们可以接受感受的大小和刺激的大小成比例的提法，程序实际上就变得非常简单了。在这种情况下，我们不得不假定当刺激增加为两倍时，感受的强度也随之变为两倍。然而，这种假设是无效的。只要我们还没有掌握一种能够保证这种成比例关系有效的感受测量方法，我们就无权假定刺激和感受的成比例关系；而且万一我们在现实中找到了一种测量方法，也不能保证这种方法就能证明成比例关系。不幸的是把刺激与感受联系起来，并不像用实物标准测量实物距离那样简单。同时很显然的是，任何刺激与感受之间的函数关系都不仅仅是直接的成比例关系，结合刺激测量条件的变化，同样可以左右感受的测量。我们在不进行任何假设的前提下，进行一项感受的预测量时，必须注意到以上要点，才能获得测量的结果。如果在某方程式中，我们把 y 表示为 x 的函数，那么即使它们之间完全不存在相互成比例的关系趋势，但对于任何 x 的值，我们也可以确定其对应的 y 值，反之亦然。在不考虑形式的前提下，给定刺激或者感受的数值，想要得到另一者的数值，这一切依赖于我们是否可以将这两者的大小和强度表示为彼此的函数。不过，我们必须注意以下限制，即函数要符合现实条件，因为我们要把它应用到现实中去。这一讨论将引导我们回到最主要的难点：怎样在测量感受之前生成符合实际条件的函数？根据函数的定义要求，我们必须能够证明感受和刺激除了该函数本身的关系之外，再不存在其他的关系。简言之，如果我们需要根据已有原理进行测量，我们似乎就得按照以上要求进行预设，才能找到可以实现目标的感受测量方法。

我们必须对目前的问题有着清楚的认识，才能获得最好的解决方案。简单来说，解决之道依赖于两种情况的联合：(1) 追溯那些与刺激和感受的组成成分有关的函数，我们假定成分和整体之间的关系，可以根据这些函数形成两者整体间的新函数关系；(2) 我们以感受范围内的等价性判断为基础建立函数，实验已经证明了该判断的可行性，而且正确的方法可以保证它的执行。

以下是详细的解释：

刺激强度间的差异总是可以被看作是单个刺激大小的正向或负向变化。因此，单一刺激的强度从数学上可被视为从零开始正向增加的总和，每次增加的数量被加入到之前的总和中，直到达到刺激强度的总和为止。类似地，感觉的差异从数学上也可被认为是单个感觉的正向或负向变化，单一感觉［以及感觉差异］可被视为从零［以变化的一方为零点］开始正向增加的总和。现在如果知道了刺激从零开始增加所达到的总和与相关感受增加量之间的函数关系，每种不同程度刺激与其所导致的感受间的关系问题就会迎刃而解。

测量差别感受性的三种方法在下一章中会讨论到，在第六章已经暂时地进行过说明，其中如果给定的感受增加，或者某个正在以固定比率增加的感受发生了比率的改变，那么导致这一切发生的刺激必须不断增加其增长值，才能产生这种结果。换言之，强刺激较弱刺激而言，需要更大的刺激增量，才能对额外的最小可觉刺激增量产生感知，否则就会产生与先前刺激同等的感知。如果在 1 磅中加入 1/2 盎司的量，可以刚好感觉到差异，那么同样的增量加入 2 磅中就不会产生这种感知，我们需要更大的重量增量；3 磅甚至更大数值的重量均以此类推。通过合适的方法进行的精确调查，产生普遍定律的过程，我在第六章提到过。这个定律和刺激的增量有关，它会随着刺激大小变化，并且产生固定增量值的增加性感受。刺激之间的函数关系，与刺激增量变化的总和、感受增量变化的总和、恒定感受增量的总和一样，是从这些方法中推导出的，随后我将说明。

因此，在感受总和与刺激总和间的函数关系尚未确定之前，我们应避免对感受总和进行测量，要返回到基本增量间的关系上来，以构建刺激和感受组合关系的基础。测量这些增量并不一定需要对感受也进行测量，但是在我们的方法中，通过采用可行的方法对差别感受性进行判定就能精确地获得这些增量，例如在采用既定方法对不同刺激增量进行测量时，判断差异感受和感受增量之间的等价性。那么我们就能获得增量总和间的函数关系，并将其与已知的刺激联系在一起，决定如何对感受进行测量。

那么原则上来说，我们对感受的测量应是将其分割成相等的部分（也就是，相同的增量），用以从零开始进行累加。这些部分的数量就像尺码上的英寸一样，是由相应的不同刺激增量所决定的，这些增量能够带来等同的感受增量。我们测量一块布，其实就是通过将整块布按照“码”这个单位进行等分，看看一共需要多少码来覆盖布的长度大小。而感受的测量与之相比，仅有的差别是我们确立了一系列的感受增量，而不是用数个单位值来覆盖感受的大小。简言之，感受的大小不能直接确定，即不能询问别人其中包含了多少个同样的单位来确定感受大小，但我们可以记录下决定相应感受的刺激量而不是感受量，而且刺激量也容易进行读数。最后我们可以用极小量的总和代替对极小量增量进行的无数次加和运算的结果，原则上我们必须这样做，但实际上是行不通的。这样我们就可以在不需要具体实施计次运算的前提下，获得计次的结果。

乍一看这种测量的方法似乎很困难，然而有可能把它简化为简单清楚的方式、方法和方案。不过，在下一章详细讨论之前，要稍进一步地对这个原理进行一些一般性的讨论解释。

通过进一步的检视发现，等量强度的心灵感受都是由于同等数量等量大小的物理诱因所导致的，这是最一般和最根本的针对感觉进行物理测量的基础。物理单位的数量是由心灵印象的数量决定的，其中单个印象诱因的大小，或任意多个印象诱因的大小作为一个单位。所以，如同仅凭心理和物理活动之间的关系，就可以进行物理测量一样，我们可以反向使用这个原理，将心理的测量建立在这个关系基础之上。

根据连续性的一般原理，没有哪种感受可以从一开始就以全力突然地发生，并且此后强度不会再增加；相反地，它是从一个不易察觉的水平上一点点地逐渐增长起来的，尽管通常在这么短的时间内，我们无法一下子就能达到感受的最高强度。从零开始不断地增加，最终达到最高峰值，这对于感受而言并非虚构，但这依赖于具体感受的性质。同时，我们注意到仅仅是使用的装置本身即决定了感受测量的可能性。一旦它的增长完成，在缺乏“多于”这种数量关系的情况下，感受就不能被测量。另一方面，仍处于增长过程的感受中，组成增量呈现一种特别具有可理解性的“多于”关系，我随后将要介绍这种方法。

从某种程度上看，这种处理心灵活动大小的巧思，相对于用装置来测量空间大小的思路而言，展现出了某种优势。给定一段弧线或者一个平面，微积分把它看作是无数极小增量的总和，而不是一个整体。因此，就如对于弧线的形状，可以通过一般性的解释获得对它最好的理解，那么我们就可以将纵坐标上变化的增量和横坐标上持续恒定的增量联系起来，或者称之为变量 dy 与连续恒定变化的 dx 之间的关系。同样我们理解刺激与感受相对变化间关系的最好方法，是将这种关系表达为感受的固定增量与刺激连续变化增量之间的函数。结果我们就形成了刺激和感受的函数，既可以表达为 x 和 y 构成的方程式，如果我们愿意的话，也可以表示为一条曲线。在后面的章节中，我们将使用字母 β 和 γ 代替 x 和 y，这是与现在这个方程式间唯一的区别。同时就目前而言，让我们就把这个陈述当作一个前瞻，而非深入理解。

心理测量在构建和应用方面，很可能总是要比物理测量更困难和复杂。这个问题的原因将在如下事实中揭开：通常在物理测量中，将标尺上的读数和所测量物体的长度按照标准单位进行等分，两者可以完全对应，而一般的经验告诉我们刺激和感受的大小关系并非如此，因为为了保持感受的同等增量，刺激强度的增量必须不断增加。换句话说，在感受测量这个范围内，为了在客体中测得相等的长度，我们必须使用一把刻度不等的标尺。但我在之前已经说明，当刺激与感受之间的关系十分明朗时，上述问题不能阻止我们通过一方的总和获得另一方的总和，毕竟这才是我们主要考虑的问题。然而，现在刺激和感受的大小从整体来看不再存在成比例关系，所以这种在空间、时间、重量的物理测量中实际存在的关系，即量尺和物体之间最简单的可能关系，对于心理对象以及它的测量而言是行不通的。这也就是我们推迟寻找心理测量方法的第二个原因。

同时，实验表明我们已经获得下一个可设想的最简单关系。虽然导致相等感受增量的刺激增量**绝对**值是随着感受增加而不断加大的，但我们发现，在给定感受性恒定的标准或者一般条件的情况下，这些刺激增量在感受恒定增加时，**相对**大小总是保持不变的。同之前一样，如果我们可以将刺激幅度的绝对增加与相对增加进行定义与划分，就可以将等量的**相对**刺激增量与等量的感受增量进行对应了。

在感受增加的情况中，刺激增量的绝对大小存在着恒定的增加值，这对产生等值的感受增量是必需的，不过这仅仅是个推测，既然刺激的增加能够伴随感受的增加，那么它与刺激的绝对大小之间的比例值必须是保持不变的，二者形成一个稳定的分数。

根据我们先前将心理和物理标尺二者进行的类比，标尺上等分得到的单位必须和物体上等分的单位一致，才能完成测量。把相对而非绝对的刺激增量作为现实中诸如英寸这样的单位进行划分，就能够满足这种需要。在刺激和感受增加的过程中，测定和累加连续相等的相对刺激增量，可以对诸多等量相关联的感受增量之和进行表征。为了测量感受总和，现在必须要做的就是把它们的总和与统一的单位联系起来。

严格来说，这个总和应该是极小增量之和，因为相关联的相对刺激增量为极小的感受增量提供了准确的确定值。毕竟，如果我们马上想要检验相对刺激增量对有限的感受增量的预测能力，我们就必须在刺激增加的过程中为其设置各种不同的值，在计算相对增加率时，这其中的每一个值都将可能作为增量的除数。然而使用这种方式的过程中似乎会产生一些困难，但可以通过我们先前多次提及的方法来克服，这些极小增量的数量极大，不过我们无需对其进行详细计数来获得最后的确定值，而只需要写一个简单的数学函数就可表示这种结果。涉及的函数也许是由最简单的计算应用得来，只需要小学知识水平就可以理解和应用它。

心理测量最终是和一个函数产生了根本的联系，该函数本身可认为是具有某种心理性质的，而物理的性质从根本上来说是与一种测量尺度联系在一起的。我们必须考虑到，在纯粹的心理活动中我们也许不会发现后一种联系，另外其应用也不应局限在心理范围内，因为它就像物理测量一样，是建立在心理世界和物理世界的关系基础上的。

在感受等量地增加时，刺激的增量在相应测量标尺的顶端比底端要大，这个定律早就为人所知，因为这是人们日常的体验。

在寂静时或者日常噪声很小的情况下，我们可以清楚地听到邻居的对话。相反，当噪声很大时，一个人甚至很难在同别人的对话中听到自己所说的内容（也就是一个人发现提高音量的作用微乎其微）。

同样的差异，在承担较轻的重量时能够清楚地感到，而较重的重量上作用就不明显了。

当人们用肉眼观看具有不同测光度水平的各种高强度光时，很可能几乎感觉不到亮度的区别。例如，通过镜子反射的光从感觉上而言，似乎和光源一样亮，但实际上在反射中发生了光能的大量流失。

我们在所有的感知觉领域中均很容易找到类似的例子。

不过，一般性的观察不足以形成心理学测量的基础。为了使感受等量地增加，更准确的方式应该是使刺激增量的大小严格按照与已有刺激形成的比例而增加，这一观点首次出现在韦伯的概论中，并且得到了他的实验支持。因此我称它为韦伯定律。

不过，在早期一些特定研究中，这个定律已经被准确地表达与证实，在第九章中我们将看到更多相关细节，尤其将对这个定律展开更多的讨论。

另一方面，关于刺激强度和感受大小的数学函数在一百多年前就已由欧拉提出并应用，随后被赫尔巴特和弗洛比什（Frobisch）在一些特殊案例中进行了验证，这些案例是关于全距感知与振动频率的关系及对其的依赖性。同样的关系甚至可能在欧拉之前，就由丹尼尔·贝努利提及过，后来在拉普拉斯和泊松有关心理财富对物质财富的依赖关系陈述中出现过。最后在斯坦海尔和普森有关不同星等（不是指它们本身的差异，而是它们的感受差异）对光强度依赖性的研究中，这一定律仍然起效。在第八章中，我会回到这些问题上，另外在后续有关理论历史的章节中会再次提到这些问题。

如果定律的普遍性和含义，以及这个函数能够更早地为人所了解，心理测量就会更快地为人所知。

韦伯定律，即相等的相对刺激增量对应于（成比例的）同等的感受增量，由于它的广泛通用性，以及对其肯定或者可能有效的范围进行了严格界定，该定律应被看作是心理测量理论的基础。尽管它的效度存在着限制，而且受到复杂性的约束，这在随后会仔细讨论。即使在某些情境下该定律失去效度和严格的可应用度，上述心理测量的原理也能保持准确性和完整的效度。对于恒定感受和变化的刺激增量之间的其他可能关系（即使仅仅是由经验决定和由经验公式进行过表达），也可以作为心理测量的基础——也许的确在有关刺激测量这些部分的内容中，韦伯定律丧失了它的效度。这样的一个公式确会生成不同的微积分方程，这些方程和韦伯定律非常相似，最终通过整合成一个公式的形式来对这种测量进行表达。

这个观点是基础性的，韦伯定律的限制性不能被视为对心理测量的限制，但仅仅是一个限制性手段，一般的测量原理都能超越这种限制。实际上，这个原理的效度并不是从韦伯定律中推出的，反而是韦伯定律的应用包含在原理之中。

因此，寻求心理测量可能的普遍化，不能局限于推广韦伯定律的尝试上。如果试图将定律推广到其自然极限范围之外的地方，或者为了证明某观点而假设定律适用于限制之外的领域，这样的努力均存在危险的趋势。事实上我们可以直接地问：定律的限制是什么？它在什么条件下不适用？在定律不适用的情况下，三种用于进行测量的方法（仅仅指的是测量本身）的确仍可以产生出测量结果。

简言之，韦伯定律不过是为心理测量提供了最多和最重要的应用性基础数据，但是没有构成普遍和必要性基础。相反从一般意义上而言，无论是否超出韦伯定律的限制范围，心理测量的一般与根本基础，都必须使用那些可以确定刺激和感受增量关系的方法来寻找。因此，心理测量理论中的所有成分，均取决于这些方法是否可以更准确更完整地发展。

不过，虽然韦伯定律非常简单，但如果它并不是心理物理学真正的基础，如果我们没有遵循它的适用范围限制而在不恰当的条件下使用它，那么都将大大增加论证失败的可能性。这就类似于在天文学研究中我们不能接受开普勒定律的基础，或者在讨论折光仪的理论时不能接受简单透镜折射原理一般，我们也会导致论证失败。就这些定律而言，这里讨论的情况条件是相当相似的。因为开普勒定律的存在，我们忽视了简单折射中光学畸变造成的扰动。甚至当这些定律几乎完全无效的前提下，上述情况也会出现，就如同事实上正确的简单假设却不能获得证实的情况一样。不过它们仍然是与天文学和屈光学相关的主要条件的基础。类似地，当刺激引起感受的一般条件超出韦伯定律的限制范围，或者完全不受这种范围的约束时，韦伯定律也会完全失效，尽管在正常情况下它是适用的。

就像在物理学和天文学中的情况一样，在心理物理学研究中，我们起初也会忽略一些干扰以及与我们的定律相左的误差——但我们并没有遗忘它们的存在——目的是为了了解和调查我们必须关注的关键性条件。最后，对理论进行详细的分析和发展，这将使对这些误差进行定量和计算成为现实。

心理测量的建立是关乎外部心理物理过程的事件，而且它最直接的应用也处于这个范围中。不过，进一步的应用和推导必然会冲击内在心理物理活动的研究领域，并因此赋予这些测量以更深层次的含义。我们回忆一下，刺激不会直接引起感受，但是通过身体活动的中介，反而能更直接地引起相关的感受。而感受对刺激的量化依赖关系，最终会转化为对作为感受直接且基础的身体活动的依赖——简言之，即心理物理过程——感受测量对刺激强度的依赖，将会转化为对这些加工过程强度的依赖。由于这种转化的存在，所以很有必要确认内部活动是否存在对刺激的相对依赖性，另外这个问题不是可以通过直接经验解决的，而是需要通过精确的方式来确定。我们确实有可能采用精确的方式完成所有的调查，但是我们终究不可能——即使这个目标还没有实现——成功地获得定量研究的结果。

虽然韦伯定律在外部心理物理范围中，它的效度仅仅局限于有关刺激和感受的内容，但如果研究内容转化为感受与动能，或者其他隐含于心理物理过程中的特殊功能之间的关系，定律就有可能在内部心理物理范围内具有无限的效度。这个结论很容易获得，因为当对外部的刺激产生感受时，源自于定律的所有偏差都会被观察到，它们可能是由于以下事实所决定的，即只有当标准或者平均条件下，刺激才会释放与直接引起感受的内部活动量成比例的动能。因此我们可以预见，一旦我们成功地使用正确的方式完成这种心理物理过程的转化，这个定律在身心关系的领域中就会发挥自己的作用，就像万有引力定律在天体运动中所呈现的一般和基础意义一样。那些在发现物理学基本定律时表现出的简单特征，在这个定律中同样有所体现。

虽然建立在韦伯定律基础上的心理测量，在外部心理物理领域中的应用只能局限于一定的范围内，但我们相信它是内部心理物理的基础，虽然这个基础并不合格。然而，这种期待就目前而言还仅仅停留在主张和希望上。一切取决于未来的研究将会带给我们什么样的证据。

以上就是心理测量的一般原理。接下来的这几个要点是与其有关的特殊证据和阐述。

（1）在刺激和感受尺度逐渐上升的过程中，我们不得不讨论出一些方法，以帮助我们测定需要多大的相对刺激增量，才能渐进地产生相等的感受增量。这些方法与测量差别感受性的方法一致，我们认为其中仅仅包含了确定刺激差异与等量的感受差异是否对应的方法。由于这些测量除了作为感受测量的基础之外，本身也具有重要性和吸引力，我们一开始并不考虑将这些方法投入应用，后续将会使用到它们。

（2）虽然这些方法仍需进一步的讨论，但我们仍必须基于它们来形成韦伯定律的基础，并说明定律的普遍性程度及其对于实验实施的限制。除了为心理测量提供支持外，这个定律作为最重要的一般心理物理定律而言，本身也具有很高的重要性。

（3）我们不得不讨论一个现象（阈限）和另一个定律（平行定律），虽然它们并不是韦伯定律的精华部分，不过它们确实可以帮助该定律完成一般性的推导。

（4）我们必须说明在没有对感受大小的可比性进行预判时，且在没有对单个感受增量进行计算的前提下，如何根据刺激强度和感受大小关系的基本表达式，产生一般化的数学关系公式。

（5）我们不得不对函数本身进行公式化与讨论，另外也需要检验其可应用性。

（6）我们必须证明在韦伯定律的有效范围之外，仍可能需要心理测量。

（7）我们不得不通过这种测量手段，寻找从外部向内部心理物理活动的过渡。

这一卷中先讨论了前三种任务，其余部分在下一卷。

第八章
感受性的测量方法

根据第六章中得出的原理，绝对感受性可以通过绝对刺激强度的倒数即集中感受来估量，也可以通过引起相同大小感受的绝对刺激强度的倒数即广延感受来测量。为了测量简单的差别感受性，可以用刺激差异量的倒数或者引起相同差别感受的差异程度来表示。相对差别感受性则可以用刺激比率的倒数，或者引起相同大小感受差异的刺激程度来衡量。

没有区别简单与相对差别感受性的方法，因为在这两种情况下我们都必须确定引起特定感受差异的两种刺激量。在这个时候，我们要关注差异的绝对强度或者刺激的比率，以此来用两者之一的倒数测量感受性。每一种方法都具有自己的意义。不过现在，讨论获得前一种结果的方法就足够了。

在这些定义的基础上进行测量，也就是假设我们在各种条件下都能够切实准确地判断感受与感受差异的等价性，并且能够对它们进行陈述，这些任务乍一看没有那么容易。然而正如我们之前提到过的，大家都知道利用光度计的测量方法是基于对感受等价性的判断，就音乐而言，一个人必须经常判断两个音调的一致性，以及两个音调间的差距是否相同，也就是音差。我们现在要以某些普遍的方法来证明感受差异的等价性。事实上，相对于绝对感受性的测量方法，关于差别感受性的测量方法迄今为止已有很大的进步了。因此我们要开始主要研究这些方法。

对于这里将要提到的这些方法，重点讨论对它们本质的一般理解以及它们之间的相互关系，并对保证它们准确性的共同必要条件进行介绍。我们关注的重点是它们在实验与计算中的应用，这在后面几章中将进行详述，并且对所获得的结果做出解释。然而如果我试图阐述在更周详的调查中必须考虑到的特殊实验与计算方法，或者我想为所有可用的规则提供理论基础和实验证据，我可能会破坏讨论的流畅性，干扰那些更关注方法的一般理解而非方法使用的人的兴趣。因此为了更详细地说明这些方法以及基于这些方法的实验系列，我更希望选取《心理物理学领域的测量方法与测定》（*Massmethoden und Massbestimmungen im Gebiete der Psychophysik*）这本书中的一些内容，并且简单引用一下《测量方法》（*Massmethoden*），以对目前的这项工作做一些补充。我在这里简单述及的很多内容都在那本书里有详细的论述。你也会发现那里有更精确的理论观点和明确的实验证明。

差别感受性的测量方法

概述

当前有三种测量差别感受性的方法，为了简洁起见，我分别称之为：

（1）最小可觉差法。

（2）正误法。

（3）平均差误法。

首先，我们检验这三种方法在同一项任务中的表现，特别是区别重量差异的准确性。我们希望以通过这种方式的介绍，引出对这些方法的初级表面的理解，尽管实际上到现在为止，人们只使用了前两种方法。

在使用最小可觉差法时，我们要通过提起两个容器 A 和 B 来比较它们的重量，这两个容器中水的重量有轻微的差异。如果重量的差异足够大，就能被感觉到，否则就不会。最小可觉差法的主要目的在于确定多大的重量差别才能刚好被感觉到。我们可以用这个差异量的倒数作为感受性水平的指标。

这种方法的一般操作如下，即将刺激从容易被觉察降低到刚刚可觉察的水平，以及再将刺激从不可觉察增加到刚刚可觉察，两者完成相同次数的操作，取平均值作为结果。

如果有人采用很小的重量差异进行多次重复实验，就会经常弄错差异的方向，即较轻的容器会被认为较重，反之亦然。然而如果重量增加得越多或者感受性越强，正确的次数就将大于错误次数或占总次数的比例会增大。正误法从本质上讲，它的目标在于确定在各种比较感受性的情况下，想得到相同的正确判断与错误判断比率，或者正确判断与总判断数比率时，所需要增加的重量。这些不同情况下感受性的程度用这个附加重量的倒数表示。

不确定的情况需要删除，但是应该半数计入正确判断，另外半数计入错误判断。

以给定容器的实际重量作为标准，被试可以只根据感觉判断来匹配与之相同的重量。一般来说，一个人在判断时会出现一定量的低估。当把一个与被试判定的重量相同的容器放到天平上时，就可以发现这个误差。重复进行这个实验可以得到许多误差数据，我们可以据此计算出一个平均差误。我们把通过这种方法得到的平均差误的倒数，作为重量的差别感受性。这就是平均差误法。

由于正误差与负误差在相同程度上源于缺乏正确的知觉，因此它们对我们的测量是同样有用的。也就是说它们不应相互抵消，而应该把它们的绝对值相加。

正如这些方法可以用于重量的感受方面，它们也可用于视听感受等，还可用于广延感受。例如用最小可觉差法测量广延感受性时，需要判断两支圆规的两脚间距的差异达到多少时，才能让被试刚好感受到差异，可以通过视觉或者放在皮肤上两种途径来判断。使用正误法判断两支圆规两脚间距的细微差异时，我们需要记录实验试次中正确与错误的次数。最后在平均差误法中，我们则要确定当一个人尝试匹配相等的两支圆规脚间距时所产生的平均误差。

这三种方法目的相同且相互补充。在第一种方法中，把区分明显差异与不明显差异的边界值作为最小可觉差；在第二种方法中，需要进行计数的是表面差异（即判断完全随机，有时候是正确的，有时候是错误的反应）；在第三种方法中，测量的是感觉不到的差异。

这三种方法在测量感受性方面存在相对——有的时候不存在——细微的差别。后面我们会看到当我们意在某些感受性测量中寻求感受测量的基础时，这个事实正是最有帮助的。

就我们现在看来，这些方法均适用于所有的感觉范畴，但是我们还远不能用哪怕其中任一种方法来测量所有的感觉。同样地，这三者中也没有一种可以完全用于测量单一的感觉。

最小可觉差法过去曾被用于独立的实例中，例如德勒泽纳（Delezenne）用它测试对音差纯度差异的感受性。这种方法应用很广泛，最佳的结果可见韦伯所做的对重量、触觉和视觉空间知觉感受性的研究[①]。就我自己而言，我仅仅在光强度、视距和温度判断领域内使用这种方法做过几个不太深入的实验。

对于正误法，除了图宾根（Tübingen）的医学生哈格梅耶尔（Hegelmayer）对视觉广度的研究[②]，以及伦茨（Renz）与沃尔夫（Wolf）在听觉测量领域的研究[③]之外，我还不知道有其他应用的先例。由于这两项研究都是由维洛特所资助的年轻人所实施的，有人就会认为是他把这种方法分派给他们的，尽管他们并没有明确说明这一点。就我个人而言，我曾使用这种方法对重量判断进行过非常深入的实验。

在某种意义上，与通过伴随误差的大小来判断观察精确性的方法一样，平均差误法的历史也同样悠久。然而据我所知，这种方法仅在对物理和天文学观察精确性的客观测量中，或者确定这些测量误差源的大小时才会得以应用。[④] 该方法从未被认为是或作为鉴别感觉灵敏度的心理物理学方法而使用。但是这种方法对于我而言却是实现上述目标最有用的方法，而且我和福尔克曼（Volkmann）一起用它确定了视觉广度和触觉判断研究的精确性。

从实际的角度来看，最小可觉差法是三种测量方法中最简单也最直接的方法。它能最迅速地达到目标，并且需要的运算也是最少的。其中最小可觉差是根据等价的感受获得的，即使有人可能需要以重复的方式来加强单个判断和计算的准确性，他可能也只需要较少次数的实验就可以了，因为每一次观察本身就是结果。另一方面，用其他方法的时候，为了得出关于差别感受等价性的结论，需要对很多次正确和错误的例子或者误差的情况进行观察，而且这种判断需要通过计算的过程来实现。而最小可觉差法在多数情况下，例如在基础数据的初步确定中以及当一个人没有充足的时间用于观察时，似乎是一种很好的选择。然而，该方法对更详尽的调查似乎不太合适，也不能像其他两种方法那样达到同样高的准确度，因此导致研究者经常发现自己不得不靠多次的实验来获得准确性。最小可觉差法主要的缺点之一是相比于其他两种方法，由于其

---

① 特别参见其对触觉和一般感受性的著作以及他的《收集的程序》（*Programmata collecta*）。

② *Vierordt's Arch.*，1852，Ⅺ，p. 844.

③ *Vierordt's Arch.*，1856，XV（2），p. 185 oder *Pogg. Ann.*，XCVIII，p. 600.

④ 例如，斯坦海尔在他的《亮度测量要素》（*Elemente der Helligkeitsmessungen*，p. 75）中提到的那样，以及朗吉耶（Langier）在《法国科学院进展》（*Comp. rend.*，XLIV，p. 841）中论述的，等等。

基于主观判断，因此对于最小可觉的定义会为产生误差留下更多的空间。最小可觉的定义不可能是绝对的，因为不管是第一个时间点即感受差异变得刚刚可以觉察到的点，还是第二个点即感受差异消失的点，均不能非常精确地确定。一个人的不确定区间与其是否知晓这种感受的存在有关。如果一个人不想把最小可觉的判断标准设定得太高，也就是只接受基于重复实验获得的差异结果，而且非常确定地排除了任何例外情况，这个方法就变成了正误法。如果这样的话，我们就有必要频繁使用一个稍小的差异作为刚刚能被感觉的标准，因为总是会出现差异的方向判断错误，或者是判断不确定的情况。关于这些情况出现的频率必须被列入考虑范围。

尽管如此，我们仍可以说，经验表明了人能够就构成微小但能清楚感知到的差异形成统一的标准。这个差异的标准能够在不同的实验中足够精确地重复，即使不是完全地复制这个结论，也可以通过重复实验获得理想的结果。上述评论无论如何也不能降低这种方法的价值，因为它们只是为了说明这种方法相对于其他方法的优缺点。可以说没有这种方法，心理物理学就失去了其最有用的工具。在专家的手中，最小可觉差法通过获得的基础数据证明了自己的价值。像我一样的局外人也有充分的机会说服自己相信它的有用性。

正误法可能是最单调乏味的，如果一个人没有足够的时间和耐心最好不要使用这种方法进行研究，因为少数几个正确或错误的情况不能得出什么结果。尽管如此，通过大量的实验我们能够得到非常不错的结果——实验结果间的一致性较好，并且揭示了感觉领域内的合理关系。虽然需要计算的辅助，但是只有简便易行的操作才能为人们所用。鉴于人们在最小可觉差法中受到简单差异的局限（也就是刚刚可以感觉到的差异），而使用正误法时人们则可以随意选择或大或小的细微差异来测量差别感受性。用这种方法得到的正确和错误次数的不同值可以用于进行专门化的比较。

平均差误法也需要大量的数据取样以及辅助计算。正误法和平均差误法都具有一个很大的优势就是它们依赖概率论已经证明的定理，而且甚至自己就可以为这些定理的发展提供支持。的确，对这些方法的长期实践激起了我非常持久浓厚的兴趣，并且这种兴趣随着概率论的发展而与日俱增。

一般考虑的因素和预防措施

我刚刚简单介绍过的方法可能乍一看去很简单，实际上却是符合原则的，在它们的使用过程中有很多需要考虑的因素和预防措施。它们有的与观察有关，有的则与计算有关；它们还部分依赖于专门化的方法和实验的领域。然而下面的规则或多或少具有普适性。

在这三种方法中不规则的随机波动发挥着主要作用。有些是操作本身所固有的，其他则是对比较尺度解释中存在的主观因素。如果考虑随机影响的范围，用最小可觉差法确定的差异有时看来似乎很夸张，有时却又缩减了很多。一个人为了确保自己判断的稳定性，他必须选择一个原始值，而这个值从大体上说，比不存在这些波动的情况下的原始值要大得多。由于这些随机性因素导致的主要影响，所记录的最小可觉值就增大了。在正误法中，随机性的影响会使人在两次实验中对同一个重量产生或轻或重的感觉。这种情况与随机性的影响相比，较大重量的影响并不是很重要，因为平均下来，不规则随机波动形成更重和更轻方向影响的几率是大致相同的，正确判断和错误判断的次数就很明显地表现为相等了，或者至少与没有或有较少随机性影响的情况相比，正确判断的次数下降了。最后，在平均差误法中，由于随机性导致的刺激程度会时大时小，但如果刺激变化的幅度越大，我们可以立即看到平均差误也会跟着变大。

简单地说，根据这三种方法的情况发现，随机性的作用越大，感受性的测量值越小，不存在能够不受随机性影响而得到测量结果的方法。它们的平均值总是作为一个因素伴随在测量中。只要这个因素保持恒定，也就是只要这些不规则波动保持相同大小的平均值，这种影响就不会妨碍我们得到可比性较强的感受性测量结果。事实上，没有这些随机波动，正误法和平均差误法甚至都不能够存在。它们强调了一个重要的需要考虑的因素，即只有那些感受性的测量之间具有可比性的情况下，才能够满足随机影响均等的假设。这条假设要求实验期间外部和内部的条件完全一致。测量中任何的技术改变，都会直接影响随机因素的作用进而导致数据可比性的缺失。同样地，由于内部条件的可能变化，我们无法假设不同个体或者同一个体在不同时间受到相同的随机因素影响。因此每当发现感受性的测量值缺少一致性时，我们必须确认一下这是真实偏差造成的，还是由于没有达到实验背景可比性的要求。

如前所述，一般来说多次重复实验是必要的，在正误法和平均差误法中，尤其需要大量的测定以得到可靠的结果。这种情况下观察的多样性，与物理学和天文学测量中的同类情况相比，本质上具有不同的意义。使用常用方法形成的几种准确的测量方式，可以相当准确地对物理和天文参数值加以确定。另一方面，在平均差误法和正误法中，大量的测定本身就是准确性的必要条件。每一项独立的观察没有任何意义，几次即使是很严谨的测定也不具有最终的准确性。独立的正确和错误的判断以及独立的误差，实际上分布得很不规则。尽管是在表面上具有可比性的环境下得到的，部分实验数据仍然会产生截然不同的结果。人们经常会惊讶地发现，在实验的主要部分中，这些不规则性产生的结果自身具有相当高的一致性。重点是概率领域的大数定律[①]在这里也适用。只要案例的数量很大，这条定律就可以控制随机性。

没有比普罗透斯更适合用来比喻我们的方法了，他不是单纯而心甘情愿地回答别人向他提出的问题，而是通过不停地变化自己的外形来回避一切回答。不过通过足够长时间的坚持，人们就可以迫使他给出一个答案。在过去我浪费了很多的时间，尤其是使用正误法时，努力从数个小时或是数天的实验中得出结论，但是却不能得到任何肯定的结果。直到我下定决心每天花一个小时在同一个问题上，并且坚持了数月才得到了满意的结果。

且不说无法避免的影响，正如第 61 页所提到的，几率波动的范围会影响测量值的大小，随机因素的影响必须用频繁的重复来补偿。如果变异性和感受性保持不变，实验就必须坚持下去，直到我们在不同的时间点都能获得一致的测量结果。这样一来，单独的随机差异就会失去影响，而最终的结果也会独立于随机因素。为了确保这个结论，我们要持续或者重复每一个实验系列，直到主要的部分或实验重复在相关的结果上呈现一致。数量级的偏差自然会很小，因此是可以接受的，这就像我们必须接受物理实验中的观察误差一样，因为作为我们方法中产生的观察误差的一部分，这些随机误差不可能被完全抵消。即使在较小的子集中达到一致，我们也不能完全满意，因为这种一致性本身就可能是由于随机因素产生的。概率论事先为我们提供了一种预估精确度的方法，这

---

① 大数定律是以确切的数学形式表达了大量重复出现的随机现象的统计规律性，即频率的稳定性和平均结果的稳定性，并讨论了它们成立的条件。——译者注

里的精确度可以从给定数量的实验试次中，在给定的概率水平上进行预估。另一方面，通过观察次数，以及单独实验或系列观察的某些部分所反映的相似性程度，我们也可以计算精确度的范围。

如有可能，我们应该从一开始就根据预先安排的计划进行实验，以与特定的目标相契合。然而预实验往往对发现测量的最佳条件，以及发现在设计实验程序中应该注意的因素有很大的帮助。如果没有同时观察练习效应的话，预实验也具有优势，即它们帮助我们通过练习的第一阶段，并且避免主实验中部分的早期变异。同时，练习的影响始终都是需要加以处理的因素，留意练习的影响并且从第一个预实验起就要注意发现它的规律，这是极为有效的，因为当练习已经部分发生或者作用达到极限时，后续实验中的练习效应就会很小甚至消失了。

为了避免获得片面的或者只在特定条件下成立的结果，我们应该考虑环境中广泛存在的可能的系统误差。我经常发现在给定条件下看起来相当常见的结果，却与其他环境下的结果截然不同。[①] 如果结果没有在许多不同的环境下得到证实，在判定结果通用性之前我会非常谨慎。然而我的这条准则也导致了矛盾。随着人们实验条件的组合数量增加，可以在每一单独条件下实施的实验数就减少了，因此我们只用一种实验条件所得到的测量结果通常具有较低的准确性。所以，当我们一开始想要研究任何事情时，就要立即保持谨慎态度，可以说如果把程序限制在某些固定的变量上，我们就不能得到任何正确的结果。

以重量提举实验为例，我们能够研究对于标准重量改变的差别感受性大小。试想一下，一个人用单手提起某个重量并确定了上述这些关系，那么他用另一只手提起这个重量也会得到相同的结果吗？或者如果一个人用一只手提起了一个重量，而用另一只手提起了另一个重量，可以等价替换为用同一只手同时提起这两个重量的结果吗？如果一个人换了提举的位置，或者提举的方式，或者两个重量及其容器的位置又会怎样呢？提举每一容器的速度、时间间隔、顺序即先提还是后提较重的重量，或者提举的高度会不会导致结果的差异呢？如果按照标准重量从小到大升序排列进行，或者按照相反的顺序实施，实验会得到相同的结果吗？用已受到疲劳影响的手臂或者未受影响的手臂，结果有何不同？根据重量差异的大小，正确和错误判断的比率会发生什么变化？诸如此类

① 对于还没有加以处理的常误，这条警示是非常重要的。

的问题很多很多。

所有这些影响的确定实际上属于对重量差异感受性的详尽调查范畴，在关于感受性的其他调查领域中，其他的影响也将会层出不穷地出现，并且需要我们加以研究。每个因素会依次需要一系列合适的实验，来帮助我们对其大小、方向以及对其他环境的依赖性加以确定。

需要比较不同因素的影响时，我们应该依次进行每一项实验，同一天或者每过几天交替进行升序与降序实验序列，并交替使用较大和较小的差异值。通过改变感受性或者其他原因而导致的实验序列对结果的影响，我们可以加以识别、补偿或者仔细考虑。例如就重量提举实验来说，需要将这个过程应用于不同重量标准、不同比较系列、不同的提举重量间差异等等——所有实验实施的条件。

例如，如果用一系列标准重量进行实验，我们可以在同一天先进行一个升序的系列，然后再进行降序的系列，第二天先做降序系列再做升序系列。我们还可以在一天只进行升序系列的实验，第二天再进行降序实验，有条不紊地坚持这种交替对完成实验流程很有必要。

在一些实验中，我会轮流以不同的值开始和结束，而不是一直用最低或最高值开始和结束，按顺序或者倒序进行实验序列就好像数值在一个圆上循环排列一样，在这个圆上可以随意选择起始点。然而预期系列顺序效应的安排所带来的完全补偿作用，可能还无法抵消方法复杂度的提高所带来的负面影响，或者只有在特殊的环境下才有可能实现。

一般来说，在检验系列顺序对实验的影响时必须考虑不同的条件。这些条件可能部分地互相对立和冲突，有时这个条件有时又可能另一个条件占上风。一方面，注意和感觉器官的活动可以说是在实验开始后的一段时间之后才发挥功能的，然后才开始达到某种一致，在缺少练习的情况下尤为如此。另一方面，被试会变得厌倦、疲劳或者在某些条件下由于不断的练习而导致愤怒。最后在一些限制条件下，适度的练习会使被试从一开始就感觉到练习的影响，而且这种感觉会在长时间的实验系列中一直持续。我们要通过专门性的调查对这些影响各自进行分析。这些影响会自动地在每项研究中发挥作用，因此我们应该尤其防范以下几点。

除非本身就是研究对象，否则我们就要很好地避免这些条件造成的重要变化（也就是说当出现严重的厌倦或愤怒情绪时，我们不应该继续实验），并且应该倾向于选择那些练习效应平缓或已经达到极限的实验，而不是那些练习效应很大的实验。然而因为长时间连续的实验，无论每天与每天之间，还是各个系列的时段之间，都必须以具有一致性以及能够在给定的时间内完成实验作为前提，在这方面我们必须根据个体和实验条件选择一个最佳的界限。这个界限必须由每个人自己的判断决定。无论如何，我们应该对这些影响进行准确的测定和补偿，而不是避免这些影响，因为这些影响是绝不可能消除的。对实验试次从方法学角度进行合理的安排，可以很好地控制它们的影响。想要了解详情可以参见关于每种方法的讨论。

正如条件的系统改变所具有的帮助性和必要性，为了探究它们的差异造成的影响，我们需要在最大可能的前提下获得它们的一致性——这些数据可能不容易获得，因此允许数据产生一定的变异——要把所有这些实验结合起来，以得到一套给定条件下的一致性结果。即使可以控制相关的外部条件，内部条件也不可能完全得到控制。感受性本身以及某些其他起次要作用的内部条件中仍然会存在变异性，这些变化的原因既无法加以计算也不能被移除。这个事实导致了两种可能的考虑。第一种是如果我们不能通过数据本身确定其可比性，就不能在没有进行进一步调查的情况下，得出不同时间得到的测量结果具有可比性的结论，即使这些结果是在相同的外部条件下得到的。第二，为了分别检验这些因素，应该把较长的实验系列分解为几个部分，这不仅要根据不同的实验条件，还要根据不同的时段划分。一般来说，比起一次性得到整个未分解实验系列的结果，我们把每个实验片段的结果加以组合计算更为理想。

将实验分解为几个部分有其优势，这让我们能够估计结果的恒定性是变大还是变小，以及获得可能存在的由于练习所带来的变化。尤其是与我们把观察作为一个整体时相比，它从数学角度给我们提供了一个更好地剔除内部干扰作用的机会（这种干扰在较长的实验系列中通常在相反的方向上起作用）——这一点我们在后面关于方法的专门讨论中可以看到。

由于较少的观察次数，我们对部分实验进行数学处理的方法所得到的结果，比我们使用所有实验得到结果的可靠性确实要降低很多。但是根据概率原理可以看到，将实验分解为部分所损失的可靠性，可以在这些部分的结果被整合后得到恢复。因此前面提到将实验分解为各个子群的优点依然存在。

然而另一方面，分解的方法使对结果的处理和报告更加复杂了。在正误法和平均差误法中，子群中所包括的实验次数对所获得的数值具有影响，这可以通过理论和实验得以证实。当实验次数增大时这种效应就会消失。如果实验次数很少时就必须对数据进行校正，总是使用相同的实验次数也有助于减少不良的后果。

由于每一个长期的实验系列都会持续几天或者几个星期甚至几个月，我们应该以尽可能规律的时间间隔安排实验，如果可能的话，在分解时分实验最好包括相同的实验次数，对子测验要进行相同并且均等的安排。这样对顺序的严格遵守，不仅非常有助于使得不同阶段进行的实验具有可比性，并且维持了它们的关系，还可以避免实验条件可能形成的混乱和意外事件。而且用上述方法还能够简化计算和促进观察法的使用，但是如果一次用一种顺序观察，另一次又用另一种顺序，上次的实验试次数那么多，这次的实验试次数又这么多，这次用这种实验条件，下次就用另一种实验条件，完全置严格的规则于不顾，那么观察的有用性在各个方面都会大打折扣。在用我们的方法随时进行的有规则的实验过程中，需要组织和保持的细节规则越多，带来的好处就变得越明显。

此外，如果一个系列的实验持续几天，大多情况下我会把它们安排在一天的同一个时段，因为睡眠或者吃饭所耗费的时间可能影响我们要调查的感受性。这种影响很有可能被忽略，尤其是当背景环境总是相同时。尽管如此，这个因素应该首先被单独进行调查，在完成调查之前就应该引起注意。无论如何，在实验一般规则中必须注意到这条预防措施，即保持实验试次间在时间上的严格顺序关系。

因为根据我们的方法，判断应该纯粹地基于对感觉的观察，我们应该注意判断不能由一个人的想象或者对结果的期望而加以确定——简而言之就是想象的力量。另一方面，我们也不能太过盲目地进行实验以避免想象的可能影响。我们的方法为这两种错误的产生提供了机会。

在能力范围之内，我们应该合理安排实验条件的顺序、观察值的记录以及误差的合并或正确错误判断的加和（还有基于此的所有计算）以排除其他不可避免的失误。由于涉及大量的记录、加和与计算，我们应该采用重复和其他控制方法。在记录和使用数据本身时，一定要注意绝对的诚信。

这几条规则乍一看去并不起眼，但细细看来，其重要性和困难度都大大提升。根据我自己和同事的经验，我不信任任何没有经过重复或其他方法检验的加和或计算。即使重复地再计数与再计算，我们往往也会如校对中一样容易出现忽视误差的情况，尤其是当用相同的方式一项接着一项进行时。在这方面我们怎么强调注意和谨慎都不为过。无论重复或其他检验在操作中变得如何令人厌倦，为了不因应用中的失误损害谨慎观察的好处，这些重复和检验措施还是很有必要的。

然而，即使在进行任何记录前，我们也很容易在条件的系统变化安排过程中出现失误，这种变化通常是有必要的，往往可以通过打乱条件的序列，或者在没有必要改变的前提下继续进行几个子实验。因此我们应该将对这些内容的仔细检查核对作为一项常规措施。

关于记录的诚信问题，我们总想——并不是想要篡改结果——剔除异常值，例如平均差误法中由于注意力不集中而导致的巨大误差值。这个步骤没有基于任何原理，也没有什么限制，但这会仅仅由于模糊的表象就产生武断的决定。如果可能的话这种情况应该加以避免，但如果情况已经发生了，我们就应该使用大数量的实验试次寻求补救。控制随机因素的或然律（正误法和平均差误法也依靠它得以成立）预期到特殊事件很少发生的情况。把这些意外情况排除于计算之外没有什么好处，因为计算本身是必须基于这些与概率有关的定律的。当然在长时间的实验系列中，使注意保持在完全不变的水平是不可能的，即使我们已尽力保证它的一致性。这些意外的变动本身就是随机波动性的一部分，它们是这些方法所固有的，我们不可能通过任意手段改变或然律所产生的影响，因为它适用于大样本。

记下观察的日期很重要，不仅出于我对整齐有序的偏好，更重要的是因为在实验过程中可能发生的感受性周期性和持续的变化，只能用这种方法在结果的汇集和应用中得到识别和总结。我们最好也记下所有的例如温度这样的次要条件，这些条件也可能影响到实验的成败或结果的可比性，即使当这种影响还没有得到证明的时候。就这方面来说，做得过多比做得太少要好。

有两个或更多的观察者报告汇总他们的研究，将对于我们的工作尤为有利。他们能够互相补充、帮助和检查。对于一个观察者而言，想要独自成功且彻底地从事一个单独的感觉领域或其中某一重要方面的研究是不容易的。分工对于这项广泛性的任务而言是很有必要的，正如将不同时间所得的不同结果整合起来一样必要。在某些条件下，由于技术原因需要两名观察者（或者至少是一名观察者和一名助手）的直接合作。最后，在我们的研究领域里，由于存在这样的风险，即研究结果主要依赖于观察者的个性，所以一个观察者得到的结果要经过一人或更多人的检验，这是很重要的。因此根据特殊的环境，分工可以通过观察领域的划分、共同参与同一实验，或者通过整个实验的独立重复等方式良好地执行。

有人可能会说在我们的工作中，通常没有单个观察者的结果会被认为是确定的，即使这个结果是由最可靠的观察者得到的，除非该结果得到另一名可靠观察者的检验，因为一名观察者的可靠性只是可以保证他自己获得结果的诚信和精确性，而不能保证他所观察到结果的可靠性就能推广到其他所有结果。这种一般化的观点认为，虽然存在某些关系和定律事实，但我们可以从一开始就假定它们不仅仅是关于个性的问题。

根据这些观点，可能有人说在共同的任务中几名观察者的合作努力是如此重要，但对于实验心理物理学测量结果而言，它们还只是由观察者在协作者或助手辅助下得到的，这种局限性会导致结果有效性不高。不过，正如对任何观察的独立检验都非常重要一样，在对最小的干扰、尽可能一致的条件，以及对时间、实验条件、实验序列进行了最充分控制的前提下开展该领域的观察也同样重要。我们应该尽量避免对实验条件的先验知识所带来的风险，因为它们会提供想象的线索进而导致结果的歪曲。由于某种原因，在不需要助手的情况下却勉强让其加入是做无用功的体现，正如一部机器的复杂度在不必要的时候也就变成了妨碍操作的特征。在关于测量方法的专门性讨论中，通过关于条件的本质和在这方面的已有经验，我们会有更多的机会回到这个话题上。一般观点不能成为特定规则的坚实基础。

实验的时间与空间关系：常误

由于我们的方法由两个级别的比较构成，连续的呈现比同时的要好，尤其是因为当注意不可避免地在两个级别中转换时，同步呈现几乎不可能实现。因此如果可能的话应该对实验进行合理的安排，因为尽管观察一个紧接着一个，互不影响，但在观察者的记忆中会发生叠加的情况。正如韦伯说过的，用这种方法比较大小的能力是很奇特的，必须等到内部心理物理学未来发展到一定的程度，才能得到解释。现在我们必须以其存在的事实为讨论基础。

因为被比较的知觉在时间上不是完全吻合的，正如它们在空间上不完全吻合一样，我们通过改变感知器官的条件而发现了影响测量的效应。我把这些条件简称为大小比较的时间和空间状态条件。它们是构建精确的感受性比较测量法的主要困难来源。在这些方法的发展中，必须特别注意对这些困难的测查和消除，通过数学和其他流程处理后，将可能获得比初始状态下更多的结果。迄今为止，相对于主观的查证，我们在这个方向上所投放的注意力要少一些。

一般来说我们能够谈及它们所涉及的时间关系：(1) 每一个差异大小被感知到的时间，例如在重量提举实验中提起一个重量时，或者在距离判断中判断了一个距离，等等；(2) 在感知一个对象大小与另一个对象大小时允许经过的时间；(3) 时间顺序，哪一个先被感知；(4) 在一个人做出决定之前重复比较次数的多少。通常，习惯会给这些条件带来某种一致性，在个别实验中可能发生的微小差异的影响从长远看来会被平均。在计时器的帮助下，系统的实验实施能够有助于恰当地产生完全的一致性和可比性。通过有意地改变条件，我们可以观察到它们的影响。迄今为止有关这个领域的工作很少。但我在用正误法进行重量提举实验的过程中，仍注意时时顾及着这些因素。

此时我仅仅是泛泛地谈论被比较对象大小的空间关系，这本身没有什么意义，因为比起时间关系，条件在不同方法和研究领域下的变化甚至更多。我只是做一个预先评论，我们需要特别关注感觉器官的配对性质，一方面，因为这在是以单独而不是合作进行的方式前提下，为配对器官的感受性程度提供了比较的机会，另一方面，就其合作来说，因为使配对器官在被比较对象间保持一致状态并不是件容易的事情。

因此，当需要判定的一个容器重量以及所使用方法中的正确次数改变时，差异就因此产生了，这个差异依赖于待比较的重量是在左边还是右边的容器中。这种差异的产生不是因为人的右手或左手具有什么特异功能，而是因为用一只手提起一个容器，另一只手提起另一个容器，两只手很可能具有不同的感受性。如果用同一只手先后提起两个容器，能够看出在两个重量间切换时这只手（臂）会自动改变提起时所达到的位置，因此它提举两个重量的模式也发生了细微的改变。正如我可以通过实际实验所证明的那样，实际情况对结果是很重要的。在通过眼睛使用平均差误法判断距离的实验中，用以匹配其他距离的标准距离是在其他距离的左边还是右边、上边还是下边，都会造成差异。在辨别皮肤上两点间距的匹配实验中，当一个人在自己的身体上做实验时，是用右手抓住代表标准脚间距的圆规，而左手拿着另一支圆规进行判断，还是颠倒过来进行，对于实验结果也是非常重要的，即使当使用带柄的圆规时也是如此，因为在某种意义上，使用圆规的方式可能发生改变。其他情况下也是如此。

时间和空间条件在一系列给定的实验中是保持不变的，不过当需要比较的差异程度不同时，它们可能发生变化，但在最终获得的测量结果中，它们为一个我们通常称之为常误的概念提供了基础。

在重量提举实验中使用正误法，当其他条件都相同时，先提起被比较的重量所在的容器多次，与后将其提起相同次数时的情况进行对比，常误就得到了证明。在一次实验中正确判断与错误判断次数的比率与另一次实验中的相比，会有很大的差异。同样在实验试次数目非常大的情况下，较重的重量放在左边的容器中和放在右边的容器中相比，也存在着差异。[①] 当用平均差误法测量通过眼睛或触觉来判断距离的感受性时，由于在经过多次实验后，被试判断结果的平均数与给定的标准距离仍然不一致，促使常误就变得很明显了，但是由于所比较距离间的时空关系逐渐趋于稳定，常误将会沿着正向或者负向发生可见的变化。在这种关系中，我们还发现，正误差的总和（即偏离标准的正向偏差的总和）经常与负误差的明显不同，而不是在绝对值上相等。这个差异很大，不能归于不可补偿的随机误差。

有人可能怀疑这些结果，把这些观察归因于想象的影响。然而，在亲身实验过这些方法后，他会很快相信虽然他尽了最大的努力，自己仍无法逃避这些常误。由于我在这种关系中所观察的结果确确实实地把想象的影响排除了，我必须承认这些实验中非常意外出现的常误，在一开始就令我最为迷惑，在我设法消除它们之前，也是最令我尴尬的事实。即使是今天在这个领域做了大量的工作，尤其是在对重量和触觉进行了测量后，我还是不清楚它们的最终原因，我确定的只有它们存在的事实。之前曾提到那些重复我实验的研究者们，也发现了相当一致的结果。

---

① 此外，伦茨和沃尔夫提到了他们采用正误法进行的关于声音的实验，一个人倾向于把先听到的声音知觉为更响，而另一个人觉得第二个声音更响。这个结果表明不同时间关系的影响得到了体现，并且这种影响会根据环境而改变。

有人可能会注意到，常误的存在仅仅是将由我们的方法得到的测量结果复杂化，但不会使结果变得不准确。如果误差真的是恒定的，我们可以通过适当的方法将其排除，同时也可以准确地确定其数值，我会在后面针对单个方法的讨论中加以说明。

不幸的是，严格来说，常误的恒定性也不高。关于先提起放在左边的容器的实验，抑或右边或左边距离的判断中，我今天所做的有关哪边较大哪边较小的判断，跟另一天的结论并不总是相同的。此外，即使外部条件保持恒定，内部加工也会发生惊人的变化。这些变化很容易随着我们的方法而变化，但是当谈到最终结果的精确性时我们就会遇到困难，因为由于常误而产生的变异性与平均差误法中纯粹的可变误差产生了混淆，并且污染了可变误差。在正误法中，误差以另一种方式始终影响着测量。因此，我们要投入最大的精力来排除变异性，或者通过对观察的设计或处理尽可能使其无害（类似于化学中的分馏法）。

尽管有这些因素存在，但我们不可以将由常误的存在导致我们方法复杂化的情况视为缺点，而应该将其视作一项重要的优点，因为常误的确定本身就是心理物理学测量可行研究的一部分。毕竟它们的影响对于与感受相联系的因素而言，是非常典型的且应该得到测量。然而同时也存在将它们排除在差别感受性测量之外的机会，这也是我们现在所关心的问题。因此，我们不应该仅仅把常误当作无用的废物丢掉；我们应该根据适用的条件、定律和变量将其仔细地与感受性的测量分开，并且在每一个领域接连开展研究。我们的观察方法应该切实地推进实验技术，因为它们不仅可以将意外常误的发生一般化，而且展示了一些常误的来源，而这在之前几乎没有得到人们的思考。我的《测量方法》中还有更多有关这方面的内容。

在测量感受性的方法范围内，影响常误的实验条件中蕴含着关于其区分力的证据。

对于想要亲自采用我所描述的实验方法来开展研究的人来说，前面的评论远远没有告诉他们需要了解以及观察些什么。因为我有责任对《测量方法》进行更详尽的解释，我将重点介绍后两种方法的本质性特点。我会在此做个简要的概述，之后将更彻底地讨论这个问题。在这个过程中，关于正误法我会以重量提举实验为基础，而关于平均差误法我会以视觉和触觉距离判断实验为基础，因为只有这些才是我可以自由支配的实验领域。接下来的通篇内容中，我使用的术语会根据所涉及的方法而变化。

正误法在重量提举实验中的应用

以下说明的实验（始于 1855 年）构成了正误法的基础，它一开始是为了更仔细地验证韦伯定律这一简单目的而施行的。出于完善方法本身的兴趣人们进一步进行了相关实验，我曾经很希望对不同条件下方法的精确性进行调查，并提升实验和技术，这在当时是无法实现的，后来当这些调查成为可能时，相关研究规模就逐渐扩大了。有几年的时间里，我把做实验当作一种每天例行的劳动，一天进行一小时直至全部结束。做实验需要系统地进行很长的一段时间，这是为了对各种特定的关系进行调查。用这种方法收集的材料在这卷书里不可能详尽完整地列举。人们为了确定不同时间和变化条件下的重要差异，进行了大量的实验和不断重复的实验系列，这在后面的几个章节里还会提及并给出证明。这项工作同样彻底影响了方法使用的实践过程。

我们的方法依赖于确定正确判断次数与错误判断次数相对于总判断次数的比率，一般我倾向于使用后面这种比率[①]。我假定把正确判断的次数称为 r，错误判断的次数称为 f，总判断数为 n，我们主要关注的比率就是 r/n。然而，如果一套特定观察的结果被分成几个子群并且分别加以计算，r 和 n 则分别指每一个子群的正确判断数和总判断数，而 v 则代表子群的数量，因此 vn 就变成一整套特定观察的总判断数了。当整个实验系列涉及几套这样必须互相比较的观察时（通常情况都是如此），那么 vn 就必须再乘以套数以得到整个系列的总数。

注意每个不确定判断应该被分成两半，一半归入正确判断，另一半归入错误判断。为了避免这样一来存在着很多半数，我把每项正确判断记为两次正确，每次错误判断记为两次错误，每次不确定判断记为一次正确一次错误，因为计算 r/n 只需要计数数据。

P 指代标准重量，也就是用以比较的装载在容器里的重量，标准 P 中是没有 D 的，D 代表一个实验试次中使用的重量增量（附加重量）。我们给 h 指定一个值，这个值与差别感受性直接成正比，因此与能够与给出相同 r/n 的 D 成反比例关系，简言之也就是我们所关心的差别感

① 原文此处有误，下文中提到主要关注的是 r/n，即正确次数与总判断次数的比率，应为“倾向于使用前面这种比率”。——译者注

受性的测量值。

实现这种方法有两种程序方式。根据第一种方式，我们要在反复提起放下载重容器之后决定哪个重量较重或较轻。根据第二种方式，每个容器只提起一次来加以比较，在这之后就立即进行明确的判断，不确定的情况则一半计正确一半计错误。

一开始我总是使用第一种方式，后来我舍弃了用那种方法所做的全部实验结果，而开始只用第二种方式了，因为我确信第二种方式有更多的优势。不仅是因为这种方式与第一种方式相比能够导致更大的一致性，而且它能为消除和确定准确的时间和空间影响提供基础，因为这种影响会产生常误。正如我们将要看到的，只有用第二种方式，这些影响才能合理地相互牵制。

当然用第二种方式比第一种方式更容易犯关于差异方向的错误。即使 D 恒定不变且总判断次数一直保持一致，不明确判断和错误判断的次数也会相对更大。然而基于在任何条件下都会产生误差的事实，因此这种方式没有看起来那么不准确。任何比率 r/n 的降低均可以通过使用更大的 D 来补偿，而这个比率太大也不会对测量起到什么好的作用。另一方面，第二种方式在同一时间内能够产生更多的结果，它也可以使每一组配对重量的结果与另一组完全相同或具有可比性。

如果使用第一种方式，一定不能让被试知道较重重量的位置，为了排除先入观念判断的影响，因此在决定其位置时需要助手的协助。在第二种方式中，根据下面给出的描述，这种预防措施就不必要也不适用了。在对整个情况进行更详细的说明后，这些道理就会变得更显而易见了。

根据第 69 页给出的规则，容器应该总是被一个接一个地提起。因此，两次配对的提举才能构成第二种方式的判断基础，先提起一个，再提起另一个；因此它是由两次单独的重量提举组成。然而，因为正如第 72 页所指出的，每次判断都被计了两次，另外需注意总的判断次数应对单次的提举次数进行计数，而不是成对的提举次数。

当我用同一只手提起两个容器时，我称其为单手操作；当我用一只手提起一个容器而用另一只手提起另一个容器时，我称之为双手操作。即使是单手操作我也是用双手加以实施的，因为右手和左手是交替使用的。在每一个长时的实验系列中都会发现右手多多少少——尽管不是很明显——比左手更敏感。然而我们发现单手操作与双手操作相比，其敏感性并不存在显著差异。容器受时间和空间关系的恒定影响在单手、双手、左手和右手操作之间进行了比较，发现四种操作差异显著。然而在此我尚不想就这个问题详细展开说明。

承载标准重量 P 的容器（与置于其中的物体一起）的设置需要特别的考虑。在我浪费了大量的时间用不完善的仪器进行实验后，最终我才发现了一套令人满意的装置，下面简要描述一下，容器有一个可以转动的圆形手柄，容器内的一系列用于固定重量的装置与容器构成了一个连续的实体。

我想举一个例子可能大家都会比较感兴趣——确实也只有一个例子——关于必须面对的琐碎的问题，这些问题都可能成为这类实验中耽误时间的原因，我先描述几个不完美的安排。

开始我用简单的中空木质圆筒作为容器，我用手从上部抓住它。如果重量很重，我的手就需要抓紧，否则容器会从手中滑落，然而如果重量很轻，手就会抓得松一些。因此就无法保证抓握力度的一致。后来，我在容器上装上了铜手柄，它可以绕着销钉在每个容器底部直径两端自由旋转，因此当提起容器的时候它们会由于重力而自动转到一个位置。但是这种装置很快就磨松了。之后，我把手柄铆接得更灵活一些，但为了节省重量我用薄的黄铜做手柄，这导致当我开始使用更重的重量时手柄会弯曲，因此破坏了实验条件间的可比性。于是我用更坚固的材料代替黄铜片，并抛弃了以前的所有实验结果，之后用新装置做了近一年严谨且艰苦的实验。虽然最后我没有把这些实验结果都抛弃，但至少它们需要重复和检验，因为从一定程度上我了解到所有先前的实验观察现在看来都是多余的——或者可能充当新系列实验结果的附加检查值。在随后的结果中它们都被彻底删去了。在下面的内容中可以发现原因。最初使用的压载物，现在已经被抛弃了，只是还在用于校正重量，它的体积大小是与重量成比例地变化的。因为容器必须要足够大以容纳最大的重量负荷，当提起容器的时候，较小的或者甚至一些较大的重物都会移动。我假想即使不考虑这个事实，当手抓起手柄的时候，容器重量的压力也会落到手的同一点上，因此容器中重量物体的可能移动并不会产生不利的情况。由于需要挨个研究和检验的情况很多，它们均有可能影响实验的进程，我就忘了对上述这个因素进行专门的研究。这个疏忽得到了报应。当我最终有意将重量固定在容器的中间或两边并试图加以比较，从而想要确保并将我的研究引到这一方向上时，我发现两种情况下的结果有很大的差异，不是由于重量的不同，而是由于压力分布的差异。当重量处于中心时，一个容器似乎是最重的，当需要对位置的极端情况作比较时，这种差异是绝不能忽略的。当然在我的实验里发生移动的可能性很小，而且通过大量的实验可能互相抵消。根据主要的结果子群间各自相同，以及后来使用改进装置后得到非常一致结果的事实，这种推测可以得到证实。尽管如此我对自己之前的结果还是不满意，结果的准确性和单独测定的可靠性（即使不是整体的数据）都具有风险，我宁愿费劲再用新装置重新测定，而不愿让事情保持原状。

后面我所提到的所有实验都是根据第二种方式进行的——见第 73 页——几乎所有的实验都采用了这种方式，我称其为一般环境或条件。这里省略了第二重要的内容，我留在《测量方法》一书中说明。只有在偏差可以通过研究获得的情况下，才能测得偏离一般条件的偏差。

最后对容器内部的设置仅仅包括了一个具有四个垂直铜柱组成的框架，这些铜柱在底部由水平的横杆连接起来。容器所载重量物（铅或锌块）的边角都是直角并且大小与框架正好相吻合。这些重量物只是厚度不同，这样它们就可以牢固地卡在框架中，而不会在提举的过程中移动了。标准重量 P 包括容器、重量物和盖子，盖子的中间焊有一个小空盒。两个标准容器经过仔细处理，可认为是完全相同的。附加的重量 D 被放在容器盖子上方的盒子中。这样附加重量就会固定在标准重量的中间位置。容器的手柄由一个直径 1 巴黎英寸[①]的木制圆柱体构成，手柄可以绕着轴心旋转。提起容器的时候要用整只手抓住手柄。

根据所使用盖子的轻重，每一容器包括盖子重有 300 或 400 克两种条件。300 克是最小的标准重量 P，也就是当容器的盖子最轻而且没有附加重量时的情况。我所使用的最大标准重量是 3 000 克；我的装置可能不能长时间承受更重的重量。当实验目的并非检验使用不同标准重量的结果时，我通常以 1 000 克作为标准重量。

最常用的附加重量为 $0.04P$ 和 $0.08P$。

尽管两个容器在构造上完全一致，但在每个系列实验中为了抵消可能忽视的差异影响，D 分别加在两个容器上的次数也要是一样的。

我用一块装在实验桌边的横板对提起重量达到的高度加以限制，具体高度为 2 巴黎英寸 9 巴黎行。

① 1 巴黎英寸等于 1.066 英制英寸（约 2.7 厘米），1 巴黎行等于 0.088 8 英制英寸（约 0.23 厘米）。费希纳在有的章节中会省略去“巴黎”一词，译者对有明显省略的地方都进行了补充，但是有的地方确实难以分辨。——译者注

提起容器的时候要摆脱衬衫袖子的束缚。

提举实验是这样进行的，例如如果在第一次比较中先提起的是左边的容器，下一次就要先提起右边的容器，如此交叉往复。单独的一套实验包括 32 组连续交替的提举配对或是 64 次独立的提举，其中 D 一直是在同一个容器中的。在每套实验做到一半时（也就是 32 次单独的提举），这个容器的位置从右边换到左边。不同的时间和附加重量 D 的位置形成了四种不同的组合，构成了所谓的四种主要条件的基础，这在下面会具体讨论。在一套实验中，每一种方法都对应 16 次单独的提举或判断。每天通常连续进行 8 到 12 套这样的实验，每个实验包含了 64 次的提举，其中会有适当的实验条件（P、D 等）变化。对于较长的实验系列而言，有可能持续将近一个月的时间。

提起一个容器的时间为一秒钟，由一个节拍器控制，放下容器用时一秒钟，提起与放下容器之间的时间间隔也为一秒。因此，一次用于进行比较的配对重量提举需要用时整整五秒钟。同样的时间——五秒钟——也是两个实验试次之间的间隔。这个时间用来记录结果。在单手操作中总是采用空闲的那只手进行记录，在双手操作中，则以隔天交替一次的方式确定记录用手。

经过练习，实验者可以跟着节拍器的节奏机械地完成这些操作。正如我的数据本身所显示的，虽然注意指向能够很快地变得一致而机械，但注意本身在每天实验过程的最后阶段似乎没有显著地减弱。对于附加重量 D 在哪一边的判断，随着时间和空间位置的恒定影响以及随机的不规则影响而发生了不规则的改变：右边更重、左边更重和不确定。可以说这些影响以客观的方式出现，得来全不费工夫，而无须进行选择和思考，均无疑是第一种方式中出现的情况。

为了避免混淆，并且更方便地使分别包含在四种主要条件下的正确判断次数增加，我们应该对记录进行合理的安排，安排的具体方法在《测量方法》中有叙述。

我们暂时结束关于实验外部条件的讨论，现在我要转到有关方法的一般性原理了。

方法的一般性任务是为每一对比较来找到参数 r/n 的比值——或者如果我们把整体分为 v 个部分就要得到 v 个 r/n 的值——并从这些值里，获得差别感受性的测量结果。我们必须在重量差别感受性的每种研究条件下均进行比较。相关的次要任务还包括明确恒定影响的方向和大小，它是作为实验程序的副产品存在的。

现在看来似乎从一开始就存在着一个根本性的困难。

我们知道，在其他条件相同的情况下，r/n 的比率随着重量差别感受性的增加而增大。然而我们还知道，r/n 加倍不意味着感受性的加倍，但根据我们先前对感受性测量的概念，附加重量 D 减半而 r/n 保持不变，对应的是两倍的感受性。根据这些一般的情况，我们现在可以得到以下的观察结果。

无论你想让感受性低至何种程度，我们总是能够找到一个相对于 P 来说足够大的增量 D，使得几乎全部或全部的判断都会是正确的。即使是感受性最大程度的增加也不会带来 r/n 的增加，这一点大家一定可以理解。那么在这些条件下，我们就不能以此作为感受性的一般恰当标准，因为即使感受性急剧变化，r/n 的比率也会保持恒定或几乎恒定。另一方面，假设感受性大大地提高了，那么一个极小的附加重量就足够使 r/n 接近 n/n，我们也会相应地判断出感受性的增量。因此我们不得不回到之前对测量概念的定义，它是事物所固有的本质。但我们应该如何据此来重新改进我们的方法呢?

例如，假设我想要比较右手和左手对重量的差别感受性。我会多次提起同样的标准重量 P 和同样的附加重量 D，左手（L）和右手（R）交替进行。然后我会针对左右手获得不同的比率 r/n，这使我可以判断两只手的感受性孰高孰低，但是我无法得到它们二者感受性测量的比较结果。现在的问题是，需要获得能够导致左右手产生相同 r/n 比率的增量 D 的不同大小。

如果我只想要研究不同 P 值下单手的感受性，或者双手的平均感受性，也会出现类似的问题。正如从经验中可知，较轻的 P 相对于较重的 P 而言，增加相同的重量 D 会导致更大的 r/n，但是问题的重点是在不同的 P 值下，找到使 r/n 恒定的不同 D 值，以使得可以用 D 的倒数表示不同 P 值的感受性测量结果。

从这点看来，迄今所用的正误法确实只适用于给出一个多了还是少了的指示，而不是具体可比的感受性测量值。尽管如此，还是可以发展这种方法来获得测量结果。

目前最直截了当的方法是使用试误的程序。我们可以在测验的条件下改变附加重量直到得到相同的比率 r/n。然而由于需要非常多个试次，甚至才能为同一个 D 找到准确的数值，这个过程对于每一个被研

究的 D 值都需要投入大量的观察，因此不仅会非常枯燥，而且即使经过这么多枯燥的试次后也不一定会得到准确的结果。

我们当然可以在紧邻的两个数值中插入数值（即插值法）。在很长的一段时间中我都是用这种方法的。然而即使这种方法也只能部分地克服不方便和不精确的问题。幸运的是这些缺点可以简单而彻底地被克服。

由每一个特定 D 得到的 r/n 值，可以用于推测需要什么样的 D 来得出其他的 r/n，只要 P 和其他条件是恒定的，而且 r/n 是根据足够量的 n 个试次而获得的。使用的公式原则上是准确的，在实验测量中是成立的。虽然公式基于数学分析，但它也很容易付诸实践。因此可以用来计算我们想要得到的恒定的 r/n。事实上，基于任何一个足量的 n 个试次[①]获得的比率 r/n，我们都能够不用计算而在表格中直接查到相关差别感受性的测量值。这种测量与我们前面的定义相符，我会马上说明怎样使用，不过首先要对这个公式的推导过程进行简要说明。

在我改进方法的过程中，对概率论的兴趣一次又一次地使我得以向前推进，在其中我想到了以下几点：（1）根据我们的程序，差别感受性的测量参数可以通常由标为 h 的值表示，根据高斯的观点，只要精确性是仅仅依赖于类似程序中差异知觉的感受性而得到的，那么 h 就可以提供观察精确性的测量；（2）实验确定的比率 r/n 和前面提到的 h 与用以确定 r/n 的重量增量 D——r/n 和 hD——之间应该存在数学关系，这可以使我们从 r/n 得到 hD，因此通过除以 D 可以得到差别感受性的值 h。

首先只是理论上确定这种关系，其次需用实验加以证明，最后将其运用于我们的方法实践中。我相信我已经圆满地完成了这三项任务，这样正误法就应该能够达到真正的测量方法标准。

我们要把相关的数学推导过程插入下面这个独立的部分中，因为就方法应用的实践目的而言，并没有必要将其中的数学原理解释得非常透彻。实验证据主要表明了在假定感受性恒定的条件下，当找到给定 D 值对应的 r/n 值时，如果存在一个与第一个 D 值成比率的 D，那么前者的 r/n 值（根据我们的数学关系加以计算）在后者的实验中是可以再测得的。当然允许由未加补偿的随机因素引起的小规模偏差存在。或者用同一证据的另一形式，我们可以表明在感受性不变而 D 不同的条件下，

---

① 当大量的试次被分成几部分时，n 就变小了，这样每个部分中的准确性就降低了，但是我们可以在后面对部分的结果进行整合时加以补偿。参见第 66 页。

基于我们确定的数学关系，通过实验确定的 r/n 能够与计算得到的 hD 值相对应，而根据我们表格中的数据，hD 与 D 值是成比例的。① 作为证据，我进行了一项扩展的实验研究系列，这在《测量方法》中有相关论述。我们在第九章和第十二章中还会看到一些相关数据。

因此可以用纯实验的方法呈现这个问题，这样任何人，即使没有理解操作规则的推理过程，甚至没有数学背景也能够使用这种方法来进行测量。他还能够满怀自信地加以使用，因为这种方法的数学推导已经得到了著名的数学家权威的认证，并且通过了经验的检验。

正误法计算的公式与数学推导

到目前为止还没有人提出当附加重量 D 保持恒定时，如何确定比值 r/n 怎样随着标准重量 P 的大小而变化的先验原理。这更应该属于需要通过实验加以确定的原则性问题。另一方面，我们需要根据概率论的原则，确定当标准重量 P 保持恒定而附加重量变化（差别感受性 h 保持不变）时，r/n 将如何变化（假定有很大的 n）的先验条件，或者如果影响重量增加感受的任一外部变量发生了变化时，通过 D 如何能够一劳永逸地预测所有变化。如果可以实现这些目标，同样的原理对于我们确定观察误差相对数量的变化也是适用的，其中观察误差的大小会变化，而观察精确度保持恒定。然而我们所关心的 r/n 与 Dh 的关系却不能用有限的表达式加以表示，而是必须表示为一个整体，出于实际操作的目的必须制成表格，制作表格过程如下所述。

从现在起用 θ 表示整式，它在这里的使用与表示相对数值或限定大小的误差概率一样。唯一不同在于重量增量的一半 $D/2$ 被通常表示为 Δ 的误差项代替。我们写作

$$\theta=\frac{2}{\sqrt{\pi}}\int_0^t e^{-t^2}\,dt$$

公式中，π 是鲁道夫常数②，e 是自然对数的底数，$t=h\Delta=hD/2$，h 是高斯概念系统中精确度的量度。在很多地方，都有可以查到与给定 θ 值对应 t 值的表格，例如在 1834 年的《柏林天文年鉴》（*Berlin astronom. Jahrb.*, pp. 305 ff.）中，给到了 $t=2.0$ 的范围值；在一份特殊的且已绝版的石印表格中，给到了 $t=3.0$ 的范围值。因此，给定对应于 r/n 的 θ，我们可以

① 由于我们所涉及的差别感受性是随着 P 变化的（只要 D 很小就不会随 D 变化），所以相同感受性条件下的实验需要恒定的 P。

② 鲁道夫·范·科伊伦（Ludolph van Ceulen，1540—1610），数学家，以计算 π 值或称鲁道夫常数闻名，他最后运算到小数点后 35 位。在费希纳的时代，π 的十进制等效值一般被称作是鲁道夫常数。——译者注

同时确定 t 或 $hD/2$。

我们现在马上要开始证明下面这些等式，它们是我们方法的基础，通过这些公式可以由 r/n 得到 θ。

$$\frac{r}{n}=\frac{1+\theta}{2};\frac{f}{n}=\frac{1-\theta}{2};\frac{r}{f}=\frac{1+\theta}{1-\theta}$$

因此

$$\frac{2r}{n}-1=1-\frac{2f}{n}=\theta$$

只需按照如下的要点来考虑 r/n 和 θ 的关系就足够了。我们通过等式 $(2r/n)-1=\theta$ 就能根据观察得到的 r/n 计算出 θ 值，在综合表中可以根据 θ 的积分值查找对应的 $t=hD/2$ 的值，然后用这个值除以 $D/2$ 来得到 h。或者，如果我们将在正误法中取的 h 定为平均差误法中的一半（接下来我们就是这么做的），我们可以直接除以 D。为了避免把每次观察得到的 r/n 值单独换算成 $(2r/n)-1$，我把积分表中的 θ 进行了转换，转换后的表给出了 $\theta=(2r/n)-1$ 和 t 的关系，可以直接从 r/n 和 t 列查到。后续的基本表是用这种方法推导出来的。

我向莫比乌斯（A. F. Möbius）教授展示了 r/n 和 θ 关系的数学推导，并且通过了他的检验，因此可以认为是精确无异议的。他还帮我进行了更加简练和精确的推导，相比之下我的公式就有点拙劣了，不过最后得到的结果是一样的。因此下面我想再展示一下他的推导来取代我之前的推导。

莫比乌斯的推导使用了一条直线两个部分的偏离为例，而不是两个重量差异的例子。二者的原理是相同的。

一般把

$$\frac{2}{\sqrt{\pi}}\int_0^{h\Delta}e^{-t^2}\,dt$$

作为测量误差落入 $-\Delta$ 和 $+\Delta$ 区间的概率，其中 h 和前面一样代表测量精确度，π 是鲁道夫常数。

如现在给出

$A \qquad C \qquad\quad B$

作为一条直线上的三个点，C 接近于但不是正好处于 A 和 B 的中间。用正误法进行 n 次观察的过程中，我有 a 次判断 A 比 B 更加接近 C，也就是 $CB>CA$。我还判断 $n-a=b$ 次 B 比 A 更接近 C 即 $CB<CA$。$CA<CB$ 和 $CB<CA$ 的可能性随着 a 和 b 相应地发生变化，两种可能性本身就是 a/n 和 b/n。

如果我们用

$A \qquad C\ M \qquad\quad B$

表示一条线，M 是 A 和 B 之间真正的中点，C 紧靠 M 在 A 的一边，那么我

的判断就是正确了 a 次而错误了 b 次。换言之，我相信点 C 在 M 和 B 之间的次数为 b。在 b 次的判断中，每次我都错误地判断了 C 的位置，我错误地认为在往 B 的方向上，线段 CM 相对于 M 而言，是靠近 B 的一边的。因此我每次在同一方向都犯了一个 $>CM$ 的错误。错误的概率一方面可以用 $=b/n$ 的方式表示，另一方面可以表示为

$$=\frac{1}{\sqrt{\pi}}\int_{hCM}^{\infty}e^{-t^2}\,dt$$

其中 CM 是正数。现在

$$\frac{1}{\sqrt{\pi}}\int_{0}^{hCM}\cdots+\frac{1}{\sqrt{\pi}}\int_{hCM}^{\infty}\cdots=\frac{1}{2}$$

因此

$$\frac{1}{\sqrt{\pi}}\int_{0}^{hCM}\cdots+\frac{b}{n}=\frac{1}{2}$$

接下来可知

$$\frac{1}{\sqrt{\pi}}\int_{0}^{hCM}\cdots=\frac{1}{2}-\frac{b}{n}=\frac{1}{2}-1+\frac{a}{n}=\frac{a}{n}-\frac{1}{2}$$

最后，因此有：

$$\frac{a}{n}=\frac{1}{2}+\frac{1}{\sqrt{\pi}}\int_{0}^{hCM}\cdots=\frac{1}{\sqrt{\pi}}\int_{-\infty}^{hCM}\cdots=\frac{1}{\sqrt{\pi}}\int_{-hCM}^{\infty}\cdots$$

$$\frac{b}{n}=\frac{1}{2}-\frac{1}{\sqrt{\pi}}\int_{0}^{hCM}\cdots=\frac{1}{\sqrt{\pi}}\int_{hCM}^{\infty}\cdots=\frac{1}{\sqrt{\pi}}\int_{-\infty}^{-hCM}\cdots$$

这两个 a/n 和 b/n 的表达式也可以这样解释：在对直线 $ACMB$ 的 n 次观察中，只有 A 和 B 是确定的，一个人有 a 次相信 M 处于 C 和 B 之间（正确判断），有 b 次（错误）判断 M 位于 A 和 C 之间。然而综合的区间对于 a/n 是 $-hCM$ 到 ∞ 之间，对于 b/n 是 $-\infty$ 到 $-hCM$ 之间，这就类似于线段 CB 与 AC。因为如果我们把 $ACMB$ 视为正向而 M 作为起点，C 和 B 的横坐标就变成 $-CM$ 和 MB，A 和 C 的横坐标就分别成为 $-AM$ 和 $-CM$ 了。然而 AM 和 MB 相对于 CM 而言，可以视为无穷大。

接下来是莫比乌斯的推导。

为了将直线的例子转换为重量的例子，我们不得不用重量 P 代替 AC，用 $P+D$ 代替 BC。$AM=(AC+BC)/2$ 的长度现在成为 $P+(D/2)$，线段 CM 因此对应于 $D/2$，$D/2$ 代替前面公式中的 CM。此外，a/n 等于我们的 r/n，b/n 等于我们的 f/n，这引出了以下表达式，可以直接应用于我们的方法：

$$\frac{r}{n}=\frac{1}{2}+\frac{1}{\sqrt{\pi}}\int_{0}^{hD/2}e^{-t^2}\,dt$$

$$\frac{f}{n}=\frac{1}{2}-\frac{1}{\sqrt{\pi}}\int_{0}^{hD/2}e^{-t^2}\,dt$$

或者如果我们将积分

$$\frac{2}{\sqrt{\pi}}\int_0^{hD/2} e^{-t^2}\,dt$$

用 θ 简化表示，那么

$$\frac{r}{n}=\frac{1+\theta}{2};\frac{f}{n}=\frac{1-\theta}{2};\theta=\frac{2r}{n}-1=1-\frac{2f}{n}$$

前面提到一个事实，就是正误法的精确性或感受性 h 是平均差误法的一半，但这不影响我们对正误法的应用，因为在这种情况下只有相对值 t 或 h 是重要的。必须考虑这些因素，以防有人想要通过正误法比较由平均差误法所得到的结果的绝对值，这样可能要用到 θ 的积分。对可能误差或 r/n 或 t 的变异性的预估也是如此，但这里我们暂时先不讨论。

现在我们转到实践问题上：

我们所涉及的判断程序仅仅是由以下的查表过程组成的，我把这个表称为正误法的基本表，$t=hD$ 的值对应于实验确定的分数 r/n（如果 r/n 的数值不能在表中准确地找到，则可以使用插值法）。然后将这个数除以 D 来确定 h 的值，即我们想得到的感受性测量值，或者当 D 恒定时，我们也可以通过获得的 $t=hD$ 值并使用这种方法直接进行测量，这在许多情况下是非常方便的。

当没有恒定影响（除了恒定重量增量 D）存在时，或者这些影响在确定 r/n 的过程中已被实验设计补偿时，这条规则足以判断哪边的重量是较大的。当情况并非如此时，误差的恒定来源就会混入 t 值，其现在不再只是依赖 h 和 D（D 只表示附加重量），而且还依赖于这些无关变异来源。即使 D 是恒定的，如果这些变异性的次要来源与 D 不能保持相对恒定，简单地用 t 除以 D 自然也不能让我们得到正确的 h，而且 t 值不能代替 h 作为可比性的度量。然而即使这样，合理安排实验程序，使用适当的基本表是校正的最简单方法。后面我会分别加以说明。

注意：(1) 因为只涉及 t 或 h 的比率，我习惯于将 t 的制表值中所有的数字看作一个整数，而忽略它是小数的事实。[①] 下面这张表中所引用的计算值总是采取这种形式。(2) 只需要将 r/n 大于 0.5 的值制入表中。如果出现小于 0.5 的 r/n，就如下面将要讨论的这种情况中出现的那样，这个情况是实验中一个常见的现象，尤其是发生在 D 不太大的给定实验条件下，

① 即在下表中的小数，费希纳均把它们去掉小数点视作整数，尤其是在差异值这一列中可以明显地看出，后文中所有的数据均是这样处理的。——译者注

我们必须使用 $f/n=(n-r)/n$ 而不是 r/n，在表中名为 r/n 的列下查找，并把对应的 t 值加上负号代入确定 hD、hp 和 hq 的表达式中，关于 hp 和 hq 后面会说明。(3) 表中 $r/n=1$（也就是所有判断均正确的随机事件）对应的 t 值是无穷值。严格来说，这假定了观察到的数值是无穷的。一般来说我们应该使 D 足够小而 n 足够大，以保证这种情况不会发生。

正误法的基本表

r/n	$t=hD$	差异值	r/n	$t=hD$	差异值	r/n	$t=hD$	差异值
0.50	0.000 0	177	0.71	0.391 3	208	0.91	0.948 1	455
0.51	0.017 7	178	0.72	0.412 1	212	0.92	0.993 6	500
0.52	0.035 5	177	0.73	0.433 3	216	0.93	1.043 6	558
0.53	0.053 2	178	0.74	0.454 9	220	0.94	1.099 4	637
0.54	0.071 0	180	0.75	0.476 9	225	0.95	1.163 1	748
0.55	0.089 0	178	0.76	0.499 4	230	0.96	1.237 9	918
0.56	0.106 8	179	0.77	0.522 4	236	0.97	1.329 7	1 234
0.57	0.124 7	181	0.78	0.546 0	242	0.98	1.453 1	1 907
0.58	0.142 8	181	0.79	0.570 2	249	0.99	1.643 8	∞
0.59	0.160 9	182	0.80	0.595 1	257	1.00	∞	
0.60	0.179 1	183	0.81	0.620 8	265			
0.61	0.197 4	186	0.82	0.647 3	274			
0.62	0.216 0	187	0.83	0.674 7	285			
0.63	0.234 7	188	0.84	0.703 2	297			
0.64	0.253 5	190	0.85	0.732 9	310			
0.65	0.272 5	192	0.86	0.763 9	326			
0.66	0.291 7	194	0.87	0.796 5	343			
0.67	0.311 1	196	0.88	0.830 8	365			
0.68	0.330 7	199	0.89	0.867 3	389			
0.69	0.350 6	202	0.90	0.906 2	419			
0.70	0.370 8	205						

译者注：表中的差异值指的是 t 的差异值，为后一个值减去前一个值的结果，如费希纳前文所述的，他不再使用小数点，而直接用整数形式表达。下同。

我们使用基本表最简便的方法是一劳永逸地取 $n=100$，也就是我们每次分别为 100 次判断确定 r 值。较长的系列以 100 次为单元进行拆分，求出每一部分的 t 值之后分别加和与求平均值，出于其他原因，这种部分处理的方式都是必需和有用的。之后的唯一要做的就是删掉 r/n 列中的零和小数点[①]，以直接找到通过实验得到的 r 值。我们可以走捷径，不仅可以通过拆分以形成 r/n，而且也出于插值法的需要，因为我们可以在表中精确地查到所有实验所需的 r 值。

如果我们不将 100 选作 n 值，我们就无法在基本表里精确找到合适的 r/n 值。我们可以很容易地在不同列差异值的帮助下，通过简单插值法确定对应的 t，因此我们产生的 t 值误差大约只是 0.000 1 至 0.000 2 之间，而转换成 r/n 的误差大约是 0.85。这个误差不重要，因为这种观察结果中的第四位小数均可被视为是无关紧要的。然而，采用更大的 r/n 值，我们会在插值中产生更大的误差，r/n 越大误差值也会越大。因此我附加了几个表格来补充表格的最后部分，其中 r/n 值的间隔更小，通过这些表我们可以为更精细插值的获得提供充分的基础。

补充表格 I

r/n	$t=hD$	差异值	r/n	$t=hD$	差异值	r/n	$t=hD$	差异值
0.830 0	0.674 7	70	0.882 5	0.839 7	91	0.930 0	1.043 6	133
0.832 5	0.681 7	71	0.885 0	0.848 8	92	0.932 5	1.056 9	137
0.835 0	0.688 8	72	0.887 5	0.858 0	93	0.935 0	1.070 6	142
0.837 5	0.696 0	72	0.890 0	0.867 3	95	0.937 5	1.084 8	146
0.840 0	0.703 2	73	0.892 5	0.876 8	96	0.940 0	1.099 4	151
0.842 5	0.710 5	74	0.895 0	0.886 4	98	0.942 5	1.114 5	156
0.845 0	0.717 9	74	0.897 5	0.896 2	100	0.945 0	1.130 1	162
0.847 5	0.725 3	76	0.900 0	0.906 2	102	0.947 5	1.146 3	168
0.850 0	0.732 9	76	0.902 5	0.916 4	103	0.950 0	1.163 1	175
0.852 5	0.740 5	77	0.905 0	0.926 7	106	0.952 5	1.180 6	182
0.855 0	0.748 2	78	0.907 5	0.937 3	108	0.955 0	1.198 8	191
0.857 5	0.756 0	79	0.910 0	0.948 1	110	0.957 5	1.217 9	200
0.860 0	0.763 9	80	0.912 5	0.959 1	112	0.960 0	1.237 9	211
0.862 5	0.771 9	81	0.915 0	0.970 3	115	0.962 5	1.259 0	222
0.865 0	0.780 0	82	0.917 5	0.981 8	118	0.965 0	1.281 2	236
0.867 5	0.788 2	83	0.920 0	0.993 6	120	0.967 5	1.304 8	249
0.870 0	0.796 5	84	0.922 5	1.005 6	123	0.970 0	1.329 7	272
0.872 5	0.804 9	85	0.925 0	1.017 9	127	0.972 5	1.356 9	290
0.875 0	0.813 4	87	0.927 5	1.030 6	130	0.975 0	1.385 9	316
0.877 5	0.822 1	87				0.977 5	1.417 5	
0.880 0	0.830 8	89						

① 也就是乘以次数 100。——译者注

补充表格Ⅱ

r/n	$t=hD$	差异值	r/n	$t=hD$	差异值	r/n	$t=hD$	差异值
0.970	1.329 7		0.980	1.452 2		0.990	1.645 0	
		107			150			278
0.971	1.340 4		0.981	1.467 2		0.991	1.672 8	
		109			156			304
0.972	1.351 3		0.982	1.482 8		0.992	1.703 2	
		112			163			343
0.973	1.362 5		0.983	1.499 1		0.993	1.737 5	
		115			173			389
0.974	1.374 0		0.984	1.516 4		0.994	1.776 4	
		119			181			450
0.975	1.385 9		0.985	1.534 5		0.995	1.821 4	
		123			192			539
0.976	1.398 2		0.986	1.553 7		0.996	1.875 3	
		128			205			677
0.977	1.411 0		0.987	1.574 2		0.997	1.943 0	
		132			219			922
0.978	1.424 2		0.988	1.596 1		0.998	2.035 2	
		138			234			1 499
0.979	1.438 0		0.989	1.619 5		0.999	2.185 1	
		142			265			∞
						1.000	∞	

表格的数字并不意味着 $n=100$ 有着特殊的优势。就我个人来说，我总是倾向取 $n=64$ 而不是 $n=100$。我把所有较长的实验系列分成了 $n=64$ 的几个部分，分别给这些部分加上了 t 值，并且由此得到了总数和平均数。我的理由是，64 作为 2 的幂，比起 100 可以被分成更多的部分，我最初在划分时想要保持开放的方式。后来我坚持使用这个数字，为的是使所有实验系列具有可比性，正如在后面会提到的，由于基本 n 值的大小对于测量结果的大小有特定的影响，应该始终保持可比性。因此我常用基本表中的 r 值是与 $n=64$ 相对应的，这是为了避免将分数 r/n 转换为小数以及出于内插值计算必要性的考虑，这些在前面的表格中都有描述。下面这张表格是供那些和我有同样需求的人使用的。

出于对各部分实验条件进行比较的目的，我需要将较长的实验系列作为整体或者划分为各个较大的部分，这样可以较方便地进行处理，因此我还建立了一个 $n=512$ 的表格，因为我的所有系列均是由 64 次判断的倍数组成，64 是 512 的 1/8。$n=64$、2×64 或 4×64 的表格也可以由此得出。这里需要重新提及第 79 页引用的 θ 积分，凭借第 80 页关于 r/n 和 θ 的等式，专家们能够毫无困难地发展出以任何 n 为基础的表格（通过插值法的帮助）。无论选择了哪个 n 值作为基础值，只要所有的实验都保持同一基础值，我们都可以很好地完成这个表格。较长的系列可以被分成同样长度的几个部分，我们可以一直都使用这些数值来设计表格。

基本表

$n=64$

r/n	$t=hD$	r/n	$t=hD$
33	0.027 7	49	0.512 3
34	0.055 5	50	0.549 0
35	0.083 3	51	0.587 3
36	0.111 2	52	0.627 3
37	0.139 4	53	0.669 5
38	0.167 7	54	0.714 2
39	0.196 4	55	0.761 9
40	0.225 3	56	0.813 4
41	0.254 7	57	0.869 6
42	0.284 4	58	0.932 0
43	0.314 7	59	1.002 6
44	0.345 6	60	1.084 8
45	0.377 2	61	1.185 1
46	0.409 5	62	1.317 2
47	0.442 7	63	1.523 1
48	0.476 9	64	∞

假设感受性 h 保持恒定，那么 P 也就不变（因为 h 随着 P 发生变化，而不随着 D 变化），我们还可以使用基本表查到根据已有的 D 和 P 计算出的 r/n 比值，据此推导出 D，D 值对于计算其他所需的 r/n 是很有必要的。只要用 r/n 值在表格中搜索相应的 t 值即可。我们还可以得到下列比值：一个 $t=hD$ 比另一个 $t=hD$ 的值，等于相应的这个 D 比另一个 D 的值。反过来看，给出一个 D 值，我们就可以从表中找到属于这个已知 D 值的 r/n 值，只要 h 保持不变。然而，我们的方法并不是轻易地就能被投入实践，因为如前所述，最后所有的结论都依赖于 h 的确定，或者有时只需要 t 即可。

我们不要忘记，如我已经解释过的，表格的便捷使用只有在给定条件下才成立，也就是轻重表现的估量只依赖于 D，与随机性无关。现实中它还依赖于时间和空间因素的恒定影响。事实上，t 的制表值不仅仅是 hD，而是 h（$D+M$），其中 M 是除了 D 之外的所有恒定影响的代数和，它也决定着轻重表现的判断选择。把这个因素纳入考虑，我们的实验任务将把测试和对它们的评估综合起来，这样我们就能通过使用前面的表格达到补偿 M 值的目的，总是可以返回一个与没有外部资源干扰出现的情况下相同的 hD 值。

我们先前提到的一般操作方法时刻都在以改进程序为目的而进行着调整。我们搭配了不同的时间和空间顺序，产生了四种主要的实验条件，较重的重量以完全动态的方式在其中展开轮换：(1) 在左边的容器中且先被提起；(2) 在左边的容器中且后被提起；(3) 和 (4) 对应于在右边容器中的情况。为了将这四种主要的条件区分开来，我们将它们分别定义为，较重的重量：

(1) 在左边的容器中先被提起。

(2) 在左边的容器中后被提起。

(3) 在右边的容器中先被提起。

(4) 在右边的容器中后被提起。

我将四种条件依次简写如下：

$$\mathrm{I}>,\ \mathrm{II}>,\ \mathrm{I}<,\ \mathrm{II}<$$

每种条件下对应的正确判断之和变为

$$r_1,\ r_2,\ r_3,\ r_4$$

将从表中的查得的对应 t 值（不能再简单地与 hD 等同）除以 n 值求得的商，分别记为

$$t_1,\ t_2,\ t_3,\ t_4$$

假定所有主要条件中的 n 值均相同。

如果我们将四种主要条件中的 t 值加和然后除以 4，就能很容易发现 M 能够由于完全补偿而抵消。因此我们可以得到

$$hD = \frac{t_1 + t_2 + t_3 + t_4}{4}$$

除以 D 就可以像前面一样得到纯粹的 h 值。只要 D 是恒定的，我们还可以用 hD 或 $4hD$ 本身作为测量结果。

这种对 M 影响的完全补偿法是基于以下理由的。根据第 70 页的讨论，提起重量的时间顺序和容器的空间位置影响轻重表现的判断。我把由于时间顺序导致的影响称为 p，而将空间位置导致的称为 q。如果是相反的时间和空间顺序，那么 p 和 q 就会带有不同的符号。我们希望给既定位置的符号是任意指定的，只要我们是用符号表示相反的位置。例如如果我们在第一种条件下把 p 和 q 取为正值，那么在我们的四种主要条件下，第一次的 M 就有值 $+p$ 和 $+q$，第二次为 $-p$ 和 $+q$，第三次为 $+p$ 和 $-q$，第四次为 $-p$ 和 $-q$。因此以下为 $t=h(D+M)$ 在四种主要

条件下的对应值：

$$t_1 = h(D+p+q)$$
$$t_2 = h(D-p+q)$$
$$t_3 = h(D+p-q)$$
$$t_4 = h(D-p-q)$$

这四个值相加然后除以 4 等于 hD。第一个和第四个等式相加（同样第二个和第三个等式相加）再除以 2 也足以使我们得到 hD。

通过加法和减法，同样的等式适用以计算 hp 和 hq，进而得到 p 和 q 的值。首先：

$$hp = \frac{t_1 - t_2 + t_3 - t_4}{4}$$

$$hq = \frac{t_1 + t_2 - t_3 - t_4}{4}$$

通过用这些 hp 和 hq 的值除以前面计算出来的值

$$hD = \frac{t_1 + t_2 + t_3 + t_4}{4}$$

可以得到 p 和 q 对 D 的比率，将这些比率乘上以克来表示的 D 值时，就可以得到以克为单位的 p 和 q 值。每个 hp 和 hq，以及 hD 值均可以通过任两种主要条件下得到的 t 值来确定，这样不同计算方法所得到的值可以相互进行一致性核对。

依赖于作用的方向，p 和 q 在这个过程中可以取正值也可以取负值，这样它们的方向和大小就能同时得到确定。根据 p 和 q 被引入基本等式的方式，我们必须对它们的符号意义加以说明。

整个问题的最终解决方案以及由其衍生出的次级要点，均通过以下等式对 h、p 和 q 进行确定：

$$h = \frac{t_1 + t_2 + t_3 + t_4}{4D}$$

$$p = \frac{t_1 - t_2 + t_3 - t_4}{t_1 + t_2 + t_3 + t_4} D$$

$$q = \frac{t_1 + t_2 - t_3 - t_4}{t_1 + t_2 + t_3 + t_4} D$$

当然，只要整个过程使用同样的参数值，我们就可以像数学方面的专家那样，频繁且轻而易举地将诸多部分获得的结果进行组合，或者乘以更大的倍数后进行相互比较，例如 hD、hp、hq 或 $4hD$、$4hp$、$4hq$ 等等。

我在所有重量提举实验中对差别感受性的确定都是用这种方法得到

的，后面我会再加以描述（第九和第十二章中）。它完全消除了 p 和 q 的影响，同时使获得这些效应的准确值变为可能。我在此对这个问题进行的只是粗略描述，在上述两章中都采用一种以上的方法进行了解释和证实。大家在《测量方法》一书中可以看到对这个问题的全面且更加有条理的讨论。

未来当需要使用到符号时，我将还是会遵从与第 88 页所提到的符号定义一致的标准，当感觉第一次提起的重量较重时，就将时间顺序对提举的影响 p 记为正值。如果不考虑 D 的作用前提下，第二个容器更重的话，我就将其记为负的。当感觉左手的容器更重，我就称空间因素的效果是正的，当右手上的容器更重的时候，就称空间因素的效果为负。例如，如果我说，p 的影响是＋10 克的话，这就意味着，除去真实情况下两个容器的轻重关系，第一个容器比第二个容器感觉上要重 10 克。第十二章中我们会给出这样的例子。

尽管时间的和空间上的关系保持一致，但是 p 和 q 仍然可能因为内部的因素而导致变化，由于这些客观的条件只能根据人的主观外在表现才能反映出来，出于未知因素的影响，导致这些条件都是富于变化的。

由于内外条件的变化，p 和 q 的结果可能会发生很大的变化。我在各种不同条件下进行的所有实验结果都显示，如果不排除标准重量的轻重、先前手臂疲劳或者单双手操作实验范式对 p 的影响，就会导致 p 朝负值方向发展，表现为正值的绝对值减少或负值的绝对值大小增加，或者会从正值变成负值。结果进一步表明，在其他条件一定的情况下，右手单手操作相比于左手而言，p 和 q 值中正值更多，负值更少。结果最终还表明，这些作用的大小和方向本质上并不依赖于 D 的大小。更多的细节我在这里就不赘述了。

在计算 t 和获得总体的 r/n 之前，也可以通过增加四种主要条件的 r 来补偿 p 和 q 的效应，具体方法是在基本表中查找一个共同的 t 值来代表 hD 值。这种范式有时候是可以满足要求的，但是对于我来说，这是一种不完全补偿，因为通过这种方法，人们不能得到准确的 hD 值（并因此也得不到准确的 h 值），这些值是在不出现上述效应时才能获得的，这一点我即将会说到。

例如我们假设，p 的效应会在第二次提起的重量中更为显著。同样我们还夸大地假设，这个效应是不寻常的，甚至是无穷大的。很明显，给其中一个容器增加有限的 D 对判断没有特别大的影响，第二次被举起的容器总是会更重。那么如果第一次举起有 D 的容器的次数与第二次相同（就像我们的实验中的那样），并且将两种顺序条件下的结果都加到一起，就会如同在一般条件下人们获得正确和错误次数相等的情况一样，这种情况中可以假设其中 p 的影响被消除了，对和错的次数就相等了，就好像是重量的差别感受性是 0。就好比由于这个因素的作用，对 D 的感受性似乎被清除了。另一方面，如果提举的时间序列效应不存在，D 在两种不同的时间条件下应该被感知为相等的。这样根据容器的空间位置，就能确定正确判断占优的水平程度（与重量的大小和感受性状态成比例）。因此我们不能认为，相反时间序列导致的正确判断次数增加，是与完全不存在时间序列影响的情况下相等的。但很显然，越趋近于极限，这个因素的效应就越强。p 的情况同样适用于 q，也同样适用于这两种因素同时存在的情况。另一方面，为了能够分别使用不同的 r 而产生不同条件下的 t，我们设计了一套完全补偿程序，它将会有效地得到与没有 p 和 q 的效应情况下相同的 hD 结果，因为这种效应可以被这种实验操作所消除。

很容易看出，D 的影响肯定也能与 p 和 q 一样得到消除。当 D 非常大的时候，无论是提举的顺序还是左右手条件的影响几乎都不起作用，判断仅仅会受到 D 的位置影响。为了保证空间和时间条件下 D 被觉察的次数相等，就像我们的实验程序中的一样，就要求第一次和第二次提举的位置以及左手和右手使用的次数相等，或者与 D 的增幅相称。

虽然这种关系在理论上很容易表示，但是我必须坦白，我仅仅是通过经验得出这种关系的，因为在实验中即使不通过计算也可获知，由于标准重量的作用，p 的影响有时候会很大，以至于我们提及过的被忽略的 D 就变成了可觉察的。经过计算，差别感受性之间的函数关系发生了改变，因为在计算 t 值之前，我总是会对属于不同空间和时间条件下的正确次数进行加和。

我们很容易看出，如果不允许将这四个主要条件下的情况分开，通过这种包含了反复交替提举容器的过程，只能得出一个不完全补偿的结果。

此外，当人们只关心是“多”、“少”还是“相等”的判断，而不关心如何对差别感受性进行真正的测量时，或者当他需要假设在研究过程中，p 和 q 的效应没有或者几乎没有重要改变时，就可能会免掉一个完全补偿程序。当然在这种情况下，人们不仅会将这四个主要条件组合在一起，还会认为我们不必一开始就将数值直接转换成 t 值，因为对于由特定的 n 个试次构成且 D 为给定值的实验中，相等的 r 值——或者更大或者更小——表示的是一个相等的，或更大或更小的差别感受性。当然，我们必须牢记这个程序仍然是取决于 p 和 q 效应的恒定性的。就像前面已经提及过的，任何大量规则且恒定的干扰作用，都与大量的不规则随机波动一样，有着同样的结果，也就是它减少了正确的反应次数(r)。因此，当恒定效应更大时，并且由此增大只在完全补偿条件下才会消失的错误结果概率的情况下，假如存在相同的，甚至是更大的差别感受性，四种主要条件组合得到的 r 值就会被证实是变小了。由于内部因素影响所导致的巨大变异性，即使是仔细控制了外部条件的可比性，我们永远都不能完全肯定以下事实，即用于比较的结果的确是在具有可比性的条件下获得的。完全补偿（也就是将这四种主要条件分离，之后分别转换为 t 值）虽然会更麻烦，但是能够保证更高的可信度，而对 r 单纯的比较仅能用于粗略的估计和初步的测量。

没有对相同次数的观察和四种主要条件的规则轮换进行系统的使用，就不能对 p 和 q 的恒定效应进行准确的消除与确定，这样的使用可以预知附加重量位置的规律性变化，并且形成稳定的认识。这种认知必然会影响到在第 73 页中谈到的第一种程序方式的判断，其中曾提及用于计算 r 的每次判断，都仅仅是在来回反复地提起容器之后才做出的。上述影响在第二种方式中不存在，因为其中每一组被提起的重量都会影响 r，但大家知道结果也会受随机因素和容器时空因素的影响。因此对 D 位置的认识不能用于推测某一组特定重量的判断结果，人们必须通过客观证据对感觉进行判断。通过我的实验结果表格可以证实这种观点。单手判断的结果看似不规律分布，但从整体上而言，它由 p 和 q 的效应决定的频率，和由 D 的位置决定的频率是相同的（有时候前者甚至大于后者）。事实上在许多的实验系列中，在某些主要条件下，尽管可能会提前预知 D 的位置，但仍会出现错误的次数远远大于正确的情况。

相应地，我们在使用第二种方式时不需要助手协助，虽然他在第一种程序方式中是不可或缺的，因为他必须在观察者不知情的情况下改变附加重量的位置。事实上，他不允许在第二种方式中出现，因为在这个步骤中，对附加重量位置进行稳定的个人性质的检视，以及在重量提举过程中不被打扰地保持同等的注意状态，这两个条件缺一不可。

我按照第一种方式进行了长达数月的实验，在转换到第二种方式之前，我很谨慎地让自己尽量忽略附加重量的位置，或者忽略任何有关其位置的信息，现在我已经可以很好地比较这两种方式了。当然，如果针对这种程序方式中必须出现的与附加重量位置有关的信息，我没有充分的信心保证它没有风险的话，我是不会停在第二种方式而不再进行其他尝试的。

如果有任何人根据这种方式去进行实验，而发觉这些解释不足以排除对我实验推理的质疑，那我必须请他们去参考《测量方法》一书了，那其中关于这个实验方法性质和方法本身进行了详尽的说明，同样还给出了实验的结果，它们可以有效地反击这些质疑。在任何情况下，只要有人按照上述程序方式进行了仔细的个别研究，我都允许他们存有反对意见。

出于计算的目的，我不仅是有规律地将实验分为四种主要条件，而且值得一提的是，我还根据时间段和其他条件进行了分组。通过这种方法，每个单独的 t 值都是基于 64 次简单的重量提举实验试次而获得的，再将它们组合之后加和或平均，而不是从总体的 n 个实验试次中推导出每个主要条件的 t 值。这样操作的原因我已经提及多次了，并且也在《测量方法》中有详细的讨论。

当然，这样计算会相当不方便，特别是实验系列较长的时候。然而，它却能减少由恒定效应引发的有害变异。

人们还应该考虑到这样的情况，即从部分结果中推得的 hD 值，多多少少会比从总体中计算得来的 hD 值要大——当各部分的规模越小时，两者之间的差异就会越大。我可以针对这一点给出理论上的解释，但现在我想先忽略这一点。为了保证这些数据的可比性，就要求必须从拥有相同数量 n 的各部分实验进程中获得推论，而且被使用的 n 也应该被提及。在我自己的实验研究结果中，关于简单提举的次数 n 一直是 64，除非有其他特定说明，该结果之后将会提及。

关于 D 的大小（应该选择合适的 D 的大小，不应太大或太小）、对结果意义的检验和一些其他小的要点，我也提供了一些实践方面的建议，这些会留到《测量方法》中再讨论。

平均差误法在视觉广度和触觉中的应用

关于实验方面，我们注意到在视觉距离的判断中，为了避免由圆规两脚分开的角度带来的其他作用，最好使用平行线索、平行点或者间距较大的两点来标志所要估计的距离，而避免使用间距较近的两点，除非事先设定了这样的实验目标。

在触觉实验中，我用手柄将两根英式缝纫针[①]固定在一起，制作成圆规来进行实验。实验过程中，我握着圆规的手柄[②]。规脚的末端只是稍有些钝或者根本不钝，这是为了能在尺子的刻度上准确地进行读数。只能轻轻地用规脚末端刺激皮肤，避免过于强烈的刺激。触觉的大部分实验都是由我在自己身上完成的，但是出于比较的考虑，我也请了一名助手来协助实验。在这种情况下，发现常误变小但可变误差大大增加了，这是因为由他人操纵另一支圆规，就会导致缺乏一个统一的使用标准，这就使得随机因素的作用增加了。我马上会说到如何消除这些误差。

在估计视觉或者触觉广度中，使用到所谓的标准距离，指的是在实验过程中保持不变的固定长度值。可变距离是被试估计出的与标准距离相等的广度，一般来说多少存在着误差。每段可变距离与标准距离之间的差异，我称之为原始误差，用 δ 表示以区分于纯误差 Δ。

正如在第 70 页所讲到的，由很多观察得到的广度平均差误，一般会与标准距离有非常大的偏离，正的原始误差之和与负的原始误差之和的绝对值不相等。其中一者会比另一者的数值大很多。为了恰当地应对这种情况，我将平均差误对标准距离的偏离视为常误，并将单个判断相对于平均数的偏离视为纯粹的可变误差。我将这两种误差当作是原始误差的一个替代品。因为每个原始误差从代数学意义上而言，都是由一个常误和一个纯粹的可变误差构成的，所以我称它们都是原始误差的成分。常误用 c 表示，纯粹的可变误差用 Δ 表示，所以一个给定的实验系列或实验部分的纯粹误差总和用 $\sum\Delta$ 表示。只有纯粹误差可以用于测量差别感受性，并且只有根据它而非原始误差才能得到用于测量的平均差误。常误依赖于被比较刺激的时间和空间位置的恒定效应，也依赖于主观条件影响判断的形式。

在《测量方法》里我会讨论到，将原始误差拆分为各种成分是必要

① 即我们现在通用的缝纫针。——译者注

② 通过我自己所做过的一些比较，使用无手柄的圆规时，实验过程中必须握着它的两腿，这样会造成更大的恒定和可变误差。

的，这既出于数学上也出于理论上的原因。在原始误差和它的组成部分之间同样存在数学上的关系，对这一点的认识在我们使用这一方法时是很有用的。这个问题同样也会在《测量方法》里讨论到，在这里我仅限于讨论这种方法中最关键的细节部分。

目前的重点问题在于要认识到可变误差和常误之间的基本独立性，就像实验中显示的那样。当被用来比较的距离改变了相对位置或者序列发生了改变，常误也因此发生了改变，那么两种情况下的原始误差之和间可能常常会存在着很大的差异，而实际上纯粹误差之和却是相同的。有一个例外就是这些结果都伴随着不同且不规则的平均随机波动效应，但是在我们的实验中这种情况不多见。因此在测量常误时，似乎并不需要仅仅为了测量可变误差，就去通过改变刺激位置和序列重复进行这些距离的比较，尽管这种做法也是不允许的。在合适的方法的前提下，通过组合在不同的位置和序列条件下获得的数值，我们就能根据它们的来源分离出不同的成分，就如我在《测量方法》中详细描述的那样，并且这对于专家而言也是非常浅显的。这种处理从本质上而言，与在正误法中分别测量 p 和 q 效应的思路是一致的。

在视觉广度的判断中，必须要区分左右或者上下的情况（取决于这些距离是水平的还是垂直的），以及标准距离与可变距离间的位置关系。在触觉的实验中，用右手握住作为标准刺激的圆规，而用左手握住作为可变刺激的圆规，也可以反过来；抑或假若一个人在实验中是双手重叠操作的，那他必须用同一只手握住两支圆规，其中一支圆规位于手的上半部分，另一支位于手的下半部分，也可以反过来。另外，我也已经完成以时间为变量的触觉实验，具体是指标准刺激和可变刺激哪个先呈现。

当从纯粹的可变误差中获得平均误差之后，就要面临两种形式平均误差的选择问题了。其中一种，我就将它命名为“平均误差”（或者，为了做出区分，将它命名为“简单平均误差”），记为 ε，由纯误差的简单平均得来，公式为：

$$\varepsilon = \frac{\sum \Delta}{m}$$

其中 m 表示纯误差总和中的误差数量。另一个，是天文学家所称的“平均误差”，但是在这里，我们要称之为“二次平均误差”[1]，用 ε_q 表

[1] 这种误差现在被称为标准差，但在这里仍然沿用费希纳的叫法。——译者注

示。它的计算是先将每个单误差平方，然后将这些平方的总和 $\sum\Delta^2$ 除以 m，再将所得到的商开方，公式为：

$$\varepsilon_q=\sqrt{\frac{\sum\Delta^2}{m}}$$

总之，它是误差均方的开方。如果误差的数量够大的话，根据或然律，这两种平均误差的比值是一个常数，可以形成以下公式：

$$\frac{\varepsilon_q}{\varepsilon}=\sqrt{\frac{\pi}{2}}=1.2533\cdots$$

其中 π 是鲁道夫常数，所以这个二次平均误差大概是简单误差的 5/4。这一点我对自己很有信心，因为我进行了大量的系列实验，结果与我的这个公式非常一致，通过足够多次的测量，发现只有在小概率情况下结果会偏离正常情况。相关证据在《测量方法》中给出了。大家也可以在第九章中看到一项证据，是关于视距判断的。从那项结果来看，似乎我们使用的是 ε_q 还是 ε 并不重要。然而，有一个事实可能会影响到我们的选择，即 ε 在计算过程中的精确性相对而言是更差的，而基于同等数量的观察，计算出的 ε_q 相对而言更保险，因此（根据或然律）如果要得到同等显著性的话，ε 的计算需要 114 个观察数据，而 ε_q 只需要 100 个。我仍然相信，由于我们的实验一直都是建立在大量的观察数据基础之上的，所以这种实践性的因素对于 ε 是非常有利的，这在《测量方法》中将会完整地讨论到。实验数量的优势抵消了 ε_q 在显著性方面那一点点（m 很大时就可以忽略）优势。在任何情况下，这种选择都是开放性的。无论什么时候，需要处理由给定次数观察获得的结果时，直接使用测量中获得的纯粹误差之和 $\sum\Delta$，与使用 ε 一样合理，而且还不需要进行除以 m 这样的运算。

我们应该对这样一个事实给予特别的注意，即纯粹的差值总和与纯粹的平均误差（无论是 ε 还是 ε_q）一样，都会在大小上有轻微的变动，这依赖于由计算出来的偏差是基于偏差总和的平均数得到的，还是将实验结果分为几个部分，分别计算每个部分的平均误差，再分别计算纯粹误差，最后将结果加和或平均而得到的。这个流程与第 92 页中讨论过的正误法相类似，都是基于相同的推理。总的来说其他条件保持相同的前提下，偏差与平均差误的总和是更大的，而分到各个部分就变小了。例如，将 100 个原始偏差作为一个整体时所计算而得的纯粹偏差之和，比将这 100 个原始偏差分为两部分，每部分均包含 50 个原始偏差，再分别计算这两部分的偏差之和，之后再相加所得的结果更大。同理，分为两个各包含 50 个原始偏差得到的和，要大于将其分为 4 个各包含 25 个原始偏差得到的和更大，依此类推。然而，这种差别是很小的，除非把这些数据分为非常非常小的部分。

对于为什么会有这种差别，有两个原因。第一，是因为观察的数量少，偏差的平均值——以及据其计算出的校正误差——就会偏离其真实值，而真实数值指的是在相同的条件下，可由无限多次观察而获得的数值。概率论的手法和经验可以证明，误差的均方以及简单平均误差一般情况下（并且总是呈正态分布）都太小。另一个原因是因为常误的变异性，我们永远都不能忽视它在较长系列实验中的作用，否则就会导致当观察的结果与这种变异性累加在一起，并且由此计算得出平均误差和校正误差时，偏差总和会受到一定干扰的影响而且这种影响还将变大。

可以对第一种导致差别的原因进行校正，这种校正只需要有限的 m 就可以完成。通过它，偏差的总和与平均误差就会得到妥善处理，就像是从有限数量的观察中得到真正的平均误差，并且可以用于计算校正误差。这种校正长期被应用于物理和天文学研究之中，作用是获得用以确定观察精确性的二次平均误差。它用公式

$$\sqrt{\frac{\sum\Delta^2}{m-1}}$$

来表示 ε_q，而非

$$\sqrt{\frac{\sum\Delta^2}{m}}$$

有人可能会立刻认识到这种校正并不具有多大的重要性，并且当 m 很大时，其中的差异基本可以忽略不计。对简单平均误差进行相应校正的方法至今还没有开发出来，因为没有实用价值。我发现通过类比推理可以发现校正误差均方中的潜在偏差，具体是将

$$\varepsilon=\frac{\sum\Delta}{m}$$

乘以

$$\frac{\pi m}{\pi m-1}$$

π 是鲁道夫常数。对方程进行稍作简化但仍然足够精确的处理[①]，可以采用

① 即对 π 进行了取整的处理。——译者注

$$\frac{3m+1}{3m}$$

这种表达与下面的公式得到的数值相近，但比下面这种表达方式要更好一点，即

$$\frac{3m}{3m-1}$$

大家只要执行这些计算就能看出其中的原因。[①]

有一位数学方面的专家已经帮我检查过这种校正的偏差，这将在《测量方法》里讲到。当暂时只需要计算总和，而不计算平均误差 ε 时，有一个相同的因子将会被用以修正有限 m 个试次的偏差总和。如果一个系列实验被分为几个部分进行（也就是说，假如校正误差是从特定几个部分的平均误差中获得的），那这种对有限的 m 的校正应该在各个部分内单独进行，而不是将 m 中的所有子集全部合起来进行。第九章第五部分会给出具体的例子。

如果只关注对类似关系的测定，那么在进行不同数量的观察时，可以采用统一 m 数量或者将总体均分为数个 m 的方式，我们就永远只需要对有限的 m 进行测定即可。在这种情况下，由有限的 m 造成平均误差或偏差总和的减小，对于所有操作的影响程度是相同的。

对于第二个原因没有校正的可能，但是可以通过将整体分为足够多个部分来避免这种误差。考虑到针对第一种原因，可以通过校正或者始终保持相同 m 的方法来消除它的不良影响，所以一般情况下，我没有选择将较长的实验系列视为一个整体进行处理的方式，而是采用部分处理的方式来消除第二种原因导致的不良误差影响。在我关于触觉的实验中，我总是将实验进程按照 m 为 10 进行划分（即 m 和 $\sum\Delta$ 的校正因子为 31/30），即每段中包含 10 次观察，在皮肤上不存在其他刺激干扰的前提下，实验可以一段紧接着一段地进行。（有些部分，尤其是前额，不能忍受在同一个部位上一个接一个地进行如此多的实验。）

在任何情况下展示这种实验程序时，都有必要按照正误法中的要求一样，报告整个实验是否被分成了几个部分以及采用的 m 是多少。从

---

① 甚至连校正系数

$$\frac{\pi m}{\pi m-1}$$

也仅仅是一个整数的近似值，因为它不能以一种有限的形式表达，但这种取整所产生的偏差是很小的。

这一点上说，我会根据正误法中选用 n 和 ν 的方法，一样地在平均差误法中选用 m 和 μ。换句话说，当这些实验进程被分为几个部分的时候，m 代表单独一段进程中包含的观察数量，μ 代表进程的段数，所以 μm 就表示总的观察数量。将每一个特定的观察值加和将获得最终的结果，而这些观察值会构成 μ 个单独的结果。

如果偏差总和产生非常小的平均误差，就有必要考虑两种其他校正的方法，我将这两种校正方法称为区间大小的校正和等级估算的校正。第一种校正涉及一个事实，即记录误差总是被给定的有限区间分隔，该区间随着用以测量误差标尺的刻度大小而变化，这些刻度估计会精确到小数，这就使得无限的中介误差可以浓缩为刻度上毗邻的点。这个事实会影响到平均误差。第二种校正涉及这样的一个事实，即用标尺来测量误差过程的方法，本身就是不精确的。第一种校正需要考虑误差理论中的纯粹的数学原则，是先验的。第二种校正中，则需要针对标尺上的特定单元的刻度，对所估计误差的表现形式进行实验观察。福尔克曼在《萨克森学会报告》（*Berichte der sächs. Soc.*，1858，p. 173）中报告过关于这个因素的一项有趣的调查。在这里我将会避开关于这些校正的讨论，因为几乎没有人关注它们。

为了根据观察数量确定平均误差和偏差总和的显著性，需要一些公式和准则，它们比校正本身更为重要，通过这些准则，分别得到的观察结果可以组合在一起，形成最准确的全面性结果。这方面所需的任何基础信息都可以从概率论中获得，并以可用的形式付诸实践。充分的解释需要一个初步的讨论，而这就离题太远了。

在任何情况下若要对平均差误法提出深刻的见解，都需要对数学误差理论中的主要观点有一定的了解，误差理论是概率论的一个分支。关于这方面，我相信我已在《测量方法》一书中针对其中的要点进行了阐释，而且我叙述的方式能够让不了解这一理论的人也能够理解。我在这里就不再多说了。

三种方法间的数学关系

也许有人会问这三种测量方法两两之间的关系是什么样的。让我们假设一个既定感觉领域的最小可觉差，平均误差和比例 r/n（因此 $t=hD$）已经测定，并且差别感受性也保持不变。于是问题出现了：它们互相之间是如何联系的呢？这必须要基于以下的原因才能作答。

严格来说，最小可觉差就是应用于正误法中时，为了达到没有错误反应的前提，所得到的不能再减小的距离差异，因为实际上这种差异是刚刚可以注意到的，意味着差异是存在的，并因此排除任何错误反应的情况，而且它是刚刚可以注意到的，也就是说如果差异再小一点的话，就不能被感觉到。然而事实上，如果有人想防止在对一个给定差异进行反应时出现错误，就必须使得这个差异足够大以至于随机因素不会使其降低至下阈限。如果实验中具有压倒性的正确判断数量，在同时兼顾相关随机因素的平均大小和主观估计的情况下，我们会允许各种差异的大小和错误数量的存在，并且仍然认为这个差异是最小可觉差。

另一方面，如果不允许错误情况或只允许偶尔的错误情况存在的话，平均误差必须要比最小可觉差小。对于平均差误法，如果差异（例如，两支圆规脚间距的差异）仍然可以被觉察到的话，那就需要不断地改变这个距离直到它不再被觉察。总体来说，从零开始，所有比最小可觉差小的误差，都是平均差误法测量关注的内容。鉴于这些原因，最小可觉差和平均误差之间的关系不大。

然而，正误法和平均差误法之间存在这样一种数学关系，即二者主要由概率积分联系在一起。当通过简单或二次平均误差的大小来弥补正误法中的差异 D 时，我们可以利用上述关系，推测出其他类似环境下的正确和错误判断比值。正如我在《测量方法》中所说的，如果使用简单平均误差作为重量差异（重量提举实验中的附加重量）的话，那么比率 r/n 约为 2/3，或者更确切地说是 0.655 032。

这种理论上的关系仍然需要实验上的证明，测试过程中可能存在着一些困难，例如在两种情况下，测试环境必须具有可比性，这样才能使随机因素在两种情况下的作用相同。

绝对感受性的测量方法

这些方法几乎完全没有试用于有关集中感受的研究中。除了沙夫豪特（Schafhäutl）对最小可听绝对响度的测定、韦伯和卡姆勒（Kammler）对最小可觉压的测定（将会在第十一章详细阐述），我不知道还有哪些例子。在视觉领域，对绝对感受性的测定甚至是不可能的，因为我们不能忽略光感的内部来源，这一点我将在第九章探讨。

另一方面，测量绝对感受性的方法又在广延感受领域得到大量应用。目前有很多人正在针对视网膜或皮肤这两个区域，从事着最小可觉大小或最小可觉距离的测定。对于后一个区域而言，最著名的研究是韦伯从心理物理学角度对皮肤最小可觉距离的测量，这项工作是具有前沿性的。这种方法的操作类似测量差别感受性时所用的最小可觉差法，后来很多测量绝对感受性的实验操作都只是借用这一称呼。进行这项测量的另外两种方法，也同样能在绝对感受性测量领域找到类似的对应。

福尔克曼基于简易的观察得到结论，认为构成最小可觉距离的圆规两脚间距并不是绝对固定的，而是在一定的范围内波动。在连续实验中，同样的两点间距设定，有时候能被感觉是分离的，但是有的时候却不能被感觉到分离，只要不超过上限——超过上限就一直能感觉到分离，或者不超过下限——比下限低就总不能感觉到分离。然而，我们不能对这些范围进行绝对精确的测定，但是这个事实，就如我们经验所得的那样，并不能阻止我们在不同的实验中寻找具有可比性的距离。我们可以根据上述方法，再结合下述两种值中的一种来测定常模值，其中一种值是通过设定不同的圆规两脚间距去接触皮肤来找到的近上限值，另一种是通过测定在上下限之间的距离来求得的最小可觉距离平均值，获得的常模值可作为我们测量的基础。如果不是这样的话，韦伯的实验和结果也无法被其他人所证实。可以基于这些观察结果对韦伯的方法进行修正，这个方法类似于正误法，而福尔克曼也确实这样做了。它包括以下两个部分：（1）在上述的上下限之间选定一个两脚间距值，重复使用这个数值进行实验，注意每次使用情况下的结果，并且记录注意到两脚间距存在的次数和没有注意到的次数；（2）在上述区间内选定数个两脚间距值，重复这个操作。在这个例子中，对于给定的两脚间距来说，如果皮肤上的某个特定部分的广延感受性越高，正确判断（即被试可以感知到两脚之间存在着距离）发生的次数就越多，而在保持同样的正确判断次数的前提下，广延感受性越高，圆规两脚间的距离也就越小。任何一个给定正确判断与总判断次数的比值，都可以作为感受性比较的基础，在皮肤的不同部位，通过调整合适的两脚间距来实现这个比值。然而福尔克曼倾向于认为，最好在那些距离被注意到和没有被注意到的比例相同的皮肤位置上，应用这个比值进行研究。由于我们不能对合适的圆规两脚间距进行绝对精确的测量，所以必须通过插值法使我们记录的数值尽量与实验中所使用的间距相对应，才能保证足够的精确度。福尔克曼的实验中应用到了这种方法，证明了触觉感受性中练习效应的作用，具体内容参见《萨克森学会报告》（1858，pp. 47 ff.）。其间有趣的实验结果很好地证明了这种方法的效用。

韦伯方法的另外一种变式，即我称之为等效法的方法，已被我与平均差误法联系在一起，应用于触觉领域并且得到发展，两者是类似的。与此同时，韦伯甚至在更早时，就曾使用过相同的方法研究过皮肤不同部位对压力的差别感受性。①

正如应用于触觉的这种方法，它的关键是在皮肤不同的两个位置 A 和 B 上，交替使用两支圆规 A 和 B，采用一支圆规对应一个位置的形式，比较它们的广延感受性。对于放置在 A 位置的圆规 A，保持其两脚间距为 A，调整放置在 B 位置的圆规 B 的两脚间距 B，直到其带来的感觉与 A 一致为止。当然实际上，可能会因皮肤上的不同部位感受性的程度不同，而导致实验结果有很大的出入。使用这种方法，可以确定在皮肤的不同部位上，能够产生同样触觉时的两脚间距。它们的倒数可以视为广延感受性的一个量度，但要有大量的实验次数作基础。

至此，有人可能会很轻易地就满足了，认为这个方法灵敏、准确，因为它会得到一致的结果，并且非常可靠，只要皮肤上的各个点能够保持大致相同的感受性程度。它们的一致性可以由不同部位的比较结果得以展示，而可靠性则可以很容易地通过计算结果平均数的概率误差得以证明。然而，如果结果的比值改变了，那这个方法可以对这些改变进行具体的检验。我对实验的同一个部分进行了持续数月的重复，当每天仅只进行少数的实验试次时，我确实看到比值能够保持不变。然而可以确定的是，如果每天经常性地进行大量的实验试次，就会产生严重的练习效应，我观察到这些原本相等的结果逐渐发生改变，总的来说，那些不太敏感部位的结果逐渐向敏感部位的结果靠近，练习更明显地惠及前者而不是后者。

这种方法优于前两个的另一个优点在于，它没有将对皮肤感受性的比较仅仅局限于最小可觉距离，而是可以在任意给定距离条件下进行比较。另一方面，也有一个劣势，它只能得到绝对感受性的相对性数据，而在一个最小可觉情况下获得的数值（或者是可觉的情况和不可觉的情况出现的比例相等时，对应的感受性值）会导致一个差距，这个差距值是以一种绝对的方式来定义皮肤某一给定区域的绝对感受性值。因此，

① *Progr. coll.*, p. 97.

必须允许这些方法中的每一种都能以自己独特的方式起作用。

很容易看到，在等效法中使用的程序从本质上来说和平均差误法中使用的是相同的，仅仅是对圆规两脚间距的调整方式不同，但是有人发现对于皮肤上的测试点而言，用于比较的不是点之间的距离差异而是距离大小的比值。然而，我们也必须考虑被比较的距离比值——标准距离与可变距离的比例——采用的是平均差误法，我们还必须考虑等效法中每个两脚间距 B 与平均两脚间距 B 之间的差值，就如校正误差 Δ 中的做法一样。根据这些想法，那么等效法本质上只是平均差误法的一般化形式，反过来，平均差误法是等效法的一种特殊情况，在所有可能的位置，人们都可用 B 与 A 相比较，选择 A 并将其当作标准距离，将 B 当作可变距离。类似于平均差误法中常误和校正可变误差的关系效应，在平均差误法中也被再次发现，只是以一种更一般化的方式。与平均差误法中一样，等效法也需要注意与前一种方法相关的各种注意和预防措施。

每一种比较的反向关系是特别重要的。例如，当已经建立了从 B（嘴唇）到 A（下巴）的等价关系，那也必须通过相等的实验次数测定从 B（下巴）到 A（嘴唇）的互补等价关系。每个结果应该分开记录然后计算平均数，避免常误导致的单侧化效应。我的《测量方法》一书中将会给出充分的证据和解释来说明为何这种预防措施如此重要。这种情况下的常误大小也可以通过简单的计算得出。

第三篇

基本定律与事实

第九章
韦伯定律

我在第七章中描述的以韦伯命名的定律，总体上看可谓是心理测量的基础之一，接下来我将详细地——在已有研究结果的基础之上——讨论该定律的宗旨、基础和局限。

该定律有多种不同的表述方式，但它们的基本内涵是一致的。依照情况的不同，其中总会有一种表述方式可能更具参考价值和实用性。

第一种表述方式是：如果两个刺激（或是从某一个刺激上增加或减少一定量之后与原刺激相比）的大小比例（或是增加或减少的刺激量相对于原刺激大小的比例）一定，那么无论这两个刺激的绝对大小是多大，它们之间的差异会被感受为是相同的，或者是产生了同样的差异或增量的感受。举例来说，对一个 100 单位大小的刺激增加 1 单位的刺激量，对一个 200 单位大小的刺激增加 2 单位的刺激量，对一个 300 单位大小的刺激增加 3 单位的刺激量，依此类推，这些情况下造成的差异感受是一样的。

第二种表述方式和第一种意义相同但更简练：只要相对刺激差异或相对刺激增量保持不变，那么其造成的感受差异或增量也相同；如果刺激的比率保持不变，那么它们引起的感受差异或增量也相同。有人可能会想到，在之前第 41 页我曾说过，刺激的相对差异或相对增量一定的话，刺激的比率也就自动确定了，反之亦然。根据这点，就可以使用后一种对定律的表述方式来代替前一种。

最后，结合第六章里的差别感受性的抽象定义，我们可以这样表述韦伯定律：简单差别感受性与差别成分的大小成反比；相对差别感受性则与差别成分的大小无关。

可以从集中感受和广延感受两方面来验证韦伯定律。关于前者，可以从强度和音高（代表声音品质中量的方面）的角度来验证，但不能理所当然地认为在某个特定领域内验证了定律，就能推广到另一个领域内。而是必须在每个领域内各自采取特定的研究方法来验证。

为了确认从广延感受的角度能够验证韦伯定律，首先要根据定律中的公式，将眼可视、手可触的刺激和刺激差异，替换为感觉大小和差异的程度。如果能够发现一些现象，例如，两根线段的长度刚刚能被发现不同，或者更笼统地说感觉上去几乎一样长时，如果将它们的长度各增长一倍，那么根据韦伯定律，差异的感受应当是不变的。

在研究声音的音高时，振动的频率代表了刺激的大小。

如果韦伯定律是正确的，那么其推论也应该是正确的。因此，通过实验验证定律的推论，也可视为对定律证明的一部分。我不会抽象地讨论这个问题，而是会通过不同领域内的具体案例来进行验证，并且重点会使用来自视觉感受方面的例子。

我已经提到过，就历史而言，虽然韦伯并不是将这个定律公式化并验证的第一人，但他却无疑是给予了该定律一定的普遍性，确认了该定律，并且证明了该定律值得引起普遍关注的第一人。他的理论基于对重量、长度和音高最小可觉差的实验研究，可能大家会注意到，这些研究恰恰对应了人类感受的三种主要元素：强度、区间和品质。因为这三者涵盖了我们所能考虑到的所有方面，所以我们完全有理由使用韦伯之名来命名该定律。虽然对于这一研究只是出于一时的兴趣，韦伯本人没有对该定律进行十分深入的研究，但他的工作毫无疑问给后来的实验者们指明了攻关的方向。因此在更深入地讨论韦伯定律之前，我将逐字引用他的陈述。只有在说明韦伯定律形成了心理测量的基础后，当前的研究才显得很有必要。这一基础必须加强和扩大，使其可以支持更多更复杂的观察。由于这一定律对于我们目前的相关工作具有重要的基础性意义，因此我将在我所知的范围内，尽可能多地陈述与该定律有关的过去和当代、他人或我本人的研究发现，这将关乎该定律的确认和限制问题。

在经过初步的调查之后，我必须承认我们还没有完全证明韦伯定律，更不用说对它进行彻底的证实。这个领域内大多数的研究工作都是关于集中视觉感受、声音响度和音高感受、重量感受和视觉距离判断的。显然这个定律在任何情况下多多少少都广泛存在着限制。在温度感受方面韦伯定律的适用性仍然存在疑问。在广延触觉感受范围内，许多实验结果并不支持韦伯定律的有效性。而在其他感觉的研究领域内，尚未有相关的实验报告。

韦伯本人的工作

韦伯在他的一篇关于触觉和一般敏感性的论文里，笼统地提到了与韦伯定律相关的事实，具体内容在第559页，题为《关于我们的触觉可以分辨出的最小重量差异、视觉可以分辨出的线段的最小长度差异以及耳朵可以分辨出的最小音调差异》。随后，在介绍了一些特殊的测定过程之后，他继续写道：

> 我已经说过，同样的结果在重量判断实验中也能被复制，无论增加的重量是一盎司还是半盎司，这都并不重要。重要的只是增加的重量与要比较的重量的比例是1/30还是1/50。同样的情况也出现在两条线段长度的比较和两个音调音高的比较中。[①] 在比较线段长度时，如果要比较的两根线段是先后而不是同时呈现，只要在前一种情况下两条线段的长度差是后一种情况的两倍，那么要比较线段的绝对长度是1英寸还是2英寸并不重要。因为实际上如果当两根线段之间距离很近并且相互平行时，仅仅对照线段的末端，比较某根线段超出另一根的部分，就可以确定两根线段的长度关系。在这种情况下最重要的因素就是超出部分的绝对长度以及两根线段之间间隔的距离。在比较音调高低时也是这样的，因为我们很难分辨在音调系列中最后几个音的细微差异，所以只要比较的两个音调不排在最后，那么音调的绝对高低是高七度还是低七度并不重要。两个音调之间相差的振动频率也不重要，只有要比较的音调振动频率的比值才最重要……
>
> 判断的关键是对总量比率的感知，而不用对小规模的数量进行测量，也无需关于绝对差异的认识，这是一种很有趣的心理现象。在聆听音乐时，我们知觉的是音调的比率，而不用知道振动的频率；在欣赏建筑时，我们感受的是空间的比例，而不用去测量具体的长度是多少英寸；同样我们在重量大小的比较过程中，也是这样来判断感受性的大小的。

---

① Delezenne in *Recueil des travaux de la soc. des sc. de Lille* 1827 im Ausz. in *Bull. des sc. nat.*, Ⅺ, p. 275, und in *Fechner's Repertor. der Experimentalphysik*, Leipzig, 1832, vol. Ⅰ, p. 341.

考虑到韦伯是基于经验得出了他的定律，所以我们只能对各种音调以及线段之间的关系进行大概的描述。但是我们可以从韦伯仔细的观察中，得知他绝对是一个可靠的实验者。关于重量的关系，我们可以从韦伯《收集的程序》（pp. 81，86 ff.）中了解他的实验。

韦伯区分出了两种实验模式。第一种实验模式仅仅是将双手平放在桌面上，然后将一轻一重两个物体分别置于手中，观察压力下触觉的表现；第二种实验模式不仅可以凭压力做判断，同时也可以用手托起重物，凭借肌肉觉来感受重量的大小。其中，我们设计了两种物体重量条件，分别是 32 盎司以及 32 打兰作为较重物体的重量，无论是哪种重量条件，在两种实验模式中，最小可觉差与较轻重量的数值关系实际上都是一样的。在第一种实验模式下，四名被试对两种重量条件的平均最小可觉差是 10.1（盎司或打兰），在第二种实验模式下的平均最小可觉差是 3.0（盎司或打兰）。

更多细节可以参考以下韦伯本人对实验的描述（*Progr. coll.*，p. 86）：

> 几个人将双手放置在桌面上，之后我各放一张纸在他们的两只手上，纸上面各放置 2 磅重的物体。之后，我在他们不知情的情况下减轻了其中一只手上的重量，然后交换了双手上的物体，即将较轻的那个物体从一只手换到了另一只手。我会不断地移除手上的物体并且更换它们的位置，这样就能使被试无法猜测哪只手上放过更重的物体，而只能通过触觉来进行判断。如果在重复测试和频繁更替物体位置的过程中，被试能够正确地区别出哪只手上的物体重哪只手上的物体轻，我就会做一次记录。
>
> 之后我在同样的一批人身上进行了相同的实验，和上面的实验不同的是，这次他们可以用手托起物体并感受其重量。之后，我会不断地从小到大调整两个物体之间的重量差异，直到被试从犹豫不决两个物体孰轻孰重到能够完全进行确定的判断时，我就做一次记录，然后计算重量的差异，最后我比较了各次结果的数字。

在介绍完了几个实验系列的结果之后，韦伯还提到了定律之外的数据关系，他继续写道（p. 91）：

> 我们不能忽略其他的一些实验，它们证明了当通过触觉和肌肉觉来进行判断时，即使双手上的物体很轻，计算出的差异比率，也

能跟 2 磅或 32 盎司的重量分别放置在双手上时的差异比率一样。一开始我分别在被试的双手上分别放置 32 盎司的物体，后来将物体重量变更为 32 打兰（即先前重量的 1/8）[①]。虽然我估计被试在前一种情况下的感受性可能是后一种情况的八倍，但是实验的结果却证明，32 打兰的情况下准确判断出轻重时，差异重量相对于原重量的比值，和 32 盎司的情况下的比值是相同的。

我将列出四项实验来证明这一点。我先将四人编号，让他们将手平放在桌上，感受并比较了两个给定重量物体，其中一个正好是 32 盎司而另一个比 32 盎司重，这项练习之后他们双手上均放置 32 盎司的物体，我开始一点一点地减少其中一只手上的重量，直到他们能够感觉出双手上重量的不同。当此时的重量差异被记录之后，我采取同样的方式再次进行了实验，不过这次他们可以抬托举起物体，这样就能够同时估计出触觉和一般肌肉觉的作用。任务完成后，我记录下他们能够觉察出差异时的物体重量。

然后我放弃了较重的物体，而采用较轻的 32 打兰为标准重量，通过同样的方式再次进行了上述实验，不过这次并没有让他们进行差异重量感受练习，因为我发现他们很容易察觉出差异，同样地只要他们一察觉到差异，我就将实验结果记录下来。

如果你比较我们在较大和较小重量条件下获得的结果，你会发现差异重量和原本重量间的关系几乎是一样的。

实验中每名被试的编号	放置在手中重量的最小知觉差异（单位：盎司或打兰）		
1. 触觉	32 盎司	17 盎司	差异 15 盎司
触觉和一般感觉	32 盎司	30.5 盎司	差异 1.5 盎司
触觉	32 打兰	24 盎司	差异 8 打兰
触觉和一般感觉	32 打兰	30 盎司	差异 2 打兰
2. 触觉	32 盎司	22 盎司	差异 10 盎司
触觉和一般感觉	32 盎司	30.5 盎司	差异 1.5 盎司
触觉	32 打兰	22 打兰	差异 10 打兰
触觉和一般感觉	32 打兰	30 打兰	差异 2 打兰
3. 触觉	32 盎司	20 盎司	差异 12 盎司
触觉和一般感觉	32 盎司	26 盎司	差异 6 盎司
触觉和一般感觉	32 打兰	26 打兰	差异 6 打兰

① 现制中的打兰为盎司的 1/16，此处可能是新旧制重量单位的差异。——译者注

续前表

实验中每名被试的编号	放置在手中重量的最小知觉差异（单位：盎司或打兰）		
4. 触觉	32 盎司	26 盎司	差异 6 盎司
触觉和一般感觉	32 盎司	30 盎司	差异 2 盎司
触觉和一般感觉	32 打兰	29 打兰	差异 3 打兰

光

我在《萨克森科学学会论文集（数理分册）》（*Abhandlungen der sächs. Gesellschaft der Wissenschaften*，*math.-phys. Cl.*，Vol. Ⅳ，pp. 457 ff.）中题为《关于一个基本的心理物理学定律，及其与星等估计的关系》的这部分内容中，以及在同年同一个协会出版的《年报》（*Berichte*，1859，pp. 58 ff.）增刊中，以集中视觉感受为例，完整说明了对韦伯定律的确认过程。我将在这里概述这些研究的要点，并适当地做一些补充。

在这之前，博格（Bouguer）、阿拉戈（Arago）、马森（Masson）和斯坦海尔，都曾介绍过采用其他研究方法将这一定律应用于视觉领域进行的研究，后来我和福尔克曼也进行过类似的研究，但并没有太多人关注过这些内容。

除了斯坦海尔之外，所有对于韦伯定律的验证都是基于最小可觉差法（依赖平均差误法的原则），以及间接基于星等估计法。

由于我自己的研究提供了对韦伯定律的最简单的验证，即使这个验证不是最精确的，但这是韦伯定律最早的经验性认识，所以在此我将首先介绍这些研究，并将它们同定律的一般解释结合起来。

在一个少云的日子里，经常可以在天空中发现这样的一些相邻的云朵，它们之间仅在投影亮度上有一些细微的差别，或者一些刚好能从天空背景下被识别出来的云朵。注视天空中刚好能观察出差异的两片云朵组合，然后将墨镜戴在眼前，就像配镜师为光敏感的人所做的那样。经过粗略的光学测试，我了解到这些墨镜镜片单独使用时允许通过的光量略大于 1/3，而两片合起来使用时最多能让 1/7 的光通过。我们假设在每只眼前各放置一片这种镜片能让每朵云的亮度减少到 1/3，那么两朵云之间的亮度差异也会立即减少到 1/3。在这样的假设前提下，似乎原本刚好能被觉察到的云朵间的亮度差异现在大量地减少，就会变得不能被察觉，或者假如在使用墨镜之前两朵云之间的差异还很大，远超最小可觉的界限，那么在使用墨镜之后这种差异至少会变得不那么明显。然而事实并非如此。原本至少达到最小可觉水平的差异，在加上墨镜之后仍是同样的情况，而我请其他人来重复这个实验，他们也报告了同样的感受。

我还进行了同样的实验，但这次是将两片镜片放在同一只眼前，同时闭上另一只眼，这样一来两片云之间的亮度差异就会减少到原来的1/7。然而结果仍是一样，先前刚好能察觉的差异，在加上镜片之后仍刚好能被察觉。

最后，我偶尔也使用了彩色镜片来使通过的光量更明显地减少，但是仍然出现了相同的实验结果。这也说明云朵之间或者云朵与天空背景之间的颜色差异并不影响实验结果，因为该实验中的彩色镜片能够在不同程度上吸收不同颜色的光。

在上述实验中，如果我们注意到改变云朵亮度的绝对差异大小并不改变差异比例，即相对差异不变的前提下，这种刚好能感觉到差异的现象始终存在，我们就不得不承认韦伯定律的正确性。

光度上的差异减少到原来的 1/3、1/7 甚至更少，但是最小可察觉的程度却和减少前是一致的，这一实验结果乍看上去的确非常不可思议而且有悖于常理，因为在日常生活中我们都知道随着光线减弱直至消失，亮度上的差别也会减弱直至消失。但是我们不能忽略韦伯定律成立的条件，即亮度的差异在减少的时候，两个被比较部分同样是按比例地减少，它们之间的比值不能改变。让我们把符合这种条件的情况称为第一主情况。但差异减少的方式还可能有另外一种情况，即通过减少较大的部分，或者增加较小的部分，使得两者之间越来越接近。我们可以把这种情况称为第二主情况，其中相对于两个部分而言，它们之间的差异正在一点一点地减少。这种情况与我们的日常经验相符，当两者非常相近时，它们之间的差异将非常难以分辨甚至可以说是完全消失，后面的实验也证明了这一点。

另外我们还可以引用第三主情况作为间接证据，来直接验证我们在第一主情况时已经发现的定律。在第三主情况下，两个部分的量并不是按比例改变的，而是同时在两者中增加或减去相同的量。这样一来就和第一种情况不同了，即两个部分之间的绝对差异量没变，但是相对差异量却改变了。如果同时增加相同的量，那么两个部分之间的相对差异量减少，如果同时减少相同的量，那么相对差异量增大。如果相等的可察觉性依赖的是相对差异等价性而非绝对等价性这一原则是正确的，我们就必须预期到，虽然在第三主情况下两部分的绝对差异量感觉并没有改变，但对两部分差异的可察觉性肯定会改变。而且，我们还会预期当两部分同时增加相同的量时，差别的可察觉性会减小，当同时减少相同的量时，可察觉性会增加。

虽然设计一个专门的实验来验证以上假设是很简单的事情，但的确没有这个必要，因为结果肯定就是这样。此外，我们的日常生活经验就可以作为一项类似的观察性证据，目前就足以对这些假设进行证明。

我们每个人在晚上都能看到星星，而在完全的日光条件下，即使诸如天狼星或木星之类的亮星，人们也是看不到的。然而，夜晚时星星所在夜空区域与周围区域亮度的绝对差异，与白昼时相比并没有改变。只是在白昼时两者都由于阳光的作用而增加了相同大小的亮度。

有人可能会用同样的方法，来解释在第一个实验中有关云朵投影细微差异的结果。他们认为人使用墨镜后应该会感觉到云朵之间的差异被减弱了，虽然事实上这种减弱的程度并不多，但绝对感觉的减少确实存在。因此这种绝对差异的改变应该被感觉到，而不应该出现相对差异不变导致可察觉性不变的现象。然而大家可能也会注意到，从刚刚描述的体验中，绝对亮度差异的存在并不能保证其被察觉——的确，就算两者的绝对差异非常大，但只要它们的相对差异非常小，那么两者之间的差异就不会被察觉。在夜晚时分，没人会否定天狼星或木星与其周围的夜空亮度间存在着明显差异，但即使完全集中了注意力，也没有人能够在白天发现天狼星或木星。我们保证在白天和夜晚，天狼星和木星与其周围天空亮度的绝对差异是一样的，却因此产生了如此奇怪的现象。这是从物理角度上的分析结果，但是从感受的角度来看，在白天的这种亮度差异是零，甚至可以说比零还要小，必须将其放大到足够程度才能被我们所觉察。

另外，我们不应认为这种现象仅局限于点光源。后面介绍的关于投影的实验将提供一个非常便于获得的事实，即使当绝对差异很大时，在任意亮度的发光体表面也将出现和上面一致的现象。日常生活中的经验也可以用来说明同样的问题。

有人或许会注意过，当油画、银版照相法[①]相片、涂板、漆面桌等物体的表面上有反光时，这些物体上的图案就会变得非常难以辨认。如今大家都知道，反光的强度不取决于反光物体表面的颜色或者暗度，而只依赖于表面的光滑程度和光线的入射角度。也就是说，反光为图案及其背景的明暗部分均增加了同样亮的光线，并且使图案与背景之间的差异变得难以辨认。

总之，上述诸多例子应该可以充分地证明韦伯定律。但是这样一来，我们就可以认为定律是完全正确的吗?

我前面有意地提到过，在戴墨镜观察和用裸眼观察时，云朵间差异均至少是可觉的。有些被我请来重复该实验的人，甚至发现在使用墨镜之后可觉察的差异反而多多少少变大了，这种情况我也经常发现，但并不总是出现。于是我们可以确认，两物体间亮度的绝对差异减小时，只要相对差异的大小没有改变，那么两者间亮度差异带给人们的感觉并不会减少，这和人们的日常估计大相径庭。由于韦伯定律表明相同的相对差异会导致相同的可觉性，但那种在使用墨镜后感觉能力提高的现象，仍是一种有悖于韦伯定律的情况。

虽然光辐射情况的不同，可能会影响实验结果，还有一种可能是与之前较低水平的印象相比，被试容易在当前情况下，将与先前相同的可觉差异判断为更大。为了剔除出被试的这种错误判断，我将以下实验与一般性的研究方法结合了起来。

我戴上墨镜，在天空中寻找最小的可能差异，我将其判断为最小可觉水平，找到之后取下墨镜。如果戴墨镜时视知觉水平有任何程度的提升，那么戴着时的最小可觉差必然会在取下眼镜后变得无法察觉。然而在重复了许多次之后，无论我戴上一副还是多副墨镜，我都没能找到如此小的一个差异以至于在摘下墨镜之后就无法被察觉，就在我刚取下墨镜，眼睛突然暴露在强光下时，我突然感到一阵短暂性的眩光，但很快这种感觉就消失了。在刚戴上墨镜时，我会感受到视线由于光线的突然改变而产生短暂性的模糊体验，但和取下墨镜时的眩光一样，这种模糊体验很快就会消失。

在上面所有引用的实验中只是使用了非常微小的差异，即所谓的最

① 也称达盖尔照相法，指的是利用镀有碘化银的钢板在暗箱里进行曝光，然后以水银蒸气进行显影，再以普通食盐定影，得到的实际上是一个金属负像，但十分清晰而且可以永久保存。——译者注

小可觉差，这是非常关键的。即使韦伯定律就如以下将要提到的，可以适用于更大差异时的情况，但并不容易将它们直接应用于实验之中。判断在使用墨镜前后差异是否一致，这是一件非常不确定的事情，而且结果的变异性很强，它无疑受到周围环境中各个变量的影响。就算使用的是最小可觉差，在等价性判断中仍然可能会产生类似前面所提到过的错觉，只不过与差异很大的情况下绝对感觉中所产生错觉相比，程度没有那么严重。使用极微小差异的最大好处在于，可以将这些实验和它们的逆实验结合起来，这样我们就无须判断差异间是否存在等价性，而只需要判断是否感受到差异就可以得出结论，以此减少了判断差异等价性而可能造成的错误。不戴墨镜时可以察觉到的最小可能差异，在戴上厚厚的墨镜后仍然可以察觉，反之，戴着厚厚的墨镜能够察觉的最小可能差异，在取下墨镜后仍然可以察觉，这种结果可以作为客观的证据，表明墨镜对差异感受的增减并没有影响。

但是不管怎样，实验与其逆实验的结合降低了韦伯定律失效的可能性。定律有效的光线强度范围，既不是接近完全黑暗也不是非常的明亮，这就限定了韦伯定律的适用范围，虽然此范围外的空间并不大。同时，这种描述既不能断定也不能证明定律的无限有效性。就事实而言，至少是出于实验的目的，高于或者低于这样的限制，都必然导致定律的失效。因此，在更进一步讨论韦伯定律的有效性之前，有必要检验定律的限制，因为只有将定律应用于这些限制范围并且合理解释之后，才能得知韦伯定律的有效性。

没人能够用裸眼看到太阳黑子，即使它们是无害的（至少只要太阳高挂在天空中），但是只要通过墨镜，任何人都可以看到它们。然而如果韦伯定律可以适用于最高的亮度条件下，我们就能将黑子同周围的亮光区域分开，就像戴上墨镜那么容易。可能只要是在令人感到眼花缭乱的情况下，即使当光线相比于太阳光弱很多时，观察得到的结果就会偏离韦伯定律的推论，虽然关于这方面的具体研究仍是空白。

因此，如果云朵十分明亮的话，那么戴上墨镜甚至能有助于使云朵投影之间差异的程度微微提高。从实验和逆实验组合的结果来判断，这种帮助的效果影响很小，我对中等亮度的云进行的实验中都没能发现这一客观现象。我必须承认，在以非常耀眼的云朵为对象进行的实验中，我遇到了一些问题，并且由于我眼睛出了毛病①，我没能对这一现象进

① 19世纪30年代末，费希纳为了获得后像而注视太阳过长的时间，因而导致自己的视网膜受损。——译者注

行明确的定义。

我们再来看极暗的情况，如果一个人戴了极多套墨镜，这种条件下给人的感觉就是一下子什么都看不见了，因此即使原来能看到的差异确实很大，也会变得无法分辨。根据连续性的原则，当接近极端情况时，清晰度会变差，这已经通过经验证明。的确，无论原来的差异如何大，总能找到一副足够暗的墨镜，能够使得这种差异看起来比不戴墨镜时小。通过佩戴中等暗度的墨镜，太阳黑子相比于不戴墨镜时要更清晰，但在继续增加墨镜镜片的暗度后，又会重新变得更模糊，最终无法辨识。

我们不能说韦伯定律在任何范围内均有效，我们只能说在目前实验证据的基础上，可以确定，尚未证明在常规的可视亮度范围内，会出现不符合韦伯定律的情况。

根据在极暗和极亮两种条件下出现相反趋势的偏差，可以推论出韦伯定律在介于两个极端的中间范围内是有效的。在极亮时，降低亮度可以提高清晰度，同样地，在极暗时，增加亮度可以提高清晰度。因此只需要根据数学原理本身，就能断定必然存在一个特定的中间区间，在这个区域中无论增加还是降低亮度，韦伯定律都一样有效。只是这个区间的范围不能通过纯粹的数学推导来进行预测。

我先介绍上面这些实验研究，不仅因为在过去我对这方面内容尚一无所知时，这些实验证据是我最初尝试对韦伯定律进行证明时使用的，更是因为这些研究很方便，对所有人而言都易于操作，同时也和其他一般性事实一样，是韦伯定律的良好证据。唯一的不足在于，我们不能控制、统一维持以及改变光线的规格，因此不能随心所欲地控制三种主情况。因此我们需要增加一些措施来使实验观测更为顺利。

有许多方法可以处理不同色调，以制造最小可觉色差，因此实验也可以有许多不同的形式。一种非常简单的方式就是用墨汁在羊皮纸上绘制出刚好可以察觉的色差。事实上这样做并不比使用云朵投影更能保证差异的可测量性，但是这么做至少可以保证均匀性、变化率的可控性以及操作的方便性。

最近，我使用上述方法重复了那些实验和逆实验，得到了与我之前使用云朵时相同的结果。就算使用组合型墨镜，经过精确的光度学测量使得只有原先 1/100 的光线透过，但只要过一会儿，我就能够辨别出原先使用裸眼时能够辨别的最小程度的最小可觉差。在实验中保证充足的阳光是十分重要的。在同等的光亮度条件下，如果我将平时写作时使用的工作室台灯用于实验，那么投影差异将非常难以识别，但是当我将光线调暗到原来的 1/12 或更小时，其中的差异就如同没有变暗时一样清晰。

还有另一种简单易行且可以同时测量和变化三种主情况的方法，即使用两盏灯或两个光源照射同一个物体，以形成并排的两个投影。这样做的话，不仅能够使两个投影的光度深浅比例很容易调节，而且能够通过应用两个等亮光源以及计算光源与投影之间距离平方倒数的方法，对投影的亮度进行简单的测定。光源亮度的等价性，很容易通过投影亮度的等价性，以及投影与光源之间距离的等价性来判断。调节灯或调整光源就可以改变投影的深浅。实际上，使用一个投影及其周围的表面作为对比的两个对象来测试定律的有效性，比使用两个投影更为实用，因为一个投影和它周围表面的深浅比例更容易断定。下面详细讲解实验过程和需要注意的地方。

L 和 L' 是两个光源，L' 照不到的地方即形成的投影是我们希望检验的对象。该投影只是受到 L 的照射，而 L 与 L' 共同照射投影四周的表面。然后，逐渐移动 L' 使其远离投影所在的表面，而 L 则保持不动，这样一来，投影四周的表面受 L' 的额外照射将会越来越少。最终 L' 的照射减少到某个点，使得投影最终和四周融为一体，变得无法用肉眼辨识。此时，只要稍微移动一下某个光源或者改变某个光源的朝向，就可以产生最小可觉的投影。

这样就可以使用墨镜来开始实验和逆实验了。由此，定律以及定律的下限便可以此证实。

我们也可以不使用墨镜来等比例地减少光量，而是移动两个光源 L 与 L'，逐渐使它们远离投影所在的表面，不过两个光源与对应投影之间的距离仍保持着相同的比例关系。接下来的实验就使用的是这种方法，并且实验过程与先前是互逆的。过去我们发现，只要将光照的亮度等比例地减少，那么相对的可觉差异是保持不变的。然而接下来将要详细说明的是，使两个投影之间的差异保持相同的可觉性。这种新的实验方法不仅是先前实验系列的重复，而且是对它们的补充和检验。

这种实验需要极为专注的注意以及严密的注视，来追踪这些投影消失以及再次出现的踪迹，由于我自己的眼睛状态不好，所以这个实验是由视力完好的福尔克曼以及其他几位观察员协助完成的。下面将说明实验过程中的一些关键点以及结果。

在一面垂直放置的白色面板前，垂直设置有一根杆，有两个光源 L 和 L' 照射这根杆，使其投射两个阴影到面板上。光源 L 是硬脂蜡烛，固定在面板前某个距离处。另一支是经过两种光度测量方法后被确认为具有相同亮度的蜡烛 L'，观察者需要一直注视着它投射到面板上的投影，而另一位助理观察员移动蜡烛使其远离面板，直到观察者不再能辨识其投影为止。对于福尔克曼的眼睛来说，此时蜡烛 L' 与自己投影之间的距离是 L 距自己投影的 10 倍，这就意味着对于他的眼睛来说，投影刚刚变得无法辨识时的光照亮度是绝对光照亮度的 1/100。用绝对亮度远高于或低于上述实验中亮度标准的光源进行实验，得到的距离比（即光照亮度的比）是一样的。我们必须注意到，在上述实验中，改变光源的强度或者将蜡烛 L' 靠近或远离面板，最后起到的效果都是一样的。在所有的情况下，L' 与面板的距离必须是 L 与面板距离的 10 倍，才能令 L' 形成的投影正好无法辨识。我们采取了以下几种光照等级作为 L 值分别进行了实验，分别约为 0.36，以及从 1、2.25、7.71 三种等级变化至 38.79 的区间（将硬脂蜡烛与白色面板距离 3 分米时的亮度等级定义为 1），所获得的 L' 和面板距离与另一支蜡烛和面板距离的比例，均没有可觉的或者明显的差异。值得一提的是，只有在最低亮度（0.36）的条件下，这个比值有轻微的下降，即当投影正好消失时，L' 与面板的距离相对于 L 与面板距离的比值，多少均是低于 10 的（根据表格数据结果从 6 至 9 倍不等）。这说明这种光照条件已经低于了韦伯定律适用的范围下限。

为了叙述上的简洁，我在上面只描述了 L' 的投影刚好无法辨识的那个极点。实际上在实验时，我们还在那一点前后移动 L'，以在投影刚好消失和刚好出现的两个位置之间，尽可能精确地定位其最小可觉的位置。由于助手完全根据观察者的指示移动光源 L'，所以观察者可以完全将视线和注意力放在对投影的感知上，而对于光源最终位置与面板之间的距离一无所知。因此，这样可以消除距离认知对于实验的影响，使实验结果更可信。

实验是由克诺伯劳教授（Knoblauch）、哈勒（Halle）大学的海登海因（Heidenhain）和柏林大学的荣格（Jung）协助福尔克曼完成的，部分实验中我也在场。令人惊讶的是，在测得最小可觉差的过程中，几乎所有的观察者的都发现了相同的比值即 1/100，每个人的具体数值均在此数值左右轻微变化。

事实上这个实验不能保证单个实验结果具有很好的精度，因为我们都仅仅是在一段特定的距离范围里（对福尔克曼来说这段距离是总距离的 1/10）移动 L'，却不能准确地指出一个点，在这个点上投影变得刚好可察觉。因此，一般我们对每一个观察者的多次实验结果取平均值，作为最后的结果。然而，每个人的每次实验结果都是在平均值上下小范围地波动，而且经计算可获知最终的不确定性并不显著。

这个实验过程中，仅仅通过改变光源的亮度控制投影，对应的是第一主情况；只移动一个光源靠近或远离面板使得投影变亮或变暗，则对应第二主情况，这也很好理解。为了制造出第三主情况，我们可以使用一个光源来形成两个投影，或是一个光源照射形成一个投影，再用第三个足够亮的光源照射这个投影的周围表面。这样在某个位置，差异的消失过程将会生动地呈现在观察者的眼前。

以上就是我的一些实验，从中我受到了启发。正如我在一开始所提到的，虽然它们的实质并不新，但由于它们是由我独立提出的并已通过早期研究进行了改进，因此对它们的讨论仍然是有用的。它们对于验证和解释韦伯定律是有帮助的。不过，在这里我还是要按照时间顺序，介绍一下我在早期进行的韦伯定律验证工作中一些关键性的收获。最早进行投影消失实验研究的是博格［根据他的文章《关于拉卡耶[①]光度分级的光学论文》（*Traité d'optique sur la gradation de la lumiére par Lacaille*, 1760，p. 51］，他所使用的方法和福尔克曼类似[②]，具体的标题为《对某种光的强度研究，该强度能够使弱于它的光消失》。

我必须要说明，博格只引用了一个实验，实验中只提到了一种光源间距的例子，在这个距离条件下，投影间的差异达到 1/64（与福尔克曼的 1/100 不同）时就不会被人所觉察。他进一步说明，这种感受性的程度也许会根据观察者的眼睛不同而不同；另外他认为对自己而言，这种感受性与光线的强度无关。

马森的一篇口头交流报告中则引用了[③]阿拉戈使用彩色光重复博格实验的情况。阿拉戈在其著名的天文学论著[④]中，对博格的实验方法进

---

① 拉卡耶（Lacaille），法国著名的天文学家，1757 年编制了包括 400 颗亮星的星表。——译者注

② 由于我无法获得博格本人的文章，所以这里我引用的是马森的文章，即 *Ann. de Chim. et de Phys.*，1845，Vol. XIV，p. 148。

③ *Ann. de Chim. et de Phys.*，1845，Vol. XIV，p. 150.

④ 由 W. G. 汉克尔编著（W. G. Hankel，T. Ⅰ，p. 168）。

行了分析后写道，“无论 M 和 L（博格实验中的两个光源）的绝对亮度是多少，实验结果都是相同的（相同的相对最小可觉差）”，反映了他对韦伯定律的正确性持积极态度。

阿拉戈在《光度的记忆》（*Memoires sur la photométrie*，p. 256）中没有重新提到这条定律，但他似乎已将其视为理所当然，他引用了证明运动影响差异可见性的实验，下面将介绍这实验。

马森[①]在执行一项电光度学的扩展实验中，得出了支持韦伯定律的结论。他的实验过程简明扼要，并且他的实验相比于博格或阿拉戈，更能精确、全面地证明韦伯定律。实验的基本过程如下：在直径大约为6cm 的圆盘上将一块扇区涂黑，该区域标记为 mn，其面积是圆盘总面积的 1/60，如图 1 所示，然后使圆盘高速旋转起来。由于视觉后像现象，黑色的区域在白色的圆盘上会延展成为一个圆环或整圆，根据众所周知的快速运动物体与亮度的关系定律可推断，这个形成的环比周围的白色圆盘背景要暗 1/60。由此可知，如果眼睛仍可以从圆盘背景中分辨出该环，那么也就能分辨出差异比率不低于 1/60 的差异。马森制作了一系列这样的圆盘，圆盘上的黑色扇区占圆盘的比例大小分别有 1/50、1/60、1/70 等等，一直到最小的比例 1/120。依靠这些操作，马森就能够检验出视觉感受性的阈限是多少。接下来将介绍一种也能得出上述结论的方法，同时它相比于上述方法更有趣，因为它显示了在定律适用范围中，瞬时光线和稳定光线的效果是一样的。

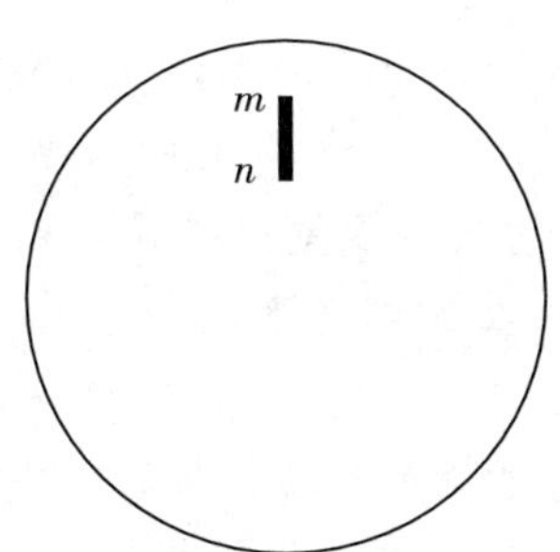

图 1　马森实验中所使用的圆盘

我们知道，如果在日光或人造光照射下，将一个圆盘表面分为黑白相间的扇区并快速旋转起来，就会呈现一种均匀的灰色。如果使用瞬时

---

① *Ann. de Chim. et de Phys.*，1845，Vol. XIV，p. 150.

的电子火花代替，那么能够看到的是分开的黑白扇区。如果同时使用这两类光源，那么最后看到的是均匀的灰色还是分隔的黑白扇区，取决于这两种光源的强度比例。如果瞬时的电火花亮度很低，那么将看到均匀的灰色；如果电火花的亮度足够大，那么将看到分割的黑白扇区。根据马森的说明，虽然对于每个人的两只眼睛而言，看到灰色时的两种光源强度的比例是保持相同的，但是对于不同的人来说，这个比例却是因人而异的。如果与由电火花对白色扇区（因为黑色不能够明显地反射光线）进行照射产生的亮度，小于无电火花照射下圆盘呈现出均匀灰色所产生的亮度，那么这些扇区都将消失，人眼看到的将是均匀的灰色。在日光或人造光的亮度固定的前提下，圆盘上的白色和黑色扇区的宽度之比影响着最终的灰色的深度，这个比值将决定能够看到分隔的黑白扇区时所需的电火花亮度。如果黑白扇区的宽度相同，若在上一个实验中有人能够识别 1/100 的差异，就需要电火花的亮度达到稳定光源亮度的 1/200，才能使该人眼看到黑白分隔的扇区，因为旋转圆盘使其变为灰色时，亮度也下降为原先的一半。马森为了区别于我们用以验证韦伯定律所进行的实验，他自己设计了一些实验并进行了大量的改造，但最终我们还是发现这些研究结果与之前的其他研究结果是相一致的。

下面引用的是马森对自己研究结果的详细叙述[①]，按顺序先是第一种观察方法，然后是第二种观察方法：

> 我测试了不同人的视力后发现，视力较弱的人的视觉感受性范围为 1/50 到 1/70，视力正常的人的视觉感受性范围为 1/80 到 1/100，而视力极好的人的视觉感受性范围为 1/100 到 1/120 甚至更小。我在实验中一共遇到了两个能够识别出圆盘上 1/120 差异的人。
>
> 我通过改变光线的强度发现，只要光线足够使人看清 8 开本上的字，那么对于同一个人来说他的视觉感受性就不会改变。因此，正如博格曾经发现的那样，眼睛的视觉感受性与光线的强度无关。我曾通过多种方法改变圆盘反射光的强度。例如曾将卡索灯[②]摆放

① 据我所知，马森的研究从没有刊载在德国的科学期刊上，所以我有必要在这里逐字逐句引用他的原文。

② 即我们现在所说的油灯。——译者注

在与圆盘相隔的不同距离处，并使用阴雨天气的阴暗条件，曾经在日落时昏黄的光线下进行实验，我还曾使用过经定日镜[①]反射的太阳光线，有时我还使用镜片制造发散的光线进行实验。最终都发现只要圆环扇区的内夹角小于某个限度，人眼距圆盘的距离就不会影响感受性。

在我改变了圆盘直径和圆环宽度的关系之后，这一结果仍然没有改变。我采用了表面有 1/3 或 1/4 部分为黑色的圆盘。我将黑色的部分设置在圆盘的不同位置，包括圆盘边缘、中心以及中心与边缘之间的地方。我将若干个黑色块摆放在圆盘之上，这些黑色部分的面积占圆盘面积的比例各不相同，最终我选择了圆盘 5[②]。在所有的情况下，感受性的阈限都没有变化。

我使用彩色光线照射活动的圆盘，以检验视觉感受性是否会随着光束特性的不同而改变。除了在下面我将要提到的一些限制之外，我发现感受性的阈限是独立于色彩的。因此，无论是使用自然光还是彩色光线照射圆盘，我识别灰色圆环的敏感度都是 1/100。

我采用使日光或者卡索灯的光线通过彩色镜片来产生各种颜色的光。后来我还使用了光谱中的颜色以及阿拉戈的测光装置。

感谢邦滕普斯（M. Bontemps）热心地提供给我彩色镜片，我用光谱表测试了这些镜片。除了红色镜片只能允许光谱中极端的红色光通过之外，其他的镜片都可以让不同颜色的光以不同量通过。有一些诸如红色的镜片，吸收了太多的光线以至于让人很难看清圆盘上的圆环。

在前面的实验中，观察者注视圆盘的时间是不一样长的，因而导致我们无法确定，在照明为瞬时的情况下视觉感受性的阈限是否会保持不变。而我通过下面最后一个例子中论述的方法，验证了我自己视觉感受性的变化的确很小。

我用一台卡索灯照亮了一个光度计[③]中的所有扇区，然后我将电火花装置移动到尽可能远的位置，之后调节电火花装置或卡索灯

① 将太阳或其他天体的光线反射到固定方向的光学装置，又称定星镜。——译者注

② 这个圆盘包含了一个隔断的黑色扇区。

③ 马森在这里指的是由若干设备组成的测光装置，他在原作中对此装置有所描述。该装置包括一个快速旋转的、被分为若干白色和黑色扇区的圆盘，以及一个用以产生照明的电火花的设备。

的距离以使圆盘上的黑白扇区能够被看清。我使用了不同强度的光。在我的光度学实验中，通过比较在不同强度光下能够看清黑白扇区时，照明装置间所能达到的不同最远距离，这个距离与固定光源距离的比值，可以将它们作为一个人视觉感受性阈限的指标，在后面我将提到的实验中，这一结论也同样成立。

通过在不同被试身上进行这一实验，我在绝对测光过程中注意到一个具有重要意义的现象，即将稳定光源与圆盘的距离视为一个单元。我发现对于两个有相同视觉感受性并且都已适应了实验的人，比较持续光源（标准灯）和瞬时光源（电火花）的距离，在实验中的上述比值是一个定值。

我也曾使用自然光照射彩色圆盘来代替用彩色光照射白色圆盘的方法，发现对于我而言，在自然光照射彩色圆盘时感受性的阈限一直似乎都更小，但这种情况可能随着纸张的颜色而变化。但是，我并不认为这是我所确立定律中的例外情况。事实上这可能是由一些因素导致的，例如我们不可能找到颜色完全均一的彩色纸，彩色纸反射的光总是太弱，彩纸背面与圆盘表面黏合得不够紧，另外彩纸本身也会反射出不同量的白光，这个量的区间非常宽泛，具体数值与具体颜色相关。但即便如此，我还是在红色和蓝色纸张制作的圆盘上得到了与其他实验非常接近的结论。

我在实验中还发现，由于对比度强烈的关系，黑色扇区旋转所形成的圆环边缘十分明显，使得圆环的边缘部分十分容易辨认，会导致被试更容易发现它，所以我将圆盘上黑色扇区的边缘做了处理，使边缘模糊化（见原作的图 6 和图 7）。

我在该实验及其他一些实验中还发现，虽然有一些被试对所有颜色光的感受性阈限都是一样的，但是他们在盯着被红光照射的圆盘看时会出现疲劳及不舒服的现象，这种现象表明这些被试内心对这种颜色的厌恶。我想这会是一个很有意思的研究，即研究除了红光之外其他颜色的光是否也会产生这种影响。

最后，我要介绍一下斯坦海尔的实验。在他的一篇关于棱镜测光的论文①中，他研究了光线的强度水平是否会影响对光线强度等价性估计

① Steinheil, *Elemente der Helligkeits-Messungen am Sternenhimmel*, in den *Abhandl. der mathemat. phys. Kl. der kön. bair. Akad.*, 1837.

的错误率。他简短地引用了一些相关的发现（p. 14）："结果表明我们可以十分精确地判断两个表面的亮度是否相同。不论亮度的高低，此类估计的不确定性不会超过总亮度的 1/38。"

这一论断包含了韦伯定律的思想，因为估计两种光线强度是否相等时的不确定性大小，可以理解为是取决于最小可觉差大小的。如果在不同的光强度下，大多数实验中平均误差的大小比例是相同的，那么差异的可觉差阈限与不同光强度的比例应该也是相同的。

斯坦海尔自己也写到了相似的发现（p. 71）："B 部分中将说明……总的光强度除以每次估计的误差总和，是可以除尽的。对于后面这个例子而言，如果把表面的光线强度调低到再也无法从周围天空的光线中分辨出来，那么它的强度就与周围天空的亮度成比例。"

1/38 这个比例和我们之前所获得的 1/64 至 1/120 的结果看上去不一致。我们不能确定这种不一致的原因是被试间还是实验方法间的差异，但这种不一致并不影响定律的有效性。从这一点而言需要注意的是，斯坦海尔的 1/38 这个分数指的是不确定性的比率，与先前其他研究者所发现的大小为 1/64 至 1/120 的最小可觉差异并不是完全相同的。但是这种说法并不能解释结果间差异的大小和方向。

斯坦海尔的实验（p. 75 ff.）可以被视作对韦伯定律的验证，他的实验只使用了三种强度尺度的光，三者的比例是 1.000 比 1.672 比 2.887。因此可以说强度的区间并不是很广。但是这实验却是非常重要和有价值的，不仅因为实验的执行者斯坦海尔在光度学测量应用方面的技艺精湛，更因为这个实验采用一个不同于其他实验的原理证明了韦伯定律的有效性，也说明了韦伯定律可以经受各种实验的检验。

事实上，我们很容易忽视一个事实，即斯坦海尔的实验原理其实类似于平均差误法，而早期的验证方法大都是基于最小可觉差法的。

由于在这里对斯坦海尔的结果和计算进行详细叙述会很麻烦，我建议读者可以去查阅他的原文或者我的论文（p. 477）①，在我的研究中，我对实验做了一些改进并且排除了与其余实验结果不符合的一个实验系列，最后得到的结果是 1/40 而不是 1/38。我在下面只列出了实验结果总和以及简单平均误差，该误差是根据韦伯定律推算出来的，其值与光

① 这里指的是费希纳的关于心理物理学定理和星等估算的文章，文章刊载于 *Abhandl. d. Kgl. Sächs. Ges. d. Wiss.*，1859，Vol. Ⅳ，pp. 457-532 和 *Berichte d. Kgl. Sächs. Ges. d. Wiss.*，1859，Vol. Ⅺ，pp. 58-86。——译者注

强度的平方根成比例。

观测值	计算值
2.517	2.426
1.712	1.846
1.471	1.428

正如第七章显示的那样，到目前为止对韦伯定律的验证中，所关注的都是很小的差异，如果心理测量想要建立在该定律的基础之上，就必须遵守这种限制。很难直接验证在差异大于最小可觉差的情况下韦伯定律是否有效，因为在这种情况下，等价性判断并不确切，另外实验和逆实验的结合，也不能帮助我们得出同最小可觉差标准实验一样的结论。然而，我在我的文章（p. 489）[①] 提到了一种体验，即无论我们注视的是一道光还是一面墙，闭上一只眼睛会看到一个微弱的投影进入视野，但我们却不会觉得视野变亮或者变暗了。可能在某些情况下，这种体验可以归为我们定律的范畴，而且可以作为当差异略大于最小可觉水平时定律的有效性证明。关于这种体验的讨论，可以直接在我的论文中看到。

然而，相比于上面说的那种模棱两可的方法，还有一种方法可以在差异大于最小可觉水平的情况下，更准确地验证韦伯定律。这个方法同时也是关于韦伯定律的最早的研究方法，更值得一提的是，它也是我最早提到的证明韦伯定律有效性的突出观察证据之一，那就是星等估计法。不过首先，我们需要假定在进行验证定理所需的星等估计时，天文学家那训练有素的眼睛能够克服人所固有的困难。

众所周知，估计星等是自古就有（从希帕克斯时期）的工作，它需要人根据自己的眼睛对星亮度的感受进行分类，而不是根据其亮度的光度测量值，这样天文学家就能根据各颗星外显的亮度差异，将它们分为一等、二等、三等，等等。因此，如果星等的值越小，表明星可见的亮度越高。根据韦伯定律，只有当相邻星等光度学上的关系是一定时，人们知觉到相邻星等的亮度差异才是相同的；因此，以等差数列形式存在的星等系列，必须对应的是以等比形式存在的亮度系列，以采用星的亮度来描述其光度值。

为了确保正确性，我们必须考虑与上述的推论矛盾的说法，例如洪堡（v. Humboldt）在《宇宙》（*Kosmos*）中提到了赫舍尔（J. Herschel）的观察，他提出连续的星等对应的实际亮度是一个二次幂函数列而不是等比

① 参见上一页的脚注。——译者注

数列，即

1，1/4，1/9，1/16…

在等比数列中，每一个数都可以立即由前一个数乘以一个常数得到，然后我们会发现，这个数列和上面的数列很像，即

1/2，1/4，1/8，1/16…

乍一看去这一矛盾非常重要，因为赫舍尔根据自己的测光判断，倾向于选择二次幂函数列而不是等比数列，并且对星等进行了仔细的校正以及与实际亮度间的比较，构建了当人们需要在任意确定性程度水平上进行判断时，所依赖的最广泛且最重要的基础。但是我相信在我的论文里已经很清楚地证明，这种矛盾只是表面的问题，在对定律进行完整的验证过程中，只要仔细地对这两个数列进行检验，问题本身就会迎刃而解。下面我将陈述其中的要点。

1，1/4，1/9，1/16…和 1/2，1/4，1/8，1/16…两个数列之间的最大差异就在于第一星等亮度中。在第一星等亮度中，最亮星是最暗星亮度的 16 倍，因此，我们很有可能从其中随意选择一颗星的亮度作为整个星等亮度的代表，然后就随意使用它与其他系列进行对比了。而赫舍尔的确就是做了这么一种武断的选择。我们知道赫舍尔偏好使用的是二次幂函数列，在这个前提下，表示星等的数字以及对应的亮度比率就被确定了，同时这颗星所在位置的相对距离也被确定了。因此，赫舍尔选择了第一星等中最符合自己假设的星作为第一星等亮度的代表，而这颗星只是第一星等中第三亮的星，它不能代表第一星等的平均亮度水平。这颗星是南门二（半人马座 α 星），但赫舍尔自己也曾多次明确提到另一颗星，即参宿四（猎户座 α 星）更能代表第一星等的平均亮度——用他的话来说这颗星就是“典型的样本”，一颗“代表第一星等平均水平”的星。在后续的观察数据中，赫舍尔的确替换了这颗星，之后他根据自己的光度学测定结果推算了其他 14 颗星的分数值，并对它们进行了排序，在第一星等中比参宿四亮度高的星有 6 颗，低的有 8 颗，因此有 6 颗星的星等值比参宿四小，而 8 颗比它大。

那么很明显，如果不是随意选取，而是根据某种先入为主的概念，选取一颗能代表第一星等平均亮度的星，那就应该选择参宿四而不是南门二。根据赫舍尔自己进行的光度学测定，参宿四和南门二的亮度之比为 0.484 比 1。因此，把二次幂函数列中的 1 替换为 0.484 之后，我们可以得到

0.484，1/4，1/9，1/16…

上面的数列中，0.484 和 0.5 或 1/2 的差距很小，1/9 和 1/8 的差距很小，而根据赫舍尔自己的说法，准确地测定星等及其亮度是很困难的，而且他还提到，从长远角度来看，二次幂函数列不能很好地拟合观测获得的数据，而且由于两个数列之间的差异很小，足以使我们能够采用等比数列

1/2，1/4，1/8，1/16…

替换二次幂函数列而不造成严重的后果。虽然二次幂函数列和等比数列在第四项之后的差别会越来越大，但是赫舍尔的光度学测量数据只到第四星等，所以我们无法进一步比较对于后面的数据而言，哪一个数列更加符合。

我的论文中有更周密的计算，进一步表明等比数列不仅符合赫舍尔的观测数据，而且只要对它们的关系进行合适的判断并选择恰当的公比，那么等比数列相比于二次幂函数列就能更好地代表那些数据。根据赫舍尔的观察和计算，使用二次幂函数列的误差平方和为 2.719，而使用我们基于等比数列的公式得到的误差平方和只有 2.229 1。

赫舍尔的研究在这个领域内虽然非常重要，但它并不是可供我们参考的唯一研究。还有其他一些完整的研究，帮助我们消除了对于这样一个论断的怀疑，即呈等差数列排列的星等对应的实际亮度是按等比排列的，这其中包括了诸如斯坦海尔、施坦普费尔（Stampfer）、约翰逊（Johnson）、普森等人的研究，他们的研究均是独立完成的却都得到了相同的结果。在一开始提到的主要文献中能够看到一部分有关这些研究的总结，还有一部分能够在《萨克森学会报告》的附录中找到。

这些研究发现等比数列的公比之间差异不是很大，但由于各研究有的采用递增数列有的采用递减数列来对公比进行计算，所以数据变化范围很大，从 2.5 到 0.4 都有。下面是具体测定的数据：

	递增	递减
根据赫舍尔的数据	2.241	0.442 7
根据斯坦海尔的数据* （1）	2.831	0.358 8
根据斯坦海尔的数据（2）	2.702	0.370 5
根据施坦普费尔的数据† （1）	2.519	0.397 0
根据施坦普费尔的数据（2）	2.545	0.392 9
根据约翰森的数据‡ （1）	2.358	0.424

续前表

	递增	递减
根据约翰森的数据（2）	2.427	0.412
根据普森的数据	2.400	0.417

*（1）根据斯坦海尔自己的计算，（2）根据与其计算方法略有不同的方法求得，参见 *Abhandlung*，pp. 518 ff. 。

†（1）由恒星的数值测得，（2）由行星的数值测得。

‡（1）根据我自己对星等的校正，（2）加上了进一步的星等估计得到的结果。

表中不同公比产生的原因，部分是由于对星等进行估计时的误差，部分在于进行光度学测量时不同观测者之间的误差。从一定程度上而言，如果天空背景的亮度没有被充分地考虑到，那么测定所获得的绝对值也可能受到影响，我在论文里更详细地讨论过这一问题。但在这里我就不具体讨论了，因为这些研究的结果是否具有总体的一致性，以及星等对应亮度呈等比排列这一结论的有效性，这些问题才是我们所关注的。

在上面的讨论之后，我们还另外注意到，我们的韦伯定律与赫舍尔的计算中有一处不一致的地方。即使如我们在上文中提到的，该不一致之处与赫舍尔本人的其他数据产生了冲突，而且即使它并不能否定我们上面得出的结果，但我们不能忽略这种不一致性，因为这个数据是由如此可信的一位观察者得出的。

赫舍尔在描写自己的天体测量仪（好望角之旅）时，在一个注解中提到，利用等边棱镜的反射性来使欲比较的两颗星连线与地平线平行，这种手段极为有效。他还写道："通过外部反射，这仪器偶尔还能用来以相同比例减弱两颗几乎同等亮度星的亮度（通过使两颗星反射影像的连线直接与所要观察的星之间的连线平行）。在这种亮度被减弱的状态下，原本不易察觉的亮度差异变得明显了。通过（同等地）增加或减少入射角，就能够增加或减少反射影像亮度减弱的程度。"[在《纲要》（"Outlines，" p. 522）中还有一种类似的方法。]

经过上面一番论述之后可以这么总结，如果不考虑上述矛盾的情况，我本人仍无法把赫舍尔在特定的观察条件下发现的分歧视作是一种微不足道的偏差。表面上看来他似乎是"偶尔"才发现这个现象的，没有针对这个问题做专门的研究。因为赫舍尔平常多次提到，有"无数的原因"能够"以难以置信的方式影响着我们在实验中的判断"，所以与上述的特定实验结果相比，我们不能认为观测的随机性足以解释这种分歧的原因。从另一个角度看，也许像赫舍尔那样富有经验而老练的观察者最终都能够获得某种对细微差异的感受性，并因此能够帮助他发现细小的且与韦伯定律不一致之处，而对于没有经过专门训练的观察者来说，这种小规模的亮度差异是难以注意到的。另外，很有可能赫舍尔起初已经意识到观察中的困难，所以压缩了测定中的难度，特地选择了比较亮的星作为观察对象，这些星的亮度接近韦伯定律适用范围的上限，因此它们之间的差值很容易被注意到。不幸的是，由于赫舍尔并没有进行明确的叙述，所以我们无法知道具体情况是如何的。不过，这一矛盾的存在有确定的事实基础，因而需要对韦伯定律的适用范围进行进一步的研究。

到目前为止，我们讨论的主题是寻找在一定的范围内存在着韦伯定律的相关证据，但是对于准确的范围值尚未有定论。此类工作还未结束。然而，我们有必要更多地讨论这些范围的条件和性质，以及它们产生的原因。这样的讨论在某种程度上提供了一个机会，来使我们认识这些特定的因素，这些因素能够影响人对与定律无关的强度差异感觉，因此在以实验验证定律的过程中一定要使这些因素保持恒定或者具有可比性。虽然这些因素是第一次被提到，但为了给后面的讨论进行参考，我将在这里介绍有关且充分的细节。

当眼睛感觉到眩光时，定律适用范围的上限无疑受到眼睛因此被伤害这个事实的影响。通过这种方式，上限值就会非常明显。如果超过了这个上限，毫无疑问感觉器官会受损，导致感觉所依赖的内部活动不再增加，感觉本身也不会再有可能提升。两种不同强度的刺激，当它们都达到或者超过这一刺激限度时，只能够引起相同强度的感觉极限值，因此无法分辨它们之间的差异。无论如何，即使只是接近这一限度，韦伯定律都会发生偏差。

将亮度接近上限值时定律的偏差简单归因于眼睛对光线刺激的适应，导致对于光线强度的感受性下降，这样的解释似乎是很合理的。当人从白天明亮的室外突然进入一间阴暗的房间时，会立刻分辨不清任何亮度差异，这样的观察似乎很能说明问题。而之后人的分辨能力就会逐渐变得越来越好。同样的现象也可以反过来进行。当人长时间待在暗室后突然走进光亮处，刚一开始也会暂时看不清任何东西。之后只是慢慢地开始能分辨事物。所以，如果眼睛的适应是人在非常强的光线下无法分辨差异的原因，那么当人在从暗室进入明亮的房间时，一开始对差异的分辨能力应该是最好的，之后就会逐渐变得越来越差。这种双向的情况，我在前面第 114 页有关云朵细微差异的实验和逆实验中已经展现过了。

因此有人可能会觉得，由亮房间到暗处时看不清东西是由于强光的后效引发的印象钝化效果，而对应地，由暗处到亮房间时看不清东西是由于钝化的印象需要时间来重新恢复。因此，如果眼睛的内在光①持续存在，那么当人从亮处走到暗处时，那些亮度微弱的细节无法对人形成以印象，这个原因就同在白天看不到星星的原理是一样的。相反地，如果是从暗处走到亮处，那么强的印象会比弱的印象更迟被感觉到，所以强光之间的差异是否相等在一开始是无法被察觉的。事实上，我曾经在关于"基本的心理物理定律"的论文（p. 487）中尝试使用这种解释。但是在后来更仔细地思考之后，这种解释的两个方向都似乎站不住脚，因为根据现有的经验，这种残留现象消失得太快，而且实现起来存在诸多困难。另外，强的印象比弱的印象更迟被感觉到这一假设，也和斯旺（Swan）② 的实验结果相矛盾。

除非我是错的，否则从一个照明良好的环境进入暗处时，一开始无法看清任何事物这一现象的原因，实质上是由我们将在第十二章里讨论到的原则决定的。但是反过来时，这一规则却无法解释从暗处到亮处时无法看清这一现象，而且我们可能还需要增加如下的解释，即在先前研究中，由于强光刺激使我们暂时变得有些感觉迟钝，从而无法感受到微弱的光线产生的效应，所以这种由强光刺激导致的感觉迟钝，同样可能使我们无法感受到微弱光线之间的差异。然而，不论我们是从亮处进入暗处还是暗处进入亮处，两种情况下的光线差异都很大，虽然两种光线条件产生的影响有先有后，但同样都能在条件变化的瞬间，就使我们的感觉暂时变得迟钝并且无法察觉到差异。不过即便这种解释，仍然存在极大的不确定性。

尽管如此，根据第十二章中要提到的原则，当眼睛以相同的程度适应明暗两种光线条件时，最终比较的结果和两种光线以相同的比例变暗的结果是一样的，这种情况发生的可能性是非常大的。这些条件下差异

① 在完全黑暗的环境里，眼睛仍然能够产生光亮的感觉，随着时间延长这种感觉会加强。费希纳称这种光为 Augenschwarz（意思是眼中的黑暗），赫尔姆霍茨称其为 Eigenlicht（眼睛的自发光），通常将其翻译为眼睛或视网膜的自发光或者内在光。爱德华·黑林（Edward Hering）称其为恒定的灰色，而缪勒（G. E. Müller）认为这种光是在视觉适应过程中视网膜完全无法发挥功能时大脑皮层视觉区域的副产物，因此将其命名为皮质灰。更现代的术语是视网膜自发光感或者是视觉兴奋的噪音水平。——译者注

② *Sillim. J.* 1850. Ⅸ，p. 443.

的可觉程度仍然相同，因此韦伯定律仍然适用。

至于韦伯定律适用范围的下限，我们经过严密的检查，意识到也许它并不是一个真实存在的限制。至今为止我们发现定律的偏离情况，严格说来都是符合定律的结果。为了证实这一点，我们需要进行一些初步的讨论，而这些讨论对后面的其他一些内容具有很高的重要性。

在非正常的条件下，无需外部的刺激而只需内在因素（内部的刺激）就能产生各种类型的感觉，这种感觉通常被称为幻觉，它提供了这种可能性存在的证据。实质上，在特定的环境中，以稳定和普遍的方式出现这种感觉，这并没有什么大不了的。例如，在视觉方面，我们必须承认或多或少存在着一般性的幻觉。闭着眼睛或者在黑暗中时，我们看到的黑色就是这种没有外部刺激而产生的视觉感受。这不同于什么都没看到，不是用手指或者后脑勺看，也不同于由于没有外部声音刺激而什么都没听到的情况。闭眼时看到的黑色，更像是当我们看着一个表面是黑色的物体时，其反射的光给我们造成的印象，这种印象可以呈现各种层次不同的强度，甚至可以造成最高强度的视觉感受。的确可以说，这种内在的黑色可以出于纯粹的内在原因，而偶然地变成亮光或者发生包含着零星亮点的现象。

只要注意的话，我们就可以在闭上眼睛后看到的黑色中发现一种细小的光点，这种现象在不同的人身上，各种状态且不同视力的眼睛中都能够发现，并且在某些特殊疾病人群身上这种现象的程度可能被加强。而我的情况是，从我患眼病开始的这段漫长的时间里，我经常能够看到持续闪烁且非常明亮的光，这种情况会根据我眼睛产生的刺激而增强，并且存在着很大的波动。另外，这种活跃且主观的光现象在不同个体身上的形式可能会极为不同。在这里我将不会引用更多细节，建议读者参考眼睛疾病方面的书籍及生理学实验中关于主观光现象的章节。例如，《鲁特的眼科学》（*Rüte's Ophthalmol.*，p. 192）。

这种内部视觉上的黑色也能够在深度上增加或减少。这方面的证据很容易找到。如果坚持专注地在一段时间里盯着一个黑色纸面上的白色圆盘，之后就会得到一个相对明亮背景上深黑色圆盘的后像，甚至将眼睛闭上并用双手捂住双眼（为了防止有光漏进眼皮里面来），还是能看到这个后像。同时在出现后像的位置，视网膜开始变得对外界的光线不敏感。如果在后像仍然存在时张开眼，盯着一个白色的表面，那么将会看到白色底面上有一个黑点。当眼睛疲劳时内在光就会变暗，当眼睛得到充分休息后内在光就会变得相对更亮。

无论是部分的还是整体的，是短暂的还是持续的，是仅影响视网膜还是影响视觉系统的中枢部分，感觉麻痹都能够产生和视疲劳类似的效应。只有视网膜上的部分区域受到影响的情况并不少见。把一个物体放在病人患病区域对应的视野内，让他看物体上灰色、黑色或彩色的光点，具体看到的颜色将取决于视觉对不同颜色光线感受性的减弱程度。① 在有些被试身上这种现象是暂时性的。即使是出于内部原因，也都会导致整个视野永久或者暂时性地变暗。鲁特②“发现一位妇女在持续的光照条件下，眼睛会突然完全被黑暗笼罩。而可视的物体会时不时地突破黑暗，像幽灵一样出现，之后在她尝试要注视它们时，物体又会迅速消失”。

如果不仅是视网膜，连视觉的中枢部分都完全受损的话，那么人视野中的黑色感觉应该不仅仅是变暗，而应该是完全消失（就像是在闭起眼睛时视野边缘区域的感觉），也就是说这种情况下的眼睛，不会比手指或者是死亡的神经纤维能看到的东西更多。有关这种效果是否完全且永久的问题，我还没有能够找到相关的观察结论，也还没有从著名的眼科医师那里获得最终的意见；实际情况可能并不是这样的。然而根据鲁特提供的信息，这种情况的确会暂时且部分地存在③：“在神经错乱的病人身上有时会出现这样的情况，视网膜的部分区域出现暂时性退化，外部世界投影到这部分视网膜上的事物似乎完全不存在了。”④ 大脑里视觉感受的中枢部分很有可能和基础的生命活动存在根本的联系，因此不能完全且持久地在不涉及其他活动的前提下，暂停某一种活动。

在定律有效性并不存在下限的假设下，甚至对于内在光的光度学测量，也可以用与之前验证韦伯定律的实验类似的方案进行。在黑夜里，有一个物体挡住了灯光而产生投影，我们只要将灯往远离物体的方向移动，直到这仅被内在光填充的投影，刚好无法从同时被内在光和外在光

---

① *Ophthalmol.*，Ⅱ，p. 458.

② *Ophthalmol.*，Ⅰ，p. 156.

③ *Ophthalmol.*，p. 154.

④ 格莱费（Gräfe）的一篇论文《关于弱视导致的视野遮断现象》，刊载于《格莱费的眼科学纪要》（*Gräfe's Arch. f. Ophthalmol.*，Ⅱ，Abth. 2，p. 258），这篇论文研究的结果显示，这些暂时性退化的区域对应的视野只是变暗，而并不是真正的消失。

照亮的背景中分辨出来。应用福尔克曼结果中获得的1/100这一数据，在这个距离开外，增加了内在光水平的灯光亮度只需要达到内在光强度的1/100，就能产生上述效果。

实际上这一实验已经有人做过了，即使实验完成得比较随意。在一道又长又暗的走廊里，将硬脂蜡烛放置在物体前，背景为一块黑色天鹅绒，周围有一些空间，当蜡烛被往后移动87英尺时，福尔克曼就再也看不清黑色天鹅绒上的投影了。在这个距离，往原内在光水平上增加1/100的内在光亮度，就相当于在这个距离1/10的条件下，也就是8.7英尺时的烛光亮度。因此，这个实验告诉我们，一块黑色的背板接收来自一根约9英尺外硬脂蜡烛的光，和没有外部光照时的内在光亮度是相等的。也就是说，前后两种情况下的测光亮度是相等的。

也许有人会觉得这种内在光的亮度非常明显且太高了，因为它被假定为某个物体表面被一支蜡烛在约9英尺之外照射时表现出的亮度，但是我们也不能忽略的是，在这个实验中采用的是黑色天鹅绒制成的背景，它是这个判断过程中的基本事实。实际上一个全黑的表面能够吸收所有的光线，所以它是不会被照亮的，哪怕是被任意强度的火苗在非常接近的距离内进行照射。只有在采用非全黑物体进行的实验环境中，才能允许我们来对全黑背景下的低亮度水平进行讨论。在这种环境中，非全黑的背景仍可以反射一些光，但是非常少，接近于阴影水平，这时能够非常好地对内在光的强度进行测量，这一点已经在实验中被证实。

我在这里引用的结果，只是福尔克曼利用自己的眼睛在仔细而小心进行的实验中获得的。他还另外叫了两个人来进行这项实验，他们在87英尺时却仍然能识别出投影，由于环境的性质原因，超过这个距离实验就无法推进了。这个结果说明要么是他们的内在光水平不同，要么是他们的感受性不同。福尔克曼尝试继续进行这些实验，以进一步完成更准确的测定。同时他的结果已经足以证明内在光的测光强度既不是不可确定的量，也不是小到无法测量的。这一点就是我们现在所需要的结论。

因此根据上面所说的内容，我们知道了在完全没有外在光源的情况下，视野中感受到的黑色仍应被视为一种真实的视觉感受，因此我们不可以忽视在这种情况下对韦伯定律的检验。

如果我们在没有使用工具的前提下，裸眼观察两朵十分相似的云或其投影的微小差异，那么内在光的亮度应该同时加于两者上。如果我们在眼前放上灰色滤镜，以降低云朵或其投影的亮度，这种情况下内在光的亮度是不会改变的。每次内在光都是以固定的强度加在云朵或投影上，因此放上滤镜前后内在光在总亮度中的比例实际上是不同的，同时与先前的相对差异也不同，而且变化的方向是下降的，根据韦伯定律，这必然会导致差异感受的下降。的确，如果我们使用更深的滤镜，那么内在光最终将会取代投影之间的细微差异，所有的差异都会消失。实际上，眼睛内在光的作用形式和我们想象的不一样，它非常类似于在明亮的白天里，星星都消失时的情况。因此，只有在内在光和外在光源的亮度相比小到可以忽略时，才能采取外在光刺激对韦伯定律进行证明。甚至连马森也曾声明，只有在光线的强度可以满足一般阅读的要求时，韦伯定律才能发挥作用。换句话说，如果在光线太暗的条件下进行实验，那么投影间的细小差异会变得更不清楚。相应的规则已应用于所有的改进实验中，并且已多次被经验证实。

有一个发现可以佐证我的观点，即可以通过一种看上去似乎违背但实际上却符合以上原则的方法，来使得亮度与内在光之间的差异达到极小甚至消失。

在夜晚，注视一颗刚好可从背景的黑色夜空中辨认出来的星星，那么通过戴上一副墨镜或者将一盏灯凑近眼旁，就会发现再也看不到这颗星了。此现象还有一个对应的完美案例，它与 1858 年 10 月初的那颗灿烂的彗星[①]有关。使用灰色或有色的滤镜，或者将一盏明亮的灯靠近眼旁，都可以看到彗尾缩短了，当我使用在白天时能够看到云彩最佳细节的深红色滤镜来观察时，整颗彗星甚至都会变得看不见。这其中的第一点原因是星星或者彗星的光通过滤镜产生了明显的衰减，但内在光并没有减少。第二点原因是，不仅是影像投射到的视网膜区域被光照亮，甚至在一定程度上整个视网膜背景都能被照亮。不同的研究者都注意到，这个现象来自于多方面的原因。

首先，光透过巩膜和脉络膜时会略为变红。布吕克（Brücke）在《物理学年鉴》（*Pogg. Ann.*，LXXXIV，p. 148）中提到，他对视网膜影像的主观和客观色彩进行了仔细的研究，获得了一些以上述事实为基础的显著结论。

---

① 名为多纳蒂彗星，由意大利天文学家多纳蒂发现，1858 年是它上一次最接近地球的时候。——译者注

其次，这个影像产生漫反射，达到视网膜的其他区域，之后回射到角膜，再从角膜反射回视网膜［赫尔姆霍茨在《物理学年鉴》(LXXXVI，pp. 501 ff.)中强调了这一事实以及下一事实］。最后，由于眼细胞介质、纤维、细胞膜的微观结构存在，折射会导致不规则的散射现象。迈耶（Meyer）在《物理学年鉴》(XCVI，p. 235）中介绍了一项特别的研究，其中他发现光源周围有彩色光晕的现象，就是由于这一原因而产生的。由于这最后一个原因，以及光源形成的影像对视网膜其余区域的分散性反射，影像周围的光是整个视网膜区域中最亮的。然而，整个视野都会被照亮，只是亮度从影像对应区域开始逐渐向外周递减。

由于以上这些因素的联合作用，假如星星或者彗尾投射到眼中的微光，距离灯光在眼中形成的影像越近，那么被掩盖的可能性就越大，就像白天天空中的星光一样，因为在这个条件下，灯光形成影像的光场是最亮的。

因此，布鲁斯特（Brewster）① 陈述道：

"让点亮的蜡烛靠近右眼，烛光作用于部分视网膜区域，这会使视网膜其余区域对其他光亮刺激的感受，或多或少有所下降。被照亮的点附近感受性的衰减最强，其余区域距离照亮的点越远这种影响越小。在受到强烈刺激的视网膜部位附近，对于其他中等亮度的物体完全无法有所感觉；而且有生动色彩的物体不仅被夺去了光泽，更会慢慢地改变色彩。"

出于同样的原因，我们可以使用赫尔姆霍茨的方法②，在没有荧光物质的帮助下，看到使用平常方法看不到的太阳光谱中的紫外线。光谱中的其他射线会将紫外线掩盖，因此只需要采取一些措施，将这种射线与光谱的其他部分隔离开来即可。

从上述说明中还可以得到进一步的一般性结论。虽然在当照射光增强时，从黑色和白色表面反射回来的光会以相同的比例增加，但是此时黑色和白色表面的差异却会显得更大，这是因为相比于白色，黑色的亮度组成中内在光的成分更多。这也就是为什么在亮的地方比在暗的地方更便于阅读的最根本原因。

---

① *Pogg. Ann.*, XXVII, p. 494.

② *Pogg. Ann.*, LXXXVI, p. 513.

除了韦伯定律中有关光线强度的限制，我们还不能忘记强度以外的其他条件对于亮度差异知觉的可能影响，只有保证这些条件的一致性，韦伯定律才能有效。据我们所知，关于这些条件的研究目前还非常不充分。但我们还是会提到一些，到目前为止就我们的经验而言，这些因素非常值得关注。

在本书第 119 页上说过，阿拉戈注意到被比较部分的运动对差异知觉的影响。福尔克曼也注意到了这个效应。在实验中，为了能够非常好地判断投影的出现和消失，产生投影的光源必须要被移动，这样就会导致阴影也会同时出现运动。在这种运动的影响下，1/100 的最小可觉差异比值就可能会被修正。

我们在这里谈到的阿拉戈的实验中，实验对象并不是两个投影，而是下面的方法中所提到的客体。采用的仪器是一台望远镜，内部配置了一套洛匈棱镜，可以形成双重的影像，而在物镜之前有一个尼科尔棱镜[①]，将这台望远镜对准一个黑色硬板纸背景上的洞，通过这个装置，就能够看到背景后面的天空。转动尼科尔棱镜，就可以随意减弱两个影像中一个的亮度，与另一个影像相比就可以测得减弱的程度。两个棱镜主要部分的相对位置，决定了两个影像的相对亮度差异。按从目镜到物镜的方向，在望远镜内部直线移动洛匈棱镜，能够使得较暗的那个影像运动起来，通过这种方式，它的运动过程将从其边缘与较亮的影像正中相交的位置开始，移动到当两个影像的边缘刚好重合的位置为止。

在若干个观察者的帮助之下，以上述方式进行的三个系列实验中，当较暗的影像叠加在较亮影像上方，并且运动速度达到每秒 12 角分[②]，同时其亮度与较亮影像的亮度比值符合以下值的情况下，较暗的影像就会消失：

	静止时	运动时
实验Ⅰ	1/39	1/58
实验Ⅱ	1/51	1/87
实验Ⅲ	1/71	1/131

① 尼科尔棱镜是一块被切开的菱形方解石，穿过它的光会被分为两束，其中正常的那束光被反射至另一个方向之后被吸收，而另一束透过了尼科尔棱镜的光则直接转换为偏振光。洛匈棱镜由两块并列的楔形方解石组成；它能将一束光分成两束光，其中一束是正常的光而另一束是特别的光，阿拉戈使用它来产生两个影像。——译者注

② 角度的测量单位之一，1 角分为 1/60 度。——译者注

关于这三个系列实验中绝对值的巨大差异，阿拉戈说："我不会尝试在这里解释，为什么三个实验中静止状态下的眼睛感受性会如此不同。这是一个和生理学有关的现象，我之后将会回过头来再进行叙述。"这种差异并不是由不同观察者之间的差异造成的，因为阿拉戈说，以上"由劳吉尔（Laugier）先生、古戎（Goujon）先生和查尔斯·马修（Charles Mathieu）先生获得的观测数据基本一致"，这种差异也不是由刺激的绝对强度差异造成的。因为这样会相当于承认我们的定律在一般的天文学领域的表现，是在某种程度上与阿拉戈论述的一般性实验结果相矛盾的："我们可以说，计算获得的信息能够帮助我们判断该范围内的暗度水平，结果告诉我们当投射到较亮影像之外的较暗影像亮度只有前者的1/2 100时，它就会消失。"

下面福斯特（Förster）[①] 的记述同样是关于运动的影响，这部分内容非常有趣。他在谈到自己的光度计时说：

> 在很暗的光照下看一个很小的物体，一段时间后会发现物体不是变得更清楚而是似乎突然消失了，但很短的时间之后又会重新出现。我相信这一现象并不是由于视网膜的属性之一，即能量的波动造成的，物体重新出现真正的原因，可能是在这个时刻眼睛发生了微小的运动，使得原先以其他方式激活的影像落入新的视网膜区域上。我正好有个机会与奥贝特（Aubert）协作（参见 *v. Gräfe'sches Arch.*，Ⅲ）进行了关于视网膜空间感觉的实验，这是个能够很好地验证这一事实的机会。我们在暗室里从几英尺之外观察几张面积很大的白纸，纸上写着巨大的数字，纸张之间存在着很大的间隔，这一个过程的关键是要保持眼睛静止不动。房间非常暗，以至于那些数字对我们来说看起来就像是白纸上的污渍。我盯着其中一个数字看，不久之后——在亮度固定的微弱照明条件下——我所注视的数字与其他数字一样，都完全消失在灰暗的纸张之中，作为背景的纸张也变得越来越暗。当这种情况发生时，我就无法继续注视，眼眶有种难受的感觉，而只要此时眼睛进行一下微小的调整，我就会立刻又看到整张纸及纸上污渍般的数字。眼睛的运动要么是如上述这样被注意到的，要么是有意识地做出的，或者我们也可以从上述事实推断，最终，一个与先前不同位置上的数字出现在了注视点中。

① *Ueber Hemeralopie*, p. 13.

现在尚不知道运动是如何产生这种影响的。目前所获得的事实认为，运动使差异投射到一个新的且尚未疲劳的视网膜位置上，所以会产生这种效果，但是由于差异双方本身并没有因为运动而改变，而只是改变了这种非常细微的差异出现的位置，所以这种疲劳的状态似乎并不会因为运动程度的多少而减弱。①

另一种可能是，运动对差异感觉的提升是由于对多个刺激差异的多重感觉联合导致的，而不仅仅只是取决于刺激本身的新鲜感。也许在刺激发生后的一段特定时间内，许多印象将会以总和的形式相继被激活。最后，以下情形（至今还没有公开解释过）可能暂时可以从一般性的角度解释运动的影响。对任何两个不同大小的刺激进行比较时，使用同一器官相继进行比较，相比于同时进行不同器官的比较而言，成功率要高得多，这与韦伯在他实验证据的基础上所提出的观点类似，本书第 69 页上曾提及过这部分内容。即当我们比较两个重量间的微小差异时，使用同一只手相继提起重量进行比较，会比使用两只手分别同时提起两个重量比较来得容易。而在我们的实验中，通过对光的运动控制，使得同时投影到视网膜不同区域的两个刺激间的差异关系，变为了相继投影到视网膜上的两个刺激之间的差异。原本视网膜上的一点受到强光的刺激，而运动使得照射到这点上的光变弱了，相反的情况也同样存在，运动越快，在一段给定时间里光线相继达到视网膜上的点就越多。然而，这种解释目前仍然只是一种推测。

还有一个影响差异感觉能力的因素就是刺激大小，但其实只要它们的强度大小保持在某个具有可比性的范围内，这一因素就并不影响韦伯定律。这个结论是根据有关星星和投影的扩展实验中获得的事实而直接推断出来的。但是，相同强度的点光源与面光源相比，却更难从背景中被辨认出来。由于我将在第十一章中更详细地讨论这一问题，所以就不在这里深入叙述了。

第三，有研究表明一个给定的相对亮度差异，当构成这个差异的两个刺激较暗且背景较亮时，相对于刺激较亮背景较暗的情况，更容易被分辨出来。关于这一点，首先有阿拉戈采用测光装置，在一种或多种实验条件结合的情况下进行了研究，基于自己的实验②做出了专门的论

① 人们从很久以前就发现了运动对注意的影响，例如看或用皮肤感觉运动的物体，以及听声音的音高变化，这种运动甚至可能使感觉迟钝的界限降低，使得人可以感觉到原先无法感觉到的刺激。——译者注

② *Arago's Werke*，由汉克尔编辑。

述，另外汉克尔也通过其他的测光实验发现了同样的结果，证实了这一情况（目前还未出版）。

最后一点需要注意的是：虽然在许多方面音高和颜色都可以进行有效的类比，但对音高适用的韦伯定律在颜色领域内却并不适用，这也是一个明显的例外情况。正如下面马上要提到的，音高实验考察的是对振动中可觉差异的等价性判断，而颜色则与之不同，因为无法使颜色的振荡频率等比例地变化。的确，在光谱范围内，眼睛一般很难分辨出颜色上小三度——甚至是大三度——的差异（一个比喻），但在黄色或绿色的范围内这种最小可觉差的变化却非常快，以至于从黄色到绿色过渡的每个可识别的差异都像个小半音一样突出。[①] 此外，音调和颜色之间还有很多没有讨论的问题，因此它们之间的类比不能成立。

声音

关于声音，我们必须区分噪音和乐音，噪音没有特别的音高，只有强度可供测量，而乐音除了强度（声强取决于振幅，与其平方成比例），还有音高（由振动的频率决定，也是其物理测量的参数）。使用噪音和乐音都可以研究强度，但是要研究音高只能使用乐音。首先让我们先来对强度进行研究。

在维洛特的指导之下，伦茨和沃尔夫[②]使用正误法进行了实验，他们在合适的环境下，将滴答作响的钟分别放在与耳朵距离不同的几个地方，对响度的差异判断进行了研究。以下是他们的主要研究结果：

“如果两个强度较低的声音一个紧接着一个相继呈现，而且两个声音的强度比例达到 100∶72，那么在所有情况下被试都可以非常清楚地区分这两个声音了，而且随着差异绝对值的增加，判断的肯定性就越高。若两个声音的强度比例为 100∶92，那么正确判断的次数就会超过错误或模糊判断的次数，虽然超过的值并不大。”

这些仔细设计的实验值得引起我们的注意，因为它们是使用正误法的良好示范，并且它们指出了我们对于声音响度差异的辨别能力相对较差，这些事实对于接下来的内容很重要。然而，这些实验并不适合于验

① Helmholtz in den *Berichten der Berl. Akad.*, 1855, pp. 757 ff.

② *Vierordt's Arch.*, 1856, H. 2, p. 185; *Pogg. Ann.*, XCVIII.

证韦伯定律的有效性，因为它们的设计目标并不是研究不同绝对刺激强度下的差异感受的等价性。而下面的实验是有关于这方面内容的。

在福尔克曼完成了他的测光实验之后，我向他提到了韦伯定律普适性的重要意义。他当场就即兴发挥设计了一个实验装置，供我用来实现验证声音响度范围内韦伯定律的初实验，我当天就以低廉的造价将这套设备制作了出来。

这套设备是由一把能够自由摆动的锤子构成的，锤子会撞击到对应圆盘中的一个物体，物体的材质不同，要么会发出要么不会发出声音。一根坚固的编针作为摆锤的轴。这根轴是固定在一根横木中两个黄铜制成的孔上，而这根横木的两头又是固定在一块厚木板的两个顶端的。从自然状态上说，锤子重量是重或轻、锤子落下前相对于圆盘的高度是高或低、人距离设备的距离近或远等，都可能控制锤子发出的声音是变大或者变小。由于在最初的设计中，并没有设计用来判断锤子释放前高度的分度圆装置（机械中的专业术语），所以便在设备旁放上了一段有着几个高度标记的象限仪，每次锤子释放前的高度都依靠该象限仪来确定。锤子是木制的，撞击的是一个方形玻璃瓶。事先设定两种下落高度，对应两种声音之间的差异足够明显，能使站在设备旁的观察者无需了解具体下落的高度，就能准确无误地判断出哪个声音更大。但是这两种声音之间的差异又要足够小，能使得当这种差异减小一半时，判断不如上述情况中的那么准确，观察者有时会做出正确的有时又会做出错误的回答。然后，观察者朝向远离设备的方向分别迈出 6 步、12 步、18 步，以保证与设备之间的距离至少是最初距离的 12 倍。在每种距离条件下，都要针对两种下落高度多次重复同样的实验，与前面的实验相同，需要先呈现给观察者一个非常小但却仍可以确信是否存在的声音差异。如果距离变为原来的 12 倍，观察者听到的声音强度就变成了原来的 1/144[①]，而两种高度产生的声音差异一开始就只是略高于最小可觉程度，因此假如对声音强度差异的判断是依赖于绝对强度的大小，那么此时的差异就应该变得无法辨别。然而，在所有的三种距离条件下，观察者对差异的判断却仍然非常有信心，而且成绩也和在设备旁边时一样好。

---

① 事实上，这一结论只有当实验是在自由活动的空间中进行之时才会成立，而该实验是在封闭房间内进行的。

虽然这一实验设计和实验设备从某种程度上说仍很粗糙，但已经充分覆盖了其中的关键点，并且结论很有总结性，从中我们可以预见，就算采用更精密的实验设备进行更精细的实验，也不会得出其他的结果。福尔克曼后来的实验的确证实了这一猜想，他特地设计了一个规模更大的实验，其中声音的强度能够增大 100 倍以上。然而他的实验中没有使用落锤法，而是在采取了适当的防护措施的前提下，让铁球自由落体到铁盘上以产生声音。我也参与了部分实验。在实验中，铁球下落的高度、铁球的质量以及观察者与装置间的距离，均可以在很大的范围内变动。在铁球下落轨迹的一侧垂直固定了一个刻度装置，用以精确测量铁球下落的高度及其变异值。从方法和结果这两个方面来看，这个实验与之前描述的其他实验是基本一致的。当绝对声音强度变化值达到最大程度，前后两次铁球下落高度的比例为 3∶4 时（即声音强度的比例也是 3∶4，后面我们将会进行说明），正好足以使两名有良好分辨能力的观察者能做出正确的判断。这一比值与伦茨和沃尔夫的实验结果非常相符。

下面是从福尔克曼的日志中摘录的，是有关实验的详细描述：

> 将一根标有刻度的棱柱竖立在一块平板上。可以通过三个螺丝调节棱柱以保持完全竖直。棱柱上有两只可以滑动的水平臂 α 和 β。金属球从这两只滑臂指示的高度开始下落至平板上。使用拇指和食指捏起金属球，指尖靠在水平臂 α 或 β 上，然后小心地分开两个手指释放金属球。我有两个重量相同的球，左右手各取一球，这样就不需要在释放了第一个小球之后再寻找和提取第二个球，减免了一次动作。
>
> 观察者与仪器之间的最近距离为 1 米，最远为 6 米。
>
> 铁球先后两次下落高度的绝对值之比为 3∶11。
>
> 两个不同铁球的重量之比是 1.35 克∶14.85 克……
>
> 我和海登海因遵守上述的声音差异范围设定，进行了大量实验，结果发现，在声音的强度之比为 3∶4 时我们能够非常确定地分辨出差异，而当差异比例下降为 6∶7 时，我们就会变得犹豫不决并产生一些错误。
>
> 但是另一方面，在声音的强度之比为 3∶4 时，费希纳却会频繁出错。不过，显然练习会影响他的判断能力，因为在实验末尾一次很长的系列测试中，他每次都能够正确判断出强度为 3∶4 的声音差异，而在实验开始阶段他的错误次数多于正确次数，在经过了

一段时间的实验之后，他的判断中仍有1/3是错误的，只有2/3是正确的。

早期的实验都是基于最小可觉差法的。出于我之前已经说过的原因，这种方法不能达到像正误法和平均误差法那样的精确度。因此无疑地，使用那些方法进行的实验都是值得商榷的。不过考虑到实验中声音刺激的绝对强度变化范围非常大，所以这些结果通常也足以证明定律的有效性。这些已有的实验最多只是在低值位上与定律存在一点偏离，我们没有必要为这样的概率水平给出任何理由。

关于此类实验中将要使用到的装置，从理论和实践方面补充一些内容说明似乎是很有必要的。

沙夫豪特[①]曾经描述过一个使用下落的球发出声音，来测量对声音感受性的装置，不过这个装置只是用来了测量绝对感受性。

音摆也被用来进行这方面的研究。伊塔德（Itard）[②] 曾使用过一种测量听力障碍者听觉感受性的仪器，该仪器被称为听力计。仪器的构造是这样的，基座上有一根立柱，柱子上固定着一根横杆，杆上自由悬挂着一个锤制而成的铜环。铜环受到音摆的敲击而发出声音，摆下落的高度使用刻度弧来测量。

我自己也曾经制作过一个双音摆，结构与上述的音摆相似，差异在于我采用的是两个带刻度的音摆，它们分别敲击一块石板[③]的两边以发出声音；不过我还没有机会使用这个装置来进行实验。

接下来的评论是有关于这些装置相关的理论的：

如果忽略空气阻力和其他可能干扰因素的影响，那么当物体自由下落或者音摆敲击另一个物体时，产生的声音强度与下落的高度以及下落物体的重量成正比。[④]

实际上，声音的强度和发声物体振幅的平方成正比；而振幅（根据那个著名的公式）与粒子经过其平衡位置时的速度成正比，这一速度也是其离开平衡位置时速度。因此这一速度又取决于下落物体的重量及撞击时的速度。根据自由落体定律，下落物体撞击时的速度（即下落时的

---

① *Abhandl. d. baier. Akad.*，Ⅶ，T. 2.

② *Gehler's Wört. Art. Gehör.*，p. 1217.

③ 如果使用木材，我无法使两个音摆发出相同的声音。

④ 沙夫豪特认为声音的强度和下落高度的平方根成正比（*München. Abhandl.*，Ⅶ，p. 517），但是根据上面的比例我认为这一规则并不正确。

最终速度）与下落高度的平方根成正比。即下落物体撞击时最终速度的平方与下落的高度成正比，因此粒子经过其平衡位置（诸如此类的位置）时速度的平方也与下落的高度成正比。我们知道，无论物体是自由落体还是按照弯曲的路径下落，只要是经过同样的高度，对下落的音摆和对自由落体的物体而言，最终速度是一样的（假设轴的摩擦阻力可以忽略）。我们必须注意的只有一点，如果声音强度依赖于下落时的高度这一假设是正确的，那就不能在释放物体时为其施加初速度。因为实验中我们采用的下落高度值都很小，所以在这种条件下空气阻力基本可以忽略不计，我们按照正常情况进行操作即可，尤其是使用铅作为下落物体的材料时。

以上论述表明，音摆发出的声音强度并不是和音摆释放时的角度 φ（摆角）成正比，而是与释放时和最低位置之间的高度差成正比；换句话说，是与 $1-\cos\varphi = 2\sin^2\varphi/2$ 成正比。可以据此来校正音摆。因为 $\cos45°$ 等于 $\sqrt{1/2}=0.707$ 而 $\cos90°$ 等于 0，所以这两个高度产生的声音强度之比为比 1－0.707(＝0.293)∶1，约等于 3 比 10。而 60°、90°、180°对应的声音强度之比为 1/2∶1∶2。只要摆角不超过 60°，就可以将声音的强度近似等于摆角的平方，所以摆角增加为原来的 2 倍，声音便增强到原来的 4 倍，摆角增加为原来的 3 倍，声音便增强到原来的 9 倍。①

下面的简表列出了 0°到 90°之间的摆角对应的声音强度，以及从声音强度推出的摆角角度，90°摆角条件下的声音强度分别被定义为 1（第Ⅰ部分）和 10（第Ⅱ部分）。180°摆角产生的声音强度是 90°时的 2 倍，90°到 180°之间的摆角产生的声音强度均在这个范围之内。不过，我们一般不太可能使用大于 90°的摆角。

声音强度与音摆摆角的关系

Ⅰ				Ⅱ			
高度	强度	高度	强度	强度	高度	强度	高度
90°	1.000 0	75°	0.741 2	10	90.00°	7	72.54°
85°	0.912 8	70°	0.658 0	9	84.26°	6	66.42°
80°	0.826 4	65°	0.577 4	8	78.46°	5	60.00°

① 这是从下面这个著名的公式得出的，即

$$\cos\varphi=1-\frac{\varphi^2}{1\times2}+\frac{\varphi^4}{1\times2\times3\times4}-\cdots$$

续前表

I				II			
高度	强度	高度	强度	强度	高度	强度	高度
60°	0.500 0	30°	0.134 0	4	53.13°	1/2	17.19°
55°	0.426 4	25°	0.093 7	3	45.57°	1/4	12.97°
50°	0.357 2	20°	0.060 3	2	36.87°	1/8	9.07°
45°	0.292 9	15°	0.034 1	1	25.84°	1/16	6.41°
40°	0.234 0	10°	0.015 2				
35°	0.180 8	5°	0.003 8				

至于音高方面的研究，我们已经看到韦伯以及他引用过的德勒泽纳都进行过一般性的描述，他们采用了振动的次数取代了刺激强度。不过我很确定的是，德勒泽纳在自己书中提到的研究主要是关于偏离某些音程（例如单音符、八度音程、五度音程等等）多大的程度，音调仍能够被区分出来，而不是直接研究韦伯定律所提出的问题，即两个音调（在不同高度）的振动次数比例保持相同时，它们两者间差异的可辨别性是否保持不变。同时并不需要专门设计实验去验证定律中的这个问题。毕竟，对于精通音乐的人来说，相同的振动比率对应着来自不同八度的两个声音间的同等大小差异，证明这一点是很简单的——甚至可以说是根本不值得一提——这样我们可以认为这种证明比其他情境下的更为直接，而且甚至可以产生更大的差异。欧拉、赫尔巴特和德罗比什也曾在他们关于音调关系的数学问题中以这一事实作为结论的基础。

我有时会在实验中使用木质的音摆敲击木块发出声音，然后请一些精通音乐的人，让他们将45°摆角和90°摆角时产生的声音强度，与音高的比率对应起来。其中一部分参与者表示他们做不到这一点。而非常惊人的是，其中大多数可以完成任务的参与者（他们都是独立完成任务的，不知道别人的判断结果）都认为两个声音间的差异可以类比为四度音程。不过我不准备在这里过多讨论这些实验，因为它们都还很粗糙且未定型，而且得出的结论也不一致。就我个人来说，我仍怀疑是否能够将两个声音强度的比率和所产生的音高感受进行直接的类比。但不管怎样，这些实验确认了伦茨与沃尔夫，以及福尔克曼得到的结果是可信的。根据这样的结论，我们就应该得知，这种相当广泛的声音强度差异（3∶10）并不会造成巨大的感受差异。

关于这一问题，我联想到曾在莱茵合唱节上遇到一位音乐家［小提琴大师冯·瓦希莱夫斯基（von Wasilewski）］，他提到一个非常有趣的现象，即一个有着 400 名男性的唱诗班发出的声音，听起来并不比只有 200 名男性的唱诗班更响。

重量

在本书第 108 页我曾经提到通过最小可觉差法获得有关韦伯定律的结果，这个结果为重量判断中定律的适用性提供了第一个证据。韦伯的实验有着特别的优点，即在他的部分实验中，皮肤对压力的感受性可以与肌肉感觉相分离，而类似方法进行的其他实验则大多是基于两种感受的结合。另一方面，我自己通过正误法所进行的实验中，关注的则是在提举重量的比较过程中，这些感受自然结合情况下的结果，我马上就要讨论到其中的细节问题。通过我的操作模式，不能精确地区分这两种感受。然而鉴于韦伯定律保证了自己的准确度，所以每个对于定律的有效证据似乎都是有用的。另外，这些实验本身也就是作为检验韦伯定律的研究方法而存在的。

为了让读者更好地理解接下来的描述，会经常参照本书第 72～92 页中关于方法章节的内容。然而我认为没有必要再回到其中的细节上。另一方面，读者会发现接下来讨论的内容中，包含了很多先前介绍过的证据和案例。

接下来将讨论两套重要的系列实验，一种是双手操作实验，另一种是单手操作实验（分别用右手和左手进行实验）。两种实验的过程基本类似，均包含六个水平的质量，即 300、500、1 000、1 500、2 000 和 3 000 毫克，两类实验的结果基本一致。单手操作系列于 1856 年的 10 月到 11 月间进行，双手操作系列则是在 1856 年的 12 月到 1857 年的 1 月间进行。这些实验的环境从本质上说，与第 74 页描述的一般条件一致。我们需要特别注意以下事实：

每个系列实验均包含了 32 个实验日，每个实验日里有 12 个实验区段，每个区段由 64 次重量提举组成，也就是说实验总共包括 32×12×64=24 576 次简单提举的试次。每一个标准重量 P（其重量将定时更换）对应两个特定的增量比例值作为附加重量，分别是 $0.04P$ 和 $0.08P$。使用后一种附加重量更容易为被试察觉出变化，但从后续表格中可以看出，被试仍然会犯下相当量的错误，因为被试高估了自己的能力。这个结果的原因可以参考第 73～74 页有关实验程序的阐述，其中被试的每次判断都仅仅是基于一次配对的重量提举，而不是基于多次重复的提举，在这个程序中被试对 $D=0.08P$ 的比较很少产生错误的判断。每天的实验中需要举起 12×64=768 次重量，给六个标准重量中的每一个都分配了两个实验区段，每个区段 64 个实验试次，每天所有的实验试次均是与同一个相对 D 值进行比较，D 值只有在数日或者数周后才会更改一次，这在下文中将会介绍。同时，每天实验程序中标准重量的出现顺序会按照升序（↑）和降序（↓）隔日进行轮换。无论是双手还是单手操作，每个标准重量都对应了 32×128=4 096 次重量提举的比较。其中 2 048 次是与 $D=0.04P$ 进行比较，与 $D=0.08P$ 进行比较的次数相同，这 2 048 次中，重量升序（↑）和降序（↓）的次数分别为1 024 次。双手操作实验中每天针对每个标准重量的 128 次提举是连续的。而在单手操作中则每 64 次左手实验后接着进行 64 次右手实验，并且接下来的实验部分中轮换两只手进行实验的顺序。$D=0.04P$ 与 $D=0.08P$ 这两种附加重量条件，在双手操作实验中是两天一轮换，而在单手操作实验中则每八天一轮换。这样的实验程序导致在双手实验系列中，两种 D 导致的感受性值非常相近。因此这个实验系列可以用来证实我们的定律，即假如感受性 h 是固定的，根据 D 的大小就可以获得正确判断占总判断次数的比率 r/n。[①] 但在单手操作实验中情况则不同，如在第 66 页我的评论中提到的，以 $0.08P$ 作为附加重量的实验周中，感受性值与 $0.04P$ 的实验周相比，前者较低。然而现在我们关注的是标准重量的大小对于感受性值的影响，这在单手实验与双手实验中的结果是一致的。

为了开始最简便的系列观察操作——即使这些观察并不是最精确的——我将先给出所有标准重量 P 对应的总正确判断数 r。这些值是按照它们的主要条件进行分类，而不是根据四种主要条件准确对应的测量方法进行分类（即可以计算出 $t=hD$ 值的方法）。但即便不进行上述计算，我们关心的主要结果，也可以通过正确判断的总次数 r 与所有判断之间的关系获得。对于同样的实验系列结果，即便采用了更精确的处理方式，也不能获得比先前更精确的证明结论。

这里使用的重量单位均为克。

---

① 如第七章讨论过的，这个定律可以通过本书第 83 页的基本表中 r/n 值与 $t=hD$ 之间的关系来进行表达。相应地，在排除了 p 和 q 影响的前提下，如果 D 翻倍，那么 t 也会翻倍。

为了防止下表中数字的意义有可能被误解，所以我将重点解释一下第一张表中的第一个数字。对应于 $P=300$，$D=0.04P$，$n=1\ 024$（↑）的数字 612 表示，标准重量等于 300 克，附加重量为 $0.04P$（也就是 12 克）时的实验日中，所有使用升序变化条件下（↑）的正确判断次数的总和为 612，而在相同条件下所有的判断次数总和为 1 024。错误判断次数则相应地为 $1\ 024-612=412$。其他数字的意义依此类推。自然地，因为最后一列的 r 是同一行中前面四列的数字加和而得到的，所以对应的总判断次数是前面各列 n 的 4 倍，即括弧中的 4 096。另外，最后一行的 r 是基于同一列中前面六个 P 对应的数字加和而得到的，所以对应的总判断次数是前面各行 n 的 6 倍，即 6 144。

Ⅰ. 双手操作系列中正确判断次数 r

P	$n=1\ 024$				总和 ($n=4\ 096$)
	$D=0.04P$		$D=0.08P$		
	↑	↓	↑	↓	
300	612	614	714	720	2 660
500	586	649	701	707	2 643
1 000	629	667	747	753	2 796
1 500	638	683	811	781	2 913
2 000	661	682	828	798	2 969
3 000	685	650	839	818	2 992
总和 ($n=6\ 144$)	3 811	3 945	4 640	4 577	16 973

Ⅱ. 单手操作系列中正确判断次数 r

P	$n=512$								总和 ($n=4\ 096$)
	$D=0.04P$				$D=0.08P$				
	左		右		左		右		
	↑	↓	↑	↓	↑	↓	↑	↓	
300	352	337	344	318	387	372	386	342	2 838
500	339	332	348	335	383	402	413	366	2 918
1 000	325	343	382	388	383	412	389	422	3 044
1 500	353	358	371	383	406	416	435	430	3 152
2 000	378	353	369	382	413	418	414	421	3 148
3 000	367	343	364	386	426	433	429	438	3 186
总和 ($n=3\ 072$)	2 114	2 066	2 178	2 192	2 398	2 453	2 466	2 419	18 286

可能读者会很容易注意到，在这里我略显不恰当地省略了有关表中不同条件下不同结果的讨论（比如对于不同的 D 值、左右手的差别、↑和↓的差异）。这些问题的细节将在《测量方法》一书中进行讨论。这里之所以分类给出这些差异结果，主要是为了展示不同条件但同样的程序情况下正确判断次数的变化，即正确次数随着标准重量大小的上升而缓慢上升，当重量达到最大的 2 000 克或 3 000 克时，上升的幅度就微乎其微了。当我们认识到不同实验条件下的变化一致性后，就只需要关注最后一列数据，也就是在两个表格中，每个标准重量条件下 n 值为 4 096 时的正确判断次数之和这一数字即可。

这些实验的数据应该可以直接且精确地支持韦伯定律，也就是在不同的标准重量条件下所有的 r 值应该不仅是相近而且应是一模一样的，因为附加重量与标准重量的比值在所有的实验条件中是一样的。但事实并非如此。不过，本实验数据与定律预测值之间的偏差并不是关注的重点，因为它与光感受性实验中那种真正的偏差是有差别的，这种偏差应该同样被视为是定律作用的结果。就像我们在光感受性实验中即使没有额外的光线，也必须考虑到内在光造成的影响一样，在本实验中，我们也要考虑手臂的重量甚至是覆盖手臂的衣物重量（在本实验中只有很轻的衬衫袖子需要考虑[①]），这些重量在没有提起外部重量 P 的情况下也是存在的，因为在提举物体的过程中这些重量一样也被提起了。现在，就像之前实验中当内在光相对于外在光小到可以忽略的程度时，定律就可以通过实验得以证实一样，在举起重量的过程中手臂的重量相对于需要提起的重量物也可以忽略时，定律也才得以成立。

实际上相对于理论值，我们只在最大的重量值上观测到不是很明显的偏差，而且这偏差是按着先前概念中所期望的方向发展的；也就是说，正确判断的数量多少是随着 P 值的上升而上升的。如果我们考虑到实验过程中保持不变的绝对增量 A，也就是手臂的重量，这个重量增加到不断增加的标准重量 P 上（D 值只是随 P 值成比例地变化），于是就有了 $D/(P+A)$ 这个表达式来预测正确判断的数量，其中随着 P 的增长，分母中 A 起到的作用相比于 P 自然就会越来越小。当 P 值变大到超过某个程度，A 的作用就可以开始忽略不计了。这个论断已经获得

① 另外还存在一个问题，即：空气阻力作为一个特定值，对于皮肤造成了多大程度的影响？不过可以说，似乎这种因素已经包含在机体，即手臂的重量里了。

了实验证实。

既然手臂的重量是值得考虑的，但令我们感到奇怪的是，P 值从 300 克到 3 000 克这个逐渐增加的过程中，并没有因为手臂重量的影响下降而导致 P 对应的正确判断次数显著上升的情况。令人更震惊的是，在最小的两个 P 值，即从 300 克增加到 500 克时，正确判断的数量并没有显著上升，甚至在双手实验中产生了小幅度下降。这个反常的现象我们稍候再进行讨论，它并不是一个常态的现象，因为第一，我们并不能确定手臂对自身重量产生的感觉是否和外部施加重量的作用方式一致。第二点，必须注意到当举起重量 P 时，我们是使用整个手臂为杠杆，被提举的物体位于杠杆的一端，而手臂的力矩（作用点位于其重心）相对较短。第三点，即便是增加了对力臂的考虑，我们也只是关注了肌肉的运动，而没有考虑压力的感觉，因为只有重量 P 能够对皮肤产生压力觉，而手臂的重量却不能。第四点也是最后一点，我们必须考虑表中正确判断的数据并不是为我们提供一个准确的感受性标准，而仅仅是为了证明感受性随着标准重量的增加而变化。我们于第 90～91 页提到的问题在这里表现得很明显；而且我们必须特别注意一下在第 89～90 页提到的实验环境问题，即当标准重量增加时，提举的时间顺序 p 产生的影响作用就会增加，同时根据第 89 页的内容，在这个事实下正确判断的次数总和，比无影响假设下的期望次数要略小。事实上如果没有这些误差的干扰，标准重量最大时的正确判断次数应比现在要更高一些，而且因此应该与标准重量最小时的正确次数间的差距要更大一些。这种情况在小附加重量 $0.04P$ 时表现得尤为明显，而相比之下，大附加重量 $0.08P$ 中这个 p 的作用多多少少可以理解为消失了。因此我们会在双手操作实验中发现，1 500 克与 3 000 克在 $0.04P$ 条件下的正确判断次数分别为 1 321 和 1 335，在 $0.08P$ 时则分别为 1 592 和 1 657。在单手操作实验中也是类似的情况，$0.04P$ 时对应的数值分别为 1 465 和 1 460，$0.08P$ 时为 1 687 和 1 726。两种类型实验中表现出的数值差异是一样的，均为 $0.08P$ 时的值大于 $0.04P$ 时的值。

通过第 86～89 页提到的完全补偿程序来彻底去除次要效应造成的干扰，这个方法主要是对四种主要实验条件进行分别的计算来实现分离。我们首先看到，在接下来的表Ⅲ中列出了根据四种主要条件计算的 r 值。而在表Ⅳ中列出的是根据基本表求出的 t 值（不包含子群）。在《测量方法》中我将给出单手实验中计算得到的数据。这里我不想加入太多的表。接下来关注的是对结论性结果的讨论，这在表Ⅳ的 $4hD$ 和 $8hD$ 两列中给出。表Ⅳ中剩下的数据和表Ⅲ中所有的数据都仅仅是为了给这个结果提供一个基础。不过在说明结果提取方法和证明方法的总体细节上，这些数据还是有用的，所以应该顺带展示给大家。

Ⅲ. 双手操作系列中四种主要实验条件下的正确判断次数 r

P	$n=512$								总和 ($n=4\ 096$)
	$D=0.04P$				$D=0.08P$				
	r_1	r_2	r_3	r_4	r_1	r_2	r_3	r_4	
300	328	304	328	266	404	358	372	300	2 660
500	352	274	321	288	399	339	364	306	2 643
1 000	334	318	335	309	377	365	410	338	2 796
1 500	346	323	308	344	408	402	399	383	2 913
2 000	296	365	309	373	404	385	439	398	2 969
3 000	244	393	265	433	392	447	390	428	2 992
总和	1 900	1 977	1 866	2 013	2 384	2 296	2 374	2 153	16 973

Ⅳ. 根据前表得出的双手操作系列 t 值

$n=512$，$\upsilon=1$

P	$D=0.04P$					$D=0.08P$					总数 $8hD$
	t_1	t_2	t_3	t_4	总和 $4hD$	t_1	t_2	t_3	t_4	总和 $4hD$	
300	2 547	1 677	2 547	346	7 117	5 679	3 692	4 260	1 535	15 166	22 283
500	3 456	624	2 290	1 112	7 482	5 444	2 958	3 932	1 749	14 083	21 565
1 000	2 769	2 181	2 807	1 856	9 613	4 469	3 973	5 971	2 920	17 333	26 946
1 500	3 224	2 363	1 820	3 147	10 554	5 873	5 584	5 444	4 726	21 627	32 181
2 000	1 394	3 973	1 856	4 301	11 524	5 679	4 813	7 558	5 397	23 447	34 971
3 000	−416	5 168	312	7 200	12 264	5 123	8 067	5 034	6 915	25 139	37 403
总和	12 974	15 986	11 632	17 962	58 554	32 267	29 087	32 199	23 242	116 795	175 349

为了更清晰的表达我的观点，我想对两张表的第一个数据再进行一次解释：

表Ⅲ中当 $P=300$，$D=0.04P$，$n=512$ 时，$r_1=328$ 这个数值意味着，标准重量 P 为 300 克，附加重量 D 为 12 克，在第一种主要实验条件（也就是 D 处于左边容器并且先被提举起时）下正确判断数量 r_1 的值为 328。

表Ⅳ中对应的 $t_1=2\ 547$ 是从基本表中推出来的，通过 $r/n=328/512=0.640\ 6$ 这个数值可以推算出相应的 t 值。表顶端 $n=512$ 和 $\upsilon=1$

表示每个 t 值是从 1 倍的 512 个实验试次（不包含子群）中得出的。

这样就可以看到 r 值在四种主要实验条件下的变化，并且能够得出标准重量变化带来的影响。当 $P=3\ 000$ 时，正确判断的次数 $r=244$，因此比错误判断次数 268 小（由总判断数 $n=512$ 减去正确次数可得），所以我们得到的 t 值就是负的（见表Ⅳ）。顺带提一下，这样的情况在我其他的观察表中还是比较常见的。

大家也可以自己使用表Ⅲ中的数据，通过第 86～88 页介绍的规则，来完全平衡和确定 p 值和 q 值的影响，虽然我们现在对这些测定并不感兴趣。

而且，比较 t 值表中 $D=0.04P$ 和 $D=0.08P$ 时的总和值，检验它们是否有显著的成比例关系，也能够得出让人信服的有价值的结论；换句话说，$0.08P$ 条件下的总和值是 $0.04P$ 条件下的两倍。这个事实证明了根据第 79 页[①]所提到的方法进行的计算是正确的。不过在这里，我暂时不会对这些内容进行详细的说明。

关键的问题是，在不同 P 值条件下，表中根据 t_1、t_2、t_3、t_4 得出 $4hD$ 和 $8hD$ 对应的总和值，在多大程度上能够保持稳定。如果我们的定律是正确的，而且手臂的重量没有加在 P 值上（或相对于 P 很小），它们就应该是稳定的，就像用以计算出 t 的 r 值一样稳定。

两列 $4hD$ 中和 $8hD$ 列中的值才是我们真正关心的测量结果，前两列数据是有关于不同重量间的对比，而最后一列则将它们放在一起考虑。这些值同样是独立于有关不同容器的时间影响 p 和空间影响 q 的，也就是说，这些值是差别感受性 h 与附加重量 $4D$ 或 $8D$ 相乘得到的结果，所以对于不同的标准重量而言，其对应差别感受性的量度 h 值可以通过除以 $4D$ 或是 $8D$ 获得。[②] 根据我们的定律，由于标准重量 P 与附加重量 D 是成比例的，那么除去手臂的重量，这一指标（h）与 P 也应该是成反比例的。但 $4hD$ 与 $8hD$ 的结果在不同的标准重量是一致的，所以上述这种假设不成立。现在既然这些偏差的等价性证明比成比例的证明更容易，那么我们将放弃计算 h 值，而是使用得出的 $4hD$ 和 $8hD$ 进行计算。

---

① 关于这部分内容我还有其他可用的实验系列。

② 对于 $8hD$ 这列而言，对应的可以说是平均为 $0.06P$ 的结果。更准确地说，其实 $D=0.04P$ 和 $D=0.08P$ 对应的 h 值应该分开来在 $4hD$ 这列中进行计算，这样才能获得最准确的 h 平均值。

为了更清晰的总结之前提到的三列关键数据，我们分别除以 4 或 8，只保留单独的 hD 值，具体见下表。根据第 73 页使用的命名规则，在每列平均值上分别指定 $\upsilon=4$ 和 $\upsilon=8$，每列中的数据都是来自 n 的 4 倍或者 8 倍次数观测的平均值，n 等于 512。

Ⅴ. 双手操作系列中的 hD 值

$n=512$

P	$D=0.04P$ ($\upsilon=4$)	$D=0.08P$ ($\upsilon=4$)	平均数 ($\upsilon=8$)
300	1 779	3 792	2 785
500	1 871	3 521	2 696
1 000	2 403	4 333	3 368
1 500	2 639	5 407	4 023
2 000	2 881	5 862	4 371
3 000	3 066	6 285	4 675
总和	14 639	29 200	21 918

如果我们想要定义 hD 的抽象概念，它在这里只是为证实我们的定律而存在的，对这个实验具有一定的意义，那么可以使用以下的方法：如果我们使用的每一个标准重量，并不是像标准实验中那样相同的相对附加重量，而是混合使用的成比例的附加重量，那么将其除以 hD 或给定几倍或几分之几的 hD，总是能够得到相同的 r/n 分数。比如，在接下来的双手实验中，我们就必须将与标准重量 2 000 和 3 000 克成比例的附加重量值，除以与 4 500 和 4 909① 成比例的数值，这样才能得到同样强度的感受。

虽然这些并不是我们计算的确定结果——我们后面将会呈现——我还是在这里把它们列出来，因为它们和最终的结果并没有显著的差异，所以依然能够成为可靠的证据，同时它们的论证基础与最终结果间并没有太大的偏差。我们可以根据第八章给出的规则进行再计算。有人在不分组的情况下用相同的 P 和 D 进行了一整个月的观察，从中采集每个条件下正确判断的数量，最终获得了和基本表中的 t 值一致的结果。就像在第 92 页指出的那样，我倾向于在所有的实验系列中，根据不同的

① 从表Ⅵ中对应的 4 908 可知这里的 4 909 是笔误。——译者注

实验条件划分出每组 $n=64$ 的子集，然后分别计算它们的 t 值，最后将它们加起来并计算平均数，这样做是为了确认排除 p 和 q 的影响而产生的变异。在双手和单手实验系列中均执行了上述的实验流程。在这里，列出每个从包含了 64 个实验试次的子集中获得的正确判断数量以及对应的 t 值，将会占用太多的空间。所以我决定限制一下内容，在这里只按照 υ 值将每个实验进行分割列出结果，以这种方式作为我在两种实验系列中的最终结论。

Ⅵ. 双手操作系列中的 *hD* 值

$n=64$

P	$D=0.04P$ ($\upsilon=32$)	$D=0.08P$ ($\upsilon=32$)	平均数 ($\upsilon=64$)
300	2 023	3 918	2 971
500	1 965	3 705	2 835
1 000	2 530	4 637	3 584
1 500	2 774	5 910	4 342
2 000	2 966	6 034	4 500
3 000	3 296	6 520	4 908
总和	15 554	30 724	23 140

Ⅶ. 单手操作系列中的 *hD* 值

$n=64$

P	左手			右手			左右手
	$D=0.04P$ ($\upsilon=16$)	$D=0.08P$ ($\upsilon=16$)	平均数 ($\upsilon=32$)	$D=0.04P$ ($\upsilon=16$)	$D=0.08P$ ($\upsilon=16$)	平均数 ($\upsilon=32$)	总平均数 ($\upsilon=64$)
300	3 916	4 845	4 381	3 658	5 360	4 509	4 445
500	2 876	5 246	4 061	3 349	5 584	4 467	4 264
1 000	2 906	5 649	4 278	5 103	6 230	5 667	4 973
1 500	4 016	6 426	5 221	4 638	7 647	6 143	5 682
2 000	4 700	6 515	5 608	4 517	6 821	5 669	5 639
3 000	4 455	8 084	6 220	4 551	7 616	6 084	6 152
总和	22 869	36 765	29 769	25 816	39 258	32 539	31 155

在这里我将通过表Ⅴ和表Ⅵ的对比，再次阐述一下计算方法中的要点。两张表都是属于双手操作系列，并且是基于同样的数据。它们的区别仅在于表Ⅴ中的数据是以 n 为 512 为基础计算 hD 值的，没有进行分组，而表Ⅵ是按照 n 为 64 进行分组来分开计算的。因为这个区别，后一个表中所有的数值都比前一个表中所有的值略大。假如这种区别相对于所有的数值都是一致的，就不必对这个问题太过担心，因为我们关注的只是成比例的变化。然而，也有数字变化的比例比其他数字要大。通过对每个实验系列进行单独的检验后我们发现了造成这个差别的原因，是因为执行每个系列的实验月份中，p 和 q 完全不可能保持稳定，而是发生不规则的变化。通过将这些实验系列继续细分为如此多的子集，就可以忽略每组中的不规则变化，这样我们就能通过消除 p 和 q 的变异性而去掉这一不利因素的影响。因此，表Ⅵ的数据比表Ⅴ的数据更有价值。然而与此同时，两个表中的数据并没有出现决定性的差异，所以人们很可能选择第一个表，因为其中的数据更简洁。无论如何，对比这些表的数据可以给我们提供一种信息，即通过良好的分组可以使绝对测量维持相似的变化。

比较单手操作与双手操作系列的数据就可以发现，两组实验结果的比值在随着标准重量的增加而逐渐地下降，并且趋于稳定。

P	单手：双手
300	1.496
500	1.504
1 000	1.325
1 500	1.309
2 000	1.253
3 000	1.254

简单地看一下表Ⅵ和表Ⅶ中的数据，就会发现两者的结果几乎是一致的，另外除了在 P 值较高时，hD 值随着 P 的增加而增加的幅度相对于 r 值要更加明显之外，两张表中的结果和先前 r 值表的结果也非常相似。总的来说，这些参数随着 P 值增加而增加的幅度明显趋于一致。

我们发现在双手操作系列中，三个最大的 P 值 1 500、2 000、3 000 对应的 hD 值分别为 4 342、4 500、4 908，而单手操作系列中则分别是 5 682、5 639 和 6 152。P 值从 1 500 到 3 000 间数值翻倍，而

hD 值相对只是仅仅增长了一点点——大概分别为 1.13 或 1.08 倍。

对于我而言，是非常有兴趣地看到较大重量值条件下的 hD 均存在等价性，尤其是两个最大的重量值 2 000 和 3 000 克对应的 hD 值也大致相等，因为它们对于我们定律验证是如此重要。我同时利用这个实验系列的机会，将双手操作和单手实验串联起来，进行一项两者间的比较。因为这两种实验在之前是作为一个整体存在，一个接一个进行的，并没有提供任何的对比处理。另外，我也想进一步测试实验中获得的 t 值与使用的 D 值间的比例。

上述这项系列实验同样持续了 32 天，是于 1858 年的 12 月和 1859 年的 1 月间进行的，遵循的是第 74 页描述的标准条件。虽然从时间上而言这次的实验与先前实验之间的间隔比较久了，但它们是非常类似的。每个实验区段由 8 个分组构成，每个分组包括 64 次重量提举。因此整个实验序列包括 32×8×64=16 384 次重量提举。每天改变标准重量值。单手操作与双手操作实验每两天交换一次。另外每天实验中每进行两个分组实验后，额外重量会在 $0.04P$ 和 $0.08P$ 之间更替一次，具体地说，就是当 P 为 2 000 克时 D 值在 80 和 160 克之间更替，而 P 值为 3 000 克时，D 值在 120 和 240 克之间更替。同时在单手操作中，就如我常操作的那样，每隔 64 次重物提举之后，即完成一个分组实验后，我都会在左右手间交换一下再继续实验。

为了和之前的实验系列有所区别，这部分实验被称为单双手操作系列。我先通过表Ⅷ将预实验中四种主要条件下的 r 值总和列出。表Ⅸ则是将每组 64 次实验的结果，按照四种主要条件分类进行 hD 值的归集。虽然由于篇幅限制，我在这里就不给出具体的计算原理，但具体过程是与之前表Ⅵ和表Ⅶ中的是基本一致的。

Ⅷ. 单双手操作系列中的正确判断次数 r

P	双手		单手			
	n=2 048		左手 n=1 024		右手 n=1 024	
	D=0.04P	D=0.08P	D=0.04P	D=0.08P	D=0.04P	D=0.08P
2 000	1 280	15 03	708	840	681	863
3 000	1 297	1 536	737	882	703	847
总和	2 577	3 039	1 445	1 722	1 384	1 710

注：当 P=2 000 时 r 的总和为 5 875；当 P=3 000 时 r 的总和为 6 002。

Ⅸ. 单双手实验系列中的 *hD* 值

$n=64$

P	双手 ($\upsilon=32$)		单手 ($\upsilon=16$)			
			左手		右手	
	$D=0.04P$	$D=0.08P$	$D=0.04P$	$D=0.08P$	$D=0.04P$	$D=0.08P$
2 000	2 461	5 018	3 456	7 078	3 709	9 464
3 000	2 702	5 326	4 270	8 310	4 212	8 028
总和	5 163	10 344	7 726	15 388	7 921	17 492

注：当 $P=2\ 000$ 时 hD 的总和为 31 186；当 $P=3\ 000$ 时 hD 的总和为 32 938。

如果严格按照之前的实验环境和计算方法来进行上述这部分实验，那么当 P 值为 2 000 和 3 000 时，表Ⅸ中的数据应该和表Ⅵ和表Ⅶ中的趋势是完全一致的。然而，我们发现本实验中双手的数据比先前实验中的要明显来得小。事实的确如此，而且在单手的数据中，当 $0.08P$ 的情况下与先前实验暂且差异不大，但是当 $0.04P$ 的情况下，本次实验数据就明显小很多。同时我们应该记得，单手类型实验在 D 值为 $0.04P$ 与 $0.08P$ 两种条件下是没有可比性的，因为根据第 145 页的说明，后者显然不是前者的两倍，因为两类数据是根据不同时期进行的实验而得出的。这个结论支持第 65 页的内容，即使所有的外部实验环境一致，也不能说不同时间观测的结论具有可比性。不过同时，这对于我们所关心的每个系列内数据的可比性并没有影响。

在这次这个实验系列中，我们发现当同一天中 D 值变化时，根据 r 值计算得出的 hD 值与给定的 D 值仍然成比例，这也验证了我们所使用计算方法的有效性。

在最终的结果中我们发现，当 P 值从 2 000 变为 3 000 时，hD 值仅仅从 31 186 变为 32 938。形成偏离韦伯定律理论值的准确原因我们之前已经解释过了，是因为额外的手臂重量没有参与计算。相比于其他表中的数据，9 464 显然大了很多，这可视为是一个小概率事件。因此我们看到的差距比应该达到的水平要小一些。否则，当前实验对于之前的实验结果应该是一个完美的验证。

手臂的力矩对重量提举产生了多大程度的影响，很难事先进行量化，一方面是因为活动的手臂力矩很难测量，另一方面是因为肌肉感觉参与到整个实验过程中的程度也不够清楚，所以在假设我们的定律正确的前提下，有人可能会认为根据我们计算出的 hD 值就可以推算出增加

到 P 上的具体数值。然而细想一下，仅仅以目前的这些因素来达成这一目的显然是不够的。

根据独立误差估计求和的统计理论，产生了以下的公式。假设肌肉感觉自身的作用可以表达为 $t' = h'D$，给定重量 D 本身引起的压力作用表达为 $t'' = h''D$，则有以下表达式

$$t = \sqrt{t'^2 + t''^2} = \sqrt{h'^2 + h''^2}\,D$$

我们可以用这个关系为基础来实现我们的意图。韦伯定律认为 t' 与 $P + A$ 成反比，其中 A 可以通过之前的陈述来进行理解，而 t'' 与 P 成反比。这样之前的公式可以改写成

$$t^2 = (hD)^2 = \frac{c'}{(P+A)^2} + \frac{c''}{P^2}$$

其中 c' 与 c'' 是常数。三个未知量 c'、c'' 和 A 都需要从不同 P 值中获得的 hD 来确定。然而，即使我们能克服所有计算的困难，但我们依然要承认，较小的 P 值情况下感受性变化的不规则性仍然是精确计算的障碍。

当 P 值从 300 克变化为 500 克时，t 值没有增加反而略有减小，这个异常的变化还不能够通过之前的理论解释。我几乎不能相信这是由于观察次数不够导致的小概率事件（虽然这个可能存在，因为两者间的差异不大，而且需要很多数据去确认这种差异的显著性）。但抛开两套均包含了很多个试次的实验系列不谈，相对来说，t 值作为 P 值的函数，其增量的最大值应该出现在 P 值最小的时候，因为其中手臂的力矩已经达到最大值，所以 P 的力矩也增加到最大。另外，除非在重量最小的实验过程中可能存在着特别的干扰条件，更何况它在重量较大时就会被掩蔽，那么按照我的观点，这种效应应该在测量过程中能被感受到。

虽然我对于这种异常的情况给不出任何确定的解释，而且我也完全认同需要通过新的实验来验证这一发现，但在接下来的讨论中我将提供类似的案例来说明这种现象确实存在于自然界中。

有人假设可能压力的提高会造成感受性下降，这都是对神经末梢的机械压缩或者是与压力感觉关联的结构造成的（与感受能力的降低无关，根据韦伯定律感受性是与刺激的增加成比例的）。上述影响在重量较大的情况下消失了，相比于韦伯定律的影响，它应该具有一种更普遍更基本的原因解释，但可能只在重量轻的情况下才发挥作用。这可以解

释为什么在 P 值最小的情况下 t 值不升反降。我不反对把这个影响与实验环境结合起来探讨，但一直困扰着我的是，虽然强烈的感受总是与很强的压力联系在一起，但相比于更强的接触，轻轻的挠痒这样的动作给人会造成强烈的感受，而且可能带来剧烈的反射行为。然而，我很愿意承认这个问题只是初步的想法，它需要更进一步的证据来说明，并且可能有助于后续工作的开展。

在有关重量判断和光的实验中，我们发现了韦伯定律普遍存在着下限这一事实，因为可以类推，很有可能还存在着一个上限，其中存在同样的数值关系。然而至今我的实验都没有继续探寻韦伯定律的上限，因为重量过大会对被试造成伤害。显然，我们采用正误法虽然进行了大量的研究，但远不足以保证在永远无害的前提下获取有效的数据。或许我们应该更倾向于使用最小可觉差法来获得更多的实验数据，而且不用担心对被试的伤害，因为这个方法所能达到的最高准确性程度与实验试次个数的关系并不是那么紧密。

回顾之前所叙述过的内容会发现，韦伯定律在有关重量的实验范围内，对有效性的观察和对其有效界限内容的探究仍还有很长的路要走。我的实验仅仅算是继韦伯提出其理论后迈出的第二步，目的是为了对原有的方法进行调整，后人研究时应当使用这些调整后的新方法。

我们只能说就目前看来，观测的结果与定律总体上非常一致，所以在既定范围内是没有理由怀疑其近似或准确的有效性程度的。然而，在下限时产生的异常，在上限时可能存在的疑问，对手臂重量影响的准确测定，对于触觉和肌肉感觉的明确区分，这些因素仍然需要未来实验的验证。总的来说，韦伯的实验是第一个对于这个定律进行的验证，但他的实验并不适合用来进行有关普适性的叙述。我的实验能够通过准确说明实验所在的环境，从而识别出数据中的偏差，但并不足以消除这些偏差。

毫无疑问的是，韦伯的方法中实现了压力觉的完全独立，其中重量压在手指的最后一节上，而整个手掌则贴在桌子上。韦伯在其论文（p. 546）中描述过他采用其他实验程序来进行关于触觉和一般敏感性的实验，在实验中，重量放在一块布上，观察者将布的四个角拧成一股，用一只手抓住，我认为这种处理能否独立于肌肉觉有待商榷。在这种方法中，如果重量超

过一定的范围，布的四个角必然会从手指中滑落，除非观察采用更大的力量以对抗滑落的趋势，这样就会产生更大的压力。按理说，这种压力应该始终保持稳定，否则只会让问题进一步复杂化。

实际上，我想象不出能够精确地将肌肉觉完全独立的实验方法。或许相比于采用静止重量的形式，让球或小锤从一定高度落在皮肤上的方式，更适于有效地分离压力觉。将这种方式获得的结果与重量提举实验进行比较，将会获得相当有趣的结论。

不谈韦伯定律正确与否，人们可能按照我们刚刚描述过的方式，来直接解释实验中获得的结果，具体总结如下：

举起一个给定的重物，同时与另一个增加了附加重量的情况进行对比，那么如果给定重量增加，则也必须相应地增加附加重量，才能产生与先前相同的可觉差感受。

如果允许按比例地往标准重量上增加附加重量，这样保证其相对而非绝对的大小保持不变，那么由于标准重量的增长，相对重量增量也会略微变得更为显著。然而这个趋势是朝相等的方向发展的，在 1 500 克和 3 000 克两个标准重量水平下，为了感受到相同程度的相对重量变化，两者间所需要的附加重量变化比例差异却变得非常小，大概达到 11∶10。这意味着为了达到相同的可觉性，1 500 克和 3 000 克的标准重量的相对增量必须达到接近 11∶10 的比例，而不是完全相等；也就是说在正误法实验中，两者所导致的正确判断对错误判断的比率不是完全相等的。

随着标准重量大小的增长，产生相同感受性的可觉重量也必须正向地增长，但在低水平标准重量条件下却出现了例外。标准重量从 300 克增加为 500 克时，最小可觉差却没有增长，反而略微变小。另一方面，从 500 克水平往上，最小可觉差则一直在上升。

造成这个低水平标准重量条件下意外情况的原因并不清楚，并且在之前的文章中研究者们都只是进行了猜测。为什么标准重量增加后却没有发现相对等价的附加重量增加值，原因也许出在提举重量的手臂上，因为在提举重量的过程中还需要提起手臂，这样手臂重量附加在标准重量上，因此在计算等价的相对重量增加值时必须考虑在内，在计算标准重量时必须加上额外的手臂重量。

如果我们将多种附加重量加在同一个标准重量上，就可以更容易地发现当附加重量增加时结果的变化。因为这样能更好地感觉，所以在使用正误法进行重量比较实验时，在相同总实验次数前提下，正确与错误判断次数的比值有了提高。但是正确判断的次数却没有按重量增加的比率上升，而是按一个更小的比率增加。

基于第 86 页给出的规则，根据基本表的数值，找到正确判断的次数随着附加重量变化的规律，已经通过实验结果获得了证实。

以上结果，是在标准重量为 300、500、1 000、1 500、2 000 和 3 000 克，同时附加重量设为标准重量的 0.04 和 0.08 倍的实验中获得的。假设重量提举过程中的时间和空间顺序导致的常误被消除的前提下，无论是单手还是双手提举重量，获得的结果都是一致的。

温度

当谈到韦伯定律在温度感受上的适用范围时，还有很多问题有待解决。韦伯[①]倾向于认为："我们实际感受到的是皮肤温度的上升或下降，而不是实际温度的上升或下降的程度。比方说，人们通常不会注意到自己的前额或者手哪个更暖，直到他把手放在前额上，当人们这样做的时可以经常感受到较大的温度差异，有时他可能发现自己的手更温暖，而其他时候可能是前额更温暖。"韦伯提到的很多其他体验也基本上证实了这种观点。然而，如果感受到的温度与一般或平均温度之间的差异足够大，则我们就很有可能可以感受到持续的温暖或是寒冷。

然而如果有人想利用韦伯定律研究对于温度感受的差异性，那么刺激与之比较的参照点不是绝对的零度，而应该是我们感觉起来不冷不热的温度水平，所有相应的温度感受研究都将围绕着这个水平点展开，这是毫无疑问的。我们了解感受的差异可增可减，而韦伯定律需要解释的问题就是，温度发生等比例的相对增加时，即温度差而非温度的绝对值按照相等比例变化时，是否会带来相等的可觉性，通俗来说，即是否会带来温度感受的等比例增加。

根据一部分极不严谨的实验，我总结了关于这个问题的研究准则，

---

① *Der Tasts. und das Gemeing.*, p. 549.

这些准则似乎只能在中等水平的温度下起作用，而不能适用于很热或很冷的温度条件。

我采用了最小可觉差法，用六天的时间进行相关实验（1855 年 12 月）。实验设计借用了韦伯的方法，将同一只手的两根手指先后浸泡在两个盛有在不同温度水的容器中，浸泡的深度相同。实验使用的是莱比锡物理系内的一对格莱纳温度计（Greiner，一著名温度计品牌）来对水的温度进行精确和准确的测量，温度记录的精度达到 0.5 个列氏温度（R）等级。通过该温度计，可以将 0.5 度 10 等分或是将 1 度 20 等分进行简单估计。我非常感激将这两个温度计借给我进行实验的研究员汉克尔，他告诉我其中一个温度计测得的度数比另一个温度计高 0.05 度，我自己也证实了这个系统误差，并且在每次观察之后都对这一常误进行了校正。系列实验条件中其他的情况，我将在给出结果时进行必要的说明。[①]

温度大约处于 10°到 20°R 范围内时，被试对温度差异的感受非常敏感，最小可觉差很难被精确测定。当感受性达到最大值时，任何可以忽略不计或接近忽略不计的差异都能被感觉到，因而感受性测定受到这种限制的影响，无法直接准确地测得。我的实验温度范围是从 20°至正常体温这段区间，超过这段区间我的实验就不管用了，当在实验中采用的温度超过了冰点和体温间的中点值（=14.77°R[②]）时，我发现实验结果特别契合韦伯定律，因为在这个平均值之上时，温度对应的最小可觉差正好能够和温度的增加成比例。在后面的实验中，需要记录的数据有温度差 D 以及对应的即时温度 t，这些数据可供任何有关最小可觉差的计算所使用。差异 D 是根据观察时所使用的两个温度间差异的平均值进行定义的。D 值的计算基于这样的假设，即最小可觉差是与温度减去 14.77°得到的数值成比例的。下表的第Ⅰ部分的数值并不是特别有说服力，因为观察到的差异值太小了，并且可能都仅仅是为了说明在表格这部分的温度区间内，最小可觉差不明显。另一方面，我们看到表第Ⅱ部分中的温度是从 19.13°开始的，因此我们可以参考这部分中的每一对观察值与计算值进行思考。

---

① 1℃=5/4°R。费希纳的这部分实验均是采用列氏温标进行读数的，除非有特别注明。——译者注

② 这个温度是参考了由利希滕菲尔（Lichtenfels）与弗洛里什（Fröhlich）在《维也纳学会报告》（*Abhandl. Der Wien. Akad.*）中提到的体温数据而计算出来的。

15.03°R 至 31.35°R 的温度敏感性

I				II			
实验日期	t°R	D°R		实验日期	t°R	D°R	
		观测值	估算值			观测值	估算值
十二月				十二月			
2	15.03	0.19	0.009	26	19.13	0.15	0.16
26	15.40	0.10	0.023	26	20.45	0.20	0.21
26	15.55	0.09	0.028	26	20.63	0.15	0.21
26	16.18	0.15	0.051	26	21.20	0.20	0.23
21	16.70	0.20**	0.070	26	21.73	0.25	0.25
26	16.71	0.09	0.070	21	23.30	0.30	0.31
21	16.75	0.10**	0.072	21	25.35	0.40	0.39
21	16.88	0.25*	0.076	21，26	26.30	0.40	0.42
21	17.00	0.00**	0.081	21，26	28.80	0.60	0.51
26	17.20	0.20	0.088	26	30.50	0.60	0.57
21	17.30	0.10**	0.092	26	31.35	0.60	0.60
26	17.69	0.23	0.106				
26	18.78	0.15	0.145				

表中的估算值，是根据每一个温度减去 14.77°（$t-14.77°$）得到的值，乘以 0.036 23 而得到的。这个常数值只是根据 $t=19.13°$ 至 31.35°这段范围的观测而得到的。然而，在表格第 I 部分即高于 14.77°且低于 19.13°的温度区间内，观测值 D 所对应的估算值，却也同样是通过这个常数值（如前文所提到的，这个数值非常小）来计算而得的。实验总共进行了六天，上表的数据仅仅是通过其中三天的观察得到的，因为其余三天的实验关注的只是温度低于平均温度值时的情况，会在后面的内容中单独介绍。

表格第 I 部分中带星标的数据表示这个数据不仅仅是最小可觉察值，而是为了表示觉察的程度比最小可觉程度要高，即为了记录观察中可觉察（一颗星 *）与可清楚觉察（两颗星 **）两种情况。其中的一个区别是在我们关注的这个温度水平上（例如 17°），可清楚觉察的精细度已经达到不足以从温度计上读出的程度了（其中两个温度计间 0.05°的差距已经进行了必要的校正）。这样一来，也许有人会假设，感受性最强时的温度平均值范围应该在 16°到 17°之间，而不是前面所说的 14.77°，根据上述数据结果显示，的确有可能存在这种情况。然而根据存在平均温度附近这种小到几乎为零的差异值 D 进行推论，谁也无法保证获得的结果是正确的，因为除了感受性（衡量是否可觉察的指标）的变异之外，错误的数据读取，以及水温与温度计之间差异过小足以导致或隐藏了这其中的误差，即使我们已经采取所有手段来尽力减少这些误差来源也无济于事。从全局的角度来看，在一开始以14.77°作为计算的参照点对于实验是有好处的。

此外，在$t=20°$以下的D值变化轨迹都非常像是误差导致的结果，但我们不能这样轻易地下结论，因为整个实验过程总的来说，是在我不了解两个容器中哪个水温更高的情况下进行的。我重复交换着浸在容器中的手指，直到我对结果非常确定时才进行判断，这样我的正确率很高，在大量的实验试次中，仅仅在接近平均温度时犯了一次错误，在这个区域内最小可觉差几乎接近于零。在这个案例后续的一项验证研究中发现，我判断出的最小可觉差异，它的正负方向却正好与我假设的完全相反，实际上在实验过程中我经常发现不了两个容器间的温度差异，而后通过温度计我发现两个容器间的确不存在温差，或者是它们之间的温差低于温度计可量度的最小范围。这个结果同时可以为温度计之间的相互检验提供数据，并且也能作为感觉的一般且可靠的证据。

检查表中的数据发现，平均温度参照点以下与以上的最小可觉差似乎没有呈现出对称趋势。后者的数据更符合韦伯定律，这是考虑到差异的精确程度而做出的判断。当温度处于平均温度与10°间时，最小可觉差仍然太小，以至于无法揭示出它们之间的任何关系，但是从10°开始继续下降时，最小可觉差快速大量地增长，甚至比平均温度之上的发展趋势，或者是根据韦伯定律推算的趋势都要来得快。通过经验计算我们可以相当精确地表示出D与$T-t$三次方之间的比例关系，其中$T=14.77°$，t是观测到最小可觉差时的温度，那么为了根据温度读数获得最小可觉差，需要将$(T-t)^3$乘以常数0.002 734。这个结论显然是在很冷时感受性大幅度下降的情况下得出的。当温度超过平均点太多，接近灼热感产生的点时，我们也可能发现类似的偏差。不过仍然可以看到，只有在温度高于平均点很多的情况下，这种偏差才会很明显，而低于平均点时则是立刻出现了偏差。

在+10.5°R到+4.5°R范围内，可以通过下面的公式计算供观测值进行比较的估算值，即

$$D=(14.77-t)^3\times 0.002\,734$$

我用了数天来获取温度低于这个范围时的常数值，但由于数据的变化极

不规律，因此找不到恰当的值。

4.6°R 至 10.5°R 的温度感受性

实验日期	t°R	14.77°$-t$°	D		差异值
			观测值	估算值	
十二月					
5	4.60	10.17	2.80	2.88	＋0.08
23	5.32	9.45	2.54	2.31	－0.21
23	5.43	9.34	2.40	2.23	－0.17
21	5.65	9.12	2.00	2.07	＋0.07
23	5.69	9.08	2.54	2.05	－0.49
5	5.73	9.04	2.22	2.02	－0.20
2	5.81	8.96	1.62	1.97	＋0.35
5	5.85	8.92	1.80	1.94	＋0.14
2	5.88	8.89	1.75	1.92	＋0.17
2	6.11	8.66	1.55	1.78	＋0.23
1，25	6.98	7.79	1.06	1.29	＋0.23
25	7.15	7.62	1.40	1.21	－0.19
23，25	7.18	7.59	1.49	1.20	－0.29
25	7.20	7.57	1.30	1.19	－0.11
2	7.21	7.56	0.91	1.18	＋0.27
23	7.64	7.13	0.93	0.99	＋0.06
26	8.18	6.59	0.75	0.78	＋0.03
5	8.20	6.57	0.80	0.78	－0.02
23	8.43	6.34	0.65	0.70	＋0.05
23	8.56	6.21	0.61	0.66	＋0.05
23，26	8.71	6.06	0.53	0.61	＋0.08
23	8.73	6.04	0.45	0.60	＋0.15
2，15	9.15	5.62	0.48	0.49	＋0.01
2，25	9.77	5.00	0.40	0.34	－0.06
5	10.50	4.27	0.40	0.21	－0.19
			33.38	33.40	

虽然在观测值与估算值之间的差值有正有负，但实验结果显示观测值与估算值之间存在着一定的对应关系，考虑到对这些具体的实验进行重复中存在的种种困难（尤其是这些实验事实与数据都是在不同的日期采集的），能够得到这样的结果已经让我非常满意了。毕竟我们无法确定每天的感受性水平都是相同的，也无法保证每天能够保持相同的主观最小可觉标准。假如我删除一些不合适的数据，显然还可以将观测值与估算值之间的相符程度再提高一些，但在计算开始之前我已经给出了所

有有关最小可觉差的情况。我必须承认我所给出的公式，仅仅只能被视为是一个在特定范围内适用的经验公式。为了数据的完整性，后面会附上 10.5°到 14.20°之间的 D 值，这部分数据的给出不为别的目的，而只是让读者了解到这些数据可以被观察到，就是数值太小了。尽管如此，如果我们使用的是前面这个公式，那么与根据计算获得的预测值相比，这些观测而得的数据仍多多少少要大些，这在观测数据的归集和计算中将会表现出来。

虽然我认真执行了这些研究，但仍有必要进行实验的重复，尤其是因为我们在低于平均点时采用的升序，而在高于平均点时使用的是降序进行的实验，这样会降低实验结果的可比性。为了确认韦伯定律在平均点以上范围内的有效性，我们需要比现有实验中更多的观测次数，所以本实验的结果也只能作为初始结论存在，可以与后来的实验进行对比。虽然未经证实，我还是想明确表示，韦伯定律在规定范围仍是相当有效的。我试图完成有关这方面的实验，或者重新再做一次。但由于没有时间，只好中断了，因为我还要继续下面的内容。

10.88°R 至 14.2°R 之间的温度敏感性

实验日期	t°R	D	
		观测值	估算值
十二月			
25	10.88	0.15	0.161
23	11.36	0.13*	0.108
5	11.45	0.30	0.100
5	12.15	0.30	0.049
5	12.40	0.20	0.036
25	12.50	0.15	0.032
21	13.30	0.20	0.009
21	13.40	0.25	0.007
5	13.50	0.15	0.006
5	13.90	0.25	0.002
5，21	14.20	0.15	0.001

* 可清楚觉察而非最小可觉水平。

下面我补充说明一下这个实验的程序。

实验中用来盛放不同温度水的容器是两个大号黏土坩埚，因为这样可以尽可能地减缓水温的变化。坩埚中的水深大概达到食指的第一和第二个指节的中间位置点（从手掌处开始计算），这样正好可以保证右手的食指和中指触底。因此接触到水的手指面积总是固定的。温度计固定在坩埚中一个合适的位置，保证水银泡正好没入水位的中部，并且在每次观察前都搅动一下。在坩埚中放入冰块或者提前在烤箱中加热过的金属或黏土器具，而后搅拌一下来调节水温。实验程序中先将两根手指放入坩埚中，完全浸泡直到手指接触到坩埚底，之后等待对温度的感觉稳定下来。之后两根手指分别不断交替浸泡到不同的坩埚中，直到观察者判断出其中的区别。如果温度感受性超过我称之为最小可觉的水平，温度需要向相反的方向变化，这样我就不能凭上一次的经验来判断哪一个容器的水温超过了对方，所以只能不断重复实验直到找到最小可觉差，上述的交换往往要在实验中重复多次（我不得不承认这个过程非常枯燥）。在被试做出判断后立刻记录温度。

虽然我需要记录的仅仅是我称之为最小可觉察水平的感受，但在我负责的记录过程中我会记下所有的感觉数值，并且尽可能地保证记录的一致性。这是为了能够按照下列顺序标记数值：

完全无法觉察、几乎没有觉察、刚刚能够觉察到（最小可觉）、觉察到、明显觉察到、十分确定、强烈、十分强烈。

通常来讲我们很难对上述几个叫法进行明显的区分。所谓“几乎没有觉察”指的是被试不能够非常确定自己的答案是否正确，虽然在后面的实验中可以对这种模糊的感觉进行确认，但是仍可以说被试在这种水平下的判断是完全随机的。因此，诸如“几乎没有觉察”、“觉察到”和“明显觉察到”这三个水平其实是非常相近的，即使是不同日期里进行的实验也是如此。所以，我将上述三个水平对应数值的平均值记录为最小可觉差，并且这样的程序还要重复多次。

当然，除了最小可觉差法，我们还需要采用其他方法研究的结果，以对这方面进行补充。福尔克曼指导医学院的学生林德曼（Lindemann）使用平均差误法进行了实验，并以此作为他博士论文的主题。然而我们从这个实验中并不能获取太多信息，因为虽然实验温度范围扩展到7℃到45.55℃，以及14.6℃到45.55℃两种，并且每个范围条件下都含有两个温度升序和两个降序系列，但每个温度区间内的实验过少，所以这个使用平均差误法进行的实验被我们排除了。这个实验程序中右手齐腕浸泡到水中，在温度升序实验中总是先浸泡在较热的水中，而在温度降序实验中先浸泡在较冷的水里。[①] 然后再加入更热或更冷的

① 这部分叙述疑有误，应是在温度升序实验中总是先浸泡在较冷的水中，而在温度降序实验中先浸泡在较热的水里。——译者注

水来中和温度，以作为下一次感觉判断的对象。

在两个升序的实验系列中（即当林德曼通过先后加入热水的方式来调节两个容器中的温度），总是存在正向的误差，而两个降序的实验系列中总是出现负向的误差。有人可能会问：出现这种情况，是因为在升序和降序系列中温度变化的范围包含了两个相反的方向，还是因为在单个实验试次中，热水和冷水的变化方向都是朝着相反方向进行的？我们可以从每个实验系列中的第一个试次所处的环境条件来验证后一种说法的可能性。关于这方面内容以及其他问题的准确细节，都是缺失的。

此外，我们在某些关键因素中发现了常误。随着温度递增或递减，每个实验系列中的单个误差发展仍具有规律性，因此我们可以认为几乎所有这些误差都是恒定的，因为变化的误差必然在具体表现上存在着不规律性。而这个实验中这种规律性是非常不显著的。

第一个升序的实验序列，温度范围在 26.4℃到 38.8℃（含）[1] 之间，一共有 23 个试次，这其中除了五次例外，其他均产生了＋0.05℃的固定误差。在相对较高或较低的温度下，误差会增加，但增加的幅度很小且略不规则，结果在 39.4℃到 45.5℃这一区间内产生的误差值只有 0.5℃、0.6℃、0.7℃和 0.8℃四种，而且多为下降的趋势（例如，在升序实验序列中，一开始在 14.6℃条件下误差为＋0.5℃，之后在 16℃和 18.2℃时变为 0.4℃，依此类推）。在第二个升序实验系列中，温度范围为 31.35℃至 42.9℃，其中有 14 个实验试次，它们均无一例外地出现了＋0.05℃的误差。温度为 44.8℃与 45.1℃时，误差增大为 0.1℃，而温度为 7.9℃与 8.4℃时，误差减少为＋0.25℃[2]。第一个降序实验系列中，从 41.5℃至 19.5℃的区间内，有 22 个实验试次，得到的误差是－0.05℃，但有 3 个例外；在 44.7°时误差增长为－0.1℃，7°时增长为 0.29℃。第二个降序实验系列中，从 41.65°至 19.35°的区间内，有 21 个实验试次，得到的误差是－0.05℃，没有例外；在 44.9℃时误差增长为－0.1℃，7.55°时增长为－0.25℃。

上述实验与我的实验相同的地方主要表现在，在一开始的温度区间内误差几乎不存在，相比于温度越来越温暖的趋势，在温度越来越寒冷

① 我在这里总是引用一对对比温度中较低的那个值。

② 此数据疑有印刷错误。——译者注

的情况下，误差增加的速度更快且幅度更大。该实验中的误差，比起我的实验和先前韦伯实验中的最小可觉差要小得多。这里并不存在矛盾，因为根据我在第 99 页提到的内容，平均误差应该总是小于最小可觉差的。这个结果也可能部分归结于实验程序的不同，因为我只使用了两个手指上的两个骨节，而林德曼则使用了整个右手。另外一个实质性的区别是，林德曼发现在体温附近的误差值最小，而在我的研究中则是发现在平均参照点附近的最小可觉差最小。同时，由于林德曼实验中的误差从整体上看近乎稳定，所以没有办法证实两种实验结果间是否真的存在矛盾。不管怎么说，这部分内容需要更多的实验来进行验证。不过我们至少可以总结说，仍可被识别的差异以及与平均参照点之间的误差究竟能小到何种程度，想要通过精确的测量而获得是很有难度的。

类似于我在重量判断实验中所使用的正误法，或许是最适合这个实验主题的方法。不过实际上，人类很难像感受重量和重量差别那样感受到恒定的温度和温度差别。然而，似乎通过尽可能地减少导致温度变化的因素，例如，必要时在每 10 次实验观察之后重新记录校准温度值，有可能帮助我们获得有用的结果，尤其是采用基本表进行可能的数据简化之后。

广延感受性大小（视觉或触觉大小的测量）

为了对韦伯定律的一般性描述进行补充，图宾根的医科学生哈格梅耶尔[①]，使用正误法对韦伯定律在视觉上的适用性程度进行了近似的证明。然而他的实验有太多值得商榷的部分，因为他的实验试次数不足，并且由不同实验试次组获得的平均数不具有可比性。因此，这种结论的有效性受到限制。实际上，实验的内容包括了对给定线段长度与其之前所呈现线段长度的比较，这些给定长度线段部分是水平呈现，部分是垂直呈现。这些线段长度均为按比例增大或减小。实验记录者的主要目的，是考察标准线段长度与被比较长度之间的不同呈现时间差对被试结果的影响，以及被试判断了几次变长，几次变短，几次正确，几次错误，还有几次没有判断。哈格梅耶尔自己也承认，实验中正确和错误判断的比率不是由线段间的绝对差异决定的，而是由相对的比例大小决定

---

① *Vierordt's Arch.*，Ⅺ，pp. 844，853.

的。总之，哈格梅耶尔的研究是不正规的，因此在这里我不会提到其中任何特殊的结论。

我的实验和福尔克曼的实验中均使用了平均差误法，其中被试需要观察两个小点或是两条平行线之间的间距，间距范围在 10 至 240 毫米之间，与眼睛的距离在 1 英尺至 800 毫米范围之间，结果发现误差或平均误差之和与间距几乎是成比例的关系，这与期望相符，为定律提供了确定的证据。另外，在福尔克曼的——以及他指导了阿培尔（Appel，是一名视力极佳的学生）进行的——实验中采用了 0.2 到 3.6 毫米的微距，但这个正常的视觉距离范围内却没能发现任何成比例的结果。数据中误差或平均误差的总和（排除了常误之后）可以分为两部分。其中一部分我称之为福尔克曼常量[①]；另一部分我称之为韦伯变量，根据韦伯定律，它是与标准间距成比例的。可能前者在对较大的间距进行实验时会有很好的效果，但它与另一个误差部分组成，即与间距成比例的误差部分相比实在太小，以至于基本可以忽略不计，另外我们一直不能获知如何对前者进行测定，而在非常小的标准间距情况下，前者就在可变误差总和中占据较大的部分。就如福尔克曼所认为的，在诸如 0.2 和 0.3 毫米这样极小的间距条件下，这种误差同样会由于兴奋的传播而被异常放大。

可以看出在这里，我们讨论的问题同样也是韦伯定律的适用下限问题。另外我们还会发现可能还存在着一个上限，对应无穷大的间距。

下面将列出主要的实验结果。它们均属于之前提到过在其他感觉实验中曾出现的纯粹可变误差 Δ 的情况，并且总是得到纯粹的误差之和 $\sum\Delta$；同样我们还经常（当我对结果进行计算时）根据每个间距进行分组，每个小组中均包含 m 次观察，分别计算每个小组的纯粹误差平方和 $\sum\Delta^2$。因此每个用于计算总和的误差数量应为 μm。μ 和 m 的值分别是从单个实验系列中获得。在对每个水平行进行求和时，μ 的值应该翻倍，因为这些和总是由两个特定的和值相加得出，分别如 L 和 R 或者 O 和 U。当一组对比长度为水平放置时，在观察次数相等的前提

① 就意义而言，这个误差不能与之前提到的常误混淆起来。它是来源于可变误差的，就如其他误差成分中的表现那样，另外的这部分误差被称为常量的原因仅仅是在通过上述手段进行测定的情况下，当标准间距改变时这个误差却不会变，而且不会如韦伯实验中的可变误差那样会与标准间距成函数关系变化。

下，分别统计标准间距位于左边或右边（L 或是 R）情况下的结果，当为垂直即一上一下地放置时，则也分别统计当标准长度位于上方或者是下方（O 或是 U）情况下的结果。

只有测微组 V 使用的是垂直间距，即比较水平线之间的距离；其他所有组都使用的是水平间距，即垂直线之间的距离（当使用的是线的情况下）。

通过简单求和 $\sum \Delta$ 的方式就可以直接得出间距的比值，而没有必要先进行平均误差 $\varepsilon = \sum \Delta / \mu m$ 的计算。如果需要，误差平方和可以用来计算二次平均误差，即

$$\varepsilon_q = \sqrt{\frac{\sum \Delta^2}{\mu m}}$$

通过这个值可以确定概率界限内数据的稳定性和常规关系，即

$$\frac{\varepsilon_q}{\varepsilon} = \sqrt{\frac{\pi}{2}}$$

但在这里我需要省略关于这种关系的检验方法。我们同样还可以用来证明误差平方和 $\sum \Delta^2$ 除以误差和的平方，再乘以观测次数的两倍（这里即 $2\mu m$），得到的结果约等于鲁道夫常数 π，这可以非常容易地从先前的函数关系中推导出来，而且已经在其他研究中获得了更加彻底的证明。但不巧的是在实验系列Ⅰ和Ⅱ中，最小距离并不能给出这样一个证据，这是实验环境所导致的，在这里尚无需注意这些问题。不管怎么样，我们没有必要特别关注这些关系。

这里提到的所有实验系列都或多或少存在着常误。具体情况我暂时就不说明了，在《测量方法》书中将会详细阐述。

实验系列Ⅰ：费希纳(1856 年 12 月 9 日—1857 年 1 月 17 日)

实验使用了五个水平距离。这些距离是通过两支圆规的脚间距测量出来的，两支圆规相邻地放置在我前方的桌子上。圆规整个被盖住，只露出两个规脚。被试观测距离约为 1 巴黎英尺。脚间距用带有横线刻度的尺子测量，刻度线的间距代表 0.05 个巴黎行（刻度线本身的宽度约为 0.06 个巴黎行）。将圆规覆盖起来是为排除圆规张开的角度对间距估计可能造成的影响。不过实验中仍然存在着小问题，具体表现为圆规的两脚由于从覆盖物中突出来，因此当间距较大时，它们的倾斜度就相比

于间距较小时更大。在后续实验中使用平行线来消除了这个问题。不过在任何实验条件下，这个问题从本质上说都仅仅只能影响常误，而不会对纯粹的可变误差产生影响，这在接下来的表中可以看出，可变误差与长度之间仍正好存在比例关系。

为了使数据的解释过程中不出现任何的误会，我将单独解释表中的第一个数据；这样大家就可以很容易理解其他数据。

当间距 $D=10$ 时，即前面提到的 10 个 0.05 巴黎行，标准间距位于左侧时的纯粹误差之和 $\sum\Delta=20.27$；也就是说，将所有正的和负的绝对误差的绝对值加在一起得到的是 20.27 个 0.05 巴黎行。表头的 $m=60$，$\mu=2$ 的意思是，和其他行一样，L 和 R 均是由 $2\times60=120$ 个独立误差构成。不过每个这样的误差和并不是正好从 120 次观察中获得的，而是根据两组 60 次观察的结果分别求和而得。之后分别确定距离的平均误差和绝对误差。

距离阈限值，费希纳实验系列Ⅰ

$m=60$，$\mu=2$　单位：0.05 巴黎行

D	10	20	30	40	50	总和
$\sum\Delta$ L	20.27	35.98	60.42	85.29	85.85	287.81
$\sum\Delta$ R	18.37	40.87	60.49	69.19	99.55	288.47
总和	38.64	76.85	120.91	154.48	185.40	576.28
$\sum\Delta^2$ L	4.621	17.36	50.56	88.41	105.99	266.94
$\sum\Delta^2$ R	4.056	23.06	47.11	57.74	122.47	254.44
总和	8.677	40.42	97.67	146.15	228.46	521.38

实验系列Ⅱ：福尔克曼（1857 年 3 月 22 日—4 月 1 日）

用三条每条长 220 毫米的平行白线来确定八种水平间距，用重物紧紧固定，放置在距离眼前大概 800 毫米的黑色背景板前。白线可以根据一把固定在恰当角度的水平尺的标记来进行移动，并且读数直接精确到毫米。

我报告了两个版本的总和 $\sum\Delta$ 值，一个是 $m=48$，$\mu=1$，一个是 $m=16$，$\mu=3$，这样我们就可以使用已有的程序来检验其中的差异。

距离阈限值，福尔克曼实验系列Ⅱ

（1）m=48，μ=1　单位：1毫米

D		10	20	40	80	120	160	200	240	总和
$\sum\Delta$	L	7.552	7.914	26.95	39.90	75.05	102.30	87.11	117.96	464.7
	R	5.050	10.800	24.50	42.89	58.70	93.82	96.63	145.82	478.2
总和		12.602	18.714	51.45	82.79	133.75	196.12	183.74	263.78	942.9
$\sum\Delta^2$	L	1.657	2.558	22.66	48.67	199.96	371.83	229.63	394.45	1 271.41
	R	1.021	3.406	18.11	60.47	117.37	314.56	331.57	612.95	1 459.46
总和		2.678	5.964	40.77	109.14	317.33	686.39	561.20	1 007.40	2 730.87

（2）m=16，μ=3 单位：1毫米

D		10	20	40	80	120	160	200	240	总和
$\sum\Delta$	L	7.13	7.59	20.08	39.79	75.45	103.65	86.40	108.92	449.01
	R	4.86	11.06	23.58	42.10	58.45	77.23	96.20	140.20	453.68
总和		11.99	18.65	43.66	81.89	133.90	180.88	182.60	249.12	902.69

有人可能会注意到，两种计算方法之间的差异在大部分 D 值水平上都非常小，但在两个关键水平即 D=40R 和 D=160R 时却有较大差异。当这些实验系列被仔细复查时，就会发现这个事实是与常误的巨大变异紧紧联系在一起的。[①] 既然数据分组后更利于控制，那么我们就会倾向于选择后一种计算方法而不是第一种。

实验系列Ⅲ：福尔克曼（1857年12月6日和17日）

采用同样的条件对先前的实验系列进行了重复，最小的两个距离没有再参与实验。

距离阈限值，福尔克曼实验系列Ⅲ

m=16，μ=3　单位：1毫米

D		40	80	120	160	200	240	总和
$\sum\Delta$	L	21.1	42.4	57.0	90.0	81.4	98.2	390.1
	R	8.4	32.1	63.5	63.2	106.3	117.9	391.4
总和		29.5	74.5	120.5	153.2	187.7	216.1	781.5

非常有趣的是，表中最后一列数据显示出 L 和 R 的结果非常相近。这证明了绝对可变误差是独立于白线位置的，无论左右都是一样的，而这里没有提及的常误则是非常依赖于位置因素的，并且在 L 和 R 原始误差之和间存在着很大的差异。

① 这个误差的特殊分布导致了表（1）中的一些数据比表（2）中的略小。

三个实验都充分证明了 $\sum\Delta$ 与距离成比例。将误差和除以距离即可明显地看到这个结果，每个实验都证明了商数的这种恒常性。通过这个方法（在第二个实验系列中采用的是 $m=16$，$\upsilon=3$ 这部分数据）可以得到以下数据 $\sum\Delta/D$。

距离判断中 $\sum\Delta$ 与 D 的比例值

Ⅰ	Ⅱ	Ⅲ
3.864	1.260	0.738
3.843	0.936	0.932
4.030	1.286	1.004
3.862	1.035	0.958
3.708	1.114	0.939
	1.226	0.900
	0.919	
	1.099	

如果需要计算每个单元距离对应的平均误差或者需要距离的平均误差分数，可以用以上数据的平均值，除以对应的每个实验条件下观察到这个数值需要的实验次数。我们必须将每个表头的 m 值和 μ 值的乘积再乘以 2，因为 μ 值原本是分别对应 L 和 R，但是在这里需要结合到一起计算。因为相比于较短的距离，较长距离条件下较大的误差之和能够给我们提供更精确的值，所以将所有的误差之和加到一起就能得到更准确的结果[①]，这个和的结果在表的最后一行中有给出。然后将得到的结果除以所有的距离之和，得到每个距离单元上的误差和平均值，再用这个误差值除以 $2\mu m$。

最后得到如下结果：

$$\text{Ⅰ}.\ \frac{576.28}{150\times240}=0.016\,008=\frac{1}{62.5}$$

$$\text{Ⅱ}.\ (1)\ \frac{942.9}{870\times96}=0.011\,287=\frac{1}{88.6}$$

$$(2)\ \frac{902.69}{970\times96}=0.010\,808=\frac{1}{92.5}$$

① 最小二乘法从理论上而言要更准确一些，但是实施起来更复杂。而且与已有方法获得的结果相比，两种方法差距并不大，所以并没有必要改用最小二乘法。

$$\text{Ⅲ}.\ \frac{781.5}{840\times96}=0.0096913=\frac{1}{103.1}$$

因此可以得出我的距离估计误差平均值约为 1/60，福尔克曼在前一个实验（Ⅱ）中的误差约为 1/90，后一个实验（Ⅲ）中的则为 1/100。这个比例在每种距离条件下都是保持一致的。如果需要的话，可以简单地将平均误差值乘以 0.845 347 计算出或然误差，所得到的值可能超过实际值，但也有同样的可能达不到实际值。或然误差结果一定会小于平均误差，因为在正态分布情况下，相比于较大的误差，较小的误差更频繁地出现。详细内容在我的《测量方法》中有介绍。

读者可能会发现福尔克曼的估计精度要比我的高。其中的原因要么可能在于判断三条平行线间的距离要比相邻的圆规脚来得容易，要么是因为他的视觉敏感性要比我好（事实上的确如此），或者可能两种原因兼有。这需要后续实验来进行确定。显然这些针对大量个体和不同的观察条件下，所开展的有关于极端值和平均敏感性值的广延感受性实验，将会是非常有趣的实验。结果可能依赖于不同的因素，比如福尔克曼实验中，横线是否移动，中间的线是否经过调整，观察过程使用的是单眼还是双眼，而且两点或两条线之间是垂直还是水平关系抑或是存在角度差，覆盖物是方形的还是圆形的，都会影响实验的结果。无论条件如何，我们都必须仔细考虑常误的大小和种类。然而，我们在这里关注的只是定律本身而已。

福尔克曼的第二个实验系列中得到了相当小的平均误差，相比他的第一个实验更加精确。这个差异可能是由于练习效应导致的，因为第一个实验和第二个实验系列之间还进行了很多次的距离判断（包括所有的微距判断），虽然第一个实验系列被分为了两个分系列但其内部的改善作用不够明显，这通过对部分实验系列进行专门性的检查就可以得知。

可能有人会发现，福尔克曼本人在视觉范围内的平均误差与视觉强度的最小可觉差非常地一致，这是个有趣的现象。然而，这样的一致性并不总是普遍存在的。

在这里我使用的是诸如 1/60、1/90 和 1/100 这样的近似值，而没有使用前面精确计算得到的类似 1/62.5 这样的数字，因为后面这类数值是基于不同 m 得到的，同时 m 值也总是有限的，所以这些数据的准确性和可比性都不高。根据我在第 96 页的评论可以看出，误差之和以及因此得到的平均误差越小，其对应的用以获取误差值的 m 也越小。

这种论述的证据可以在实验系列Ⅱ的数据中获得，如根据 0.011 287（1/88.6）和 0.010 808（1/92.5）这两个基于单位距离获得的平均误差值，就是很好的说明。两个值来自同样的实验过程，但是第一个数据是由分组 $m=48$ 的条件得出的，而第二个数据则是由分组 $m=16$ 的条件得出的。我们可以发现虽然差异并不是十分显著，但这种差异确实存在并且值得考虑。

如果我们想使数据常态化，也就是使结果能够适用于任意的观测次数，那就需要进行校正。根据我在第 96 页简要提到过的公式，以及我在《测量方法》一书中进行过的理论推导，可知校正就是通过将每个值乘以 $(3m+1)/3m$ 来实现的。因此我们将 60、48、16 和 16 这些 m 值分别代入公式进行校正之后得到以下结果：

Ⅰ. $0.016\,970=\dfrac{1}{62.1}$

Ⅱ.（1）$0.011\,366=\dfrac{1}{88.0}$

（2）$0.011\,634=\dfrac{1}{89.7}$

Ⅲ. $0.009\,893\,3=\dfrac{1}{101.1}$

如果说这种校正可以提供完全补偿，那么实验系列Ⅱ中的第一和第二个结果应当完全一致。实际大家可以注意到，这两个值逐渐相互接近，差值的程度也逐渐可以忽略不计。也许有人倾向于认为剩下的这部分差值是因为数据校正并不是基于绝对和确定的测量基础上，而仅仅是依赖概率论，所以会由于随机波动而残留一些细微的差异。然而我通过对类似的情况进行仔细的分析，发现这并不是一个随机因素造成的结果。因为我在第八章中已经简要提到过，可以证明这种偏差总是会往一个方向发展。[①] 这种情况发生的原因是我们的校正不允许常误中存在可变性，因此当 m 值较大时就会对可变误差造成污染。所以 $m=16$ 时的校正值 1/89.7相比于 $m=48$ 时的 1/88.0 更可取。

因为在我自己的实验系列Ⅰ中，常误基本可以忽略不计，而且它的变异几乎不能对结果产生较大的影响，所以 1/62.1 这个校正值可以被

① 如果还有人出于同样的原因无法信任上述校正方法，那么我想说的是，在第 96 页提到的对均方差的校正已为所有的数学家和天文学家所接受，其中的误差产生原因和我们在这里提到的非常相似。

认为是足够精确的。因此我没有对这个数据的有效性给予特别的关注。

下面我们应该回过头来看一下微距实验系列中的结果。这些实验均使用千分尺来完成，最小距离单位为 0.01 毫米，该单位还可以再十等分来进行估计。后续表格中使用的单位为 0.001 毫米，比如距离 300 指的是 0.300 毫米的实际距离，误差和 265 则等于 0.265 毫米。其中的小数部分——实际上它们是多余的——是因为对原始误差进行校正后而产生的。

设备中的距离①是三根 0.445 毫米粗、11 毫米长的细平行银线之间的距离来定义的。研究者从不同的距离观察这三根线，距离值总是以整的毫米数据表示，观察要么是对着牛奶色玻璃灯罩制成的台灯进行，要么是对着明亮的天空进行。

福尔克曼的实验系列中，最小距离值在括号中列出，因为这些距离并不适用于这一实验系列，在后续计算中直接删除。产生这种偏差的原因是因为银线在光照下会反光，导致在实验中被试很难看到这些线。福尔克曼发现这种问题条件下进行的估计很难与其他距离条件下的进行比较。阿培尔的视觉非常敏锐，这种反光对他来说不成问题，所以在他的实验数据中没有进行这种删除的处理。

除了这里介绍的微距实验之外，还有两个另外的微距实验系列，这里就不再进行介绍，因为实验设计中的距离过小，两个点或两根线之间太过接近，同时得到的数据也非常杂乱，没有规律可循。

实验系列Ⅳ：福尔克曼（1857 年 3 月 22 日—4 月 1 日）

实验内容为判断 333 毫米之外的七种水平距离。

距离阈限值，福尔克曼实验系列Ⅳ

$m=30$，$\mu=4$

D		200	400	600	800	1 000	1 200	1 400	总和
$\sum\Delta$	L	(694.5)	534.0	630.6	740.5	824.2	1 023.2	1 057.6	5 504.6
	R	(630.5)	611.3	672.3	801.0	952.8	1 097.6	1 218.1	5 983.6
总和		(1 325.0)	1 145.3	1 302.9	1 541.5	1 777.0	2 120.8	2 275.7	11 488.2
$\sum\Delta^2$	L	(13 439)	8 327	11 721	14 344	16 561	29 964	31 144	125 500
	R	(11 134)	10 968	12 504	17 655	22 564	32 419	38 835	146 079
总和		(24 573)	19 295	24 225	31 999	39 125	62 383	69 979	271 579

① 更多的细节请参见 *Berichte de sächs. Soc.*，1858，p. 140。

实验系列Ⅴ：福尔克曼（1857年4月至6月的某个时间段）

实验内容为判断333毫米之外的六种垂直距离。

在垂直距离的实验中，观察者为了克服判断时视力不清造成的困难而佩戴了眼镜，不过在所有的水平距离实验中观察者均没有佩戴眼镜。

距离阈限值，福尔克曼实验系列Ⅴ

$m=96$，$\mu=1$

D		(400)	600	800	1 000	1 200	1 400	总和
$\sum\Delta$	O	(1 429.2)	1 645.3	1 618.9	2 417.4	2 388.2	2 993.6	12 492.6
	U	(1 563.0)	1 335.0	1 998.7	2 070.0	2 810.3	3 150.0	12 843.3
总和		(2 998.2)	2 980.3	3 617.6	4 487.4	5 198.5	6 143.6	25 335.9
$\sum\Delta^2$	O	(28 170)	42 981	45 016	97 527	89 314	155 248	458 256
	U	(50 708)	27 011	72 011	73 199	128 531	176 638	528 098
总和		(78 878)	69 992	117 027	170 726	217 845	331 886	986 354

实验系列Ⅵ：阿培尔（1857年5月和6月）

实验内容为判断370毫米之外的七种水平距离。

距离阈限值，阿培尔实验系列Ⅵ

$m=48$，$\mu=2$

D		200	300	400	500	600	700	800	总和
$\sum\Delta$	L	592.44	508.00	653.02	643.90	726.64	739.12	716.00	4 579.12
	R	594.20	679.00	681.00	575.50	719.52	649.00	778.61	4 674.83
总和		1 186.64	1 187.00	1 334.02	1 219.40	1 446.16	1 388.12	1 494.61	9 255.95

实验系列Ⅶ：阿培尔（1857年10月）

实验内容为判断300毫米之外的六种水平距离。

$\sum\Delta$的计算进行了两次，一次使用的是$\mu=2$，一次使用的是$\mu=6$。

距离阈限值，阿培尔实验系列Ⅶ

$m=33$，$\mu=2$

D		200	400	600	800	1 000	1 200	总和
$\sum\Delta$	L	442.6	647.8	661.9	929.2	941.9	1 070.8	4 694.2
	R	450.6	623.9	715.8	720.5	838.8	1 027.0	4 376.6
总和		893.2	1 271.7	1 377.7	1 654.7	1 780.7	2 097.8	9 070.8
$\sum\Delta^2$	L	4 773	10 046	9 805	18 422	19 899	23 595	86 540
	R	4 585	8 620	11 895	13 149	15 810	22 901	76 960
总和		9 358	18 666	21 700	31 571	35 709	46 496	163 500

$m=11$，$\mu=6$

D		200	400	600	800	1 000	1 200	总和
$\sum\Delta$	L	422.8	646.7	661.9	848.4	901.3	1 049.1	4 530.2
	R	455.2	620.4	688.8	691.2	812.0	976.0	4 243.6
总和		878.0	1 267.1	1 350.7	1 539.6	1 713.3	2 025.1	8 773.8

将这些表中的数据结合起来（除去括号中省略的数据，原因在前面已经叙述过）就会发现，一致性不仅出现在同一个观察者的不同系列实验结果中，在不同观察者的结果中也同样存在。误差和随着距离变大而增大，但是它们与距离之间的比值却比预期来得小。即使是我们省略的两个额外实验系列中的数据，也同样完全支持这个结论。之前曾提到过，我们可以将误差视为由两个主要部分构成，一部分是在不同距离之间保持不变的，称之为福尔克曼常量。我用字母 V 来表示它。另一部分误差与距离大小成比例，叫做韦伯变量，其在单位距离下的值我用 W 来表示。对于每个距离而言，W 必须乘以相应的 D 值，才能给出成相同比例的 WD 值。

根据误差源的结合法则，每个距离对应的误差和 $\sum\Delta$ 由 V 部分和 WD 部分组成，但不是简单地将两部分值相加。因此不能写为

$$\sum\Delta = V + WD$$

但是两类误差的平方和与误差和 $\sum\Delta$ 的平方应该是相等的，这样我们有

$$(\sum\Delta)^2 = V^2 + (WD)^2$$

因此可得

$$\sum\Delta = \sqrt{V^2 + W^2 D^2}$$

因为误差和的平方 $(\sum\Delta)^2$ 相比于平方和 $\sum\Delta^2$ 有更高的优先级，根据误差论就可以将上述等式中误差和的平方换做是误差的平方和。然而从生理学因素上来考虑，或许和的平方的形式更加符合，后面我会继续提及这个问题，并且我使用这一推论作为后面内容的基础。

通过理论推导和根据我们的实验直接可以得出，两个给定的独立误差源，其中一者产生了误差总和 A，另一者为误差总和 B，当它们组合在一起的时候，不可能简单地认为它们的误差总和正好就是 $A+B$，而是会产生一个比这个加和值小一些的结果。平均来说，产生相反符号的误差概率与相同符号的概率基本相同，但只是在后一种情况下，两者合成产生的误差才等于它们的总和，而在第一种情况下两者合成产生的误差却等于两者之间的差值。理论上来讲，各个部分误差平方的总和一般（严格来说，是在相似环境中对误差进行无数次取值的情况下）是等于组合后结果误差平方之和。同样地，各部分误差和的平方总和，一般来说也等于组合后结果误差之和的平方。这些理论推导出的结果可以很容易地通过两个相互独立的实验系列来进行检验，采集它们的实验误差作为独立误差源；通过代数方法我们将两个误差相加，再与两个实验合并之后获得的误差进行相比，看它们是否相等。我真的非常确信，根据误差平方和与误差和的平方都能够达到对理论结果进行校正的目的。我做过很多实验证明了这一点，在其他地方会详细解释。

只要在观察的时候，存在一个独立于距离的误差源以及另一个与距离存在特定关系的误差源，那么接下来的推理就会与这两个部分有关，并且可以使用先前的等式。所有关于有效性的疑问假设都可以通过观察实验本身来解答，因为只要它们是有效的，我们就可以反过来计算诸如 V 和 W 这样的数值，来证明初始观察数据可以根据这些公式来进行表示。

通过两种距离条件下的观察结果就已经足以计算 V 值和 W 值。分别使用实验系列Ⅳ中 $D=800$ 和 $D=1\ 400$ 两种取值下的误差和 1 541.5 与 2 275.7，并将 L 和 R 的条件组合起来，根据以下方程组

$$V^2+800^2W^2=1\ 541.5^2$$

$$V^2+1\ 400^2W^2=2\ 275.7^2$$

我们可以轻松求得未知的 V^2 和 W^2 的值。之后再通过求平方根得到 V 和 W。

如果存在两个以上的距离值及其对应的误差值结果，就可以基于所有的这些组合来获得相应的 V 和 W。但在计算 V 和 W 对应的误差和之前需要验证另一个假设。即组合中各种条件下的 V 和 W 的值必须高度一致，这样剩余的误差值就可以被认作是实验中无法补偿的随机变异。通过对大量此类数值进行平均，可以更准确地计算出 V 和 W。

这种方法只有一个缺陷：虽然当观察结果完全符合假设时，每种结合方式的最终结果之间的差异很小，以至于结果之间可以通用，但由于用以组合的数据选择具有主观性，不同的结合方式会得到的最终结果仍是不同的。同时，最小二乘法仍然是可取的，因为它排除了所有的主观性，并且能够让我们达到最接近于真实结果的值。下表给出了按照这个方法计算出来的结果，其中 L 和 R 的结果被组合在一起，而且没有采用相等的 m 值或观察距离（这在后续内容中将补充）。① 用正负号标记或然误差，μ 值是一个包含了L 和 R 的有效组合——换言之，表头观测的 μ 值应该翻倍。

基于原始误差之和根据等式 $V^2+D^2W^2=(\sum\Delta)^2$ 计算出的 V 值和 W 值

实验系列	m	μ	观察距离	V	W
Ⅳ. 福尔克曼	30	4	333 毫米	974.36± 34.34	1.500 8±0.026 28
Ⅴ. 福尔克曼（垂直的）	96	2	333 毫米	1 398.2 ± 49.35	4.241 1±0.013 32
Ⅵ. 阿培尔	48	4	370 毫米	1 169.9 ± 33.76	1.160 3±0.100 08
Ⅶ. 阿培尔	33	4	300 毫米	1 008.6 ±121.97	1.566 8±0.051 576

如果想验证我们有关福尔克曼常量和韦伯变量的假设，我们就需要首先考虑或然误差值，这个值相比于 V 和 W 的值要小很多。其次，我们需要根据不同 D 值对应表中的 V 和 W 值计算 $(\sum\Delta)^2$ 或 $\sum\Delta$ 的值，使用 $V^2+D^2W^2=(\sum\Delta)^2$ 计算前者以及使用

$$\sqrt{V^2+D^2W^2}=\sum\Delta$$

计算后者。对比计算出的值与观察值，可以得出让人满意的一致性。下面将给出 $(\sum\Delta)^2$ 的汇总结果，出于简洁的考虑省去所有的距离值。所有的数据都取自前几张表中的观察结果，括号中的数据没有使用。

① 计算方法是将数据代进线性公式 $V^2+D^2W^2=(\sum\Delta)^2$，其中 V^2 和 W^2 是未知的。而后 V 和 W 的值可以根据 V^2 和 W^2 开根号得到。V 和 W 的或然误差，可以通过观测而得的 $(\sum\Delta)^2$ 值分别计算出的 V^2 和 W^2，开方得到 V 和 W 值，之后根据统计原理，分别除以 $2V$ 和 $2W$ 而得。

根据前几张表中的 V 和 W 值计算出的（$\sum\Delta^2$）值与实际观测值的对照表

Ⅳ		Ⅴ		Ⅵ		Ⅶ	
观测值	计算值	观测值	计算值	观测值	计算值	观测值	计算值
1 311 700	1 309 780	8 882 200	8 430 000	1 408 000	1 422 444	797 820	1 210 970
1 697 600	1 760 270	13 087 000	13 466 000	1 409 000	1 489 750	1 617 300	1 392 280
2 376 300	2 390 980	20 137 000	19 940 000	1 779 600	1 583 980	1 898 100	1 861 120
3 157 700	3 201 880	27 023 000	27 855 000	1 486 900	1 705 130	2 738 700	2 517 500
4 497 800	4 192 980	37 744 000	37 208 000	2 091 500	1 853 200	3 170 900	3 361 400
5 178 800	5 364 280			1 926 800	2 028 200	4 400 700	4 392 900
				2 233 900	2 230 110		

观测值与计算值之间的一致程度都比较高，除了实验系列Ⅶ中的个别数据偏差较大。这样我们就可以说在很小的距离范围内，韦伯定律同样适用于视觉距离判断，不过这事先必须先对数据进行汇总整理。

我个人对使用大量的其他方法进行数据评估比较感兴趣。虽然结果从本质上说差异并不是很大，但是这有助于根据结果来决定如何在不同方法中进行选择。这里采用不同方法对实验系列Ⅳ中的数据进行了处理。

1. 区别于之前将 L 和 R 相加，这里分开进行计算，但仍然使用相同的程序。得到的结果如下：

	V	W
左	436.82	0.754 0
右	500.23	0.800 5
	937.05	1.554 5

2. 有人可能认为将等式表示为

$$\sqrt{V^2+D^2W^2}=\sum\Delta$$

更适合作为最小二乘法计算的基础，因为（$\sum\Delta$）和（$\sum\Delta$）^{2} 均可直接观察到。但是专家一眼就可以看出，这个等式失去了原有的线性，并且需要更多的计算进行结果的校正。我将实验Ⅳ中 L 和 R 的数据分别根据这种方法进行的计算，结果如下：

	V	W
左	444.1	0.751 7
右	502.0	0.797 0
	946.1	1.548 7

这些值与之前的计算结果只存在细微的差异。因此没有必要继续采取这种

复杂的方式进行计算。

3. 为了从等式 $V'^2+D^2W'^2=\sum\Delta^2$ 中得到常量 V' 和 W'，我采用了偏差平方和进行计算，而不是之前的误差和平方。因此对于 L 和 R 分别有：

	V'^2	W'^2
左	6 084	0.013 591
右	7 429	0.016 234
	13 513	0.029 825

根据统计理论，$\sum\Delta^2$ 和 $(\sum\Delta)^2$ 的关系为：

$$\sum\Delta^2=\frac{\pi(\sum\Delta)^2}{2m}$$

其中 π 值等于鲁道夫常数。根据这个公式，可以帮助我们得到与前面的 V 和 W 近似的值。

我采用第 1 点中的方法对实验Ⅵ和Ⅶ中 L 和 R 的数据进行了分别计算。实验Ⅵ的结果如下：

	V	W
左	507.88	0.691 66
右	609.47	0.416 11
	1 117.35	1.107 77

实验Ⅶ的结果如下：

	V	W
左	515.66	0.811 75
右	447.48	0.756 05
	963.14	1.567 80

之前所有表格中的 V 和 W 是根据每个实验系列中的误差之和计算出来的，因此与各个总和成比例。然而，不同实验系列是基于不同的距离而获得不同的误差值的，所以要根据实验结果表头的 μm 乘积来进行计算，所以不同实验系列中的数值必须分别除以误差的个数：120、192、192、132。这样得出的 V 和 W 才是平均值。因为每一系列的实验基于不同的 m 值，所以对于有限的 m 值，考虑将结果同样乘以 $(3m+1)/3m$ 是一个妥当的方法。不过这个校正产生的变化值很小。最后我们必须要考虑到由于观察距离不同，数据估计的结果并不总是相同。不过这一因素对于 W 没有影响，因为 W 总是表现出同样的比例误差（虽然刺激间的距离从远处看来会变小），但这一因素会影响 V，因为 V 在所

有距离条件下都保持同样的绝对大小。为了使不同观察距离条件下的误差具有可比性，我们必须将它们统一为相同观察距离条件下的数值，采取的处理方式就是求倒数。然而首先，我们必须将所有的观察距离值加上 7 毫米来进行校正，这个 7 毫米正好是从角膜到光线交叉点[①]之间的距离，举例说明，实验系列Ⅳ中的观察距离是 333 毫米，校正之后就变成了 340 毫米。

如果我们采用这三种缩减或校正方法，将所有的值缩减到从 333＋7 毫米进行有限次数的观察水平，就会得到与之前结果都不相同的下表。

根据距离眼节点 340 毫米条件下的误差值进行校正缩减后的 *V* 和 *W* 值

实验系列	*V*	*W*
Ⅳ. 福尔克曼	8.210	0.012 65＝1/79.1
Ⅴ. 福尔克曼（垂直的）	7.319	0.022 20＝1/45.045
Ⅵ. 阿培尔	5.533 1	0.006 08＝1/164.5
Ⅶ. 阿培尔	8.547 6	0.011 72＝1/85.3

这个表中的数据很有趣且值得注意。福尔克曼在实验Ⅳ中使用水平微距值得出的 *W* 值为 1/79.1，这与仅仅是稍早前的实验系列Ⅱ中，使用相对更大的距离得出的 1/89.7 之间差异并不大。这个值没有任何特殊的意义，只是在一个系列实验中 *V* 造成的差异性逐渐消失后得到的 *W* 值。任何仍然存在的差异可能都是由于实验方法的不同造成的。

另一方面，使用微距进行的两个实验中，采用水平距离进行的实验Ⅳ（使用的是两条垂直的平行线）产生的 *W* 与采用垂直距离进行的实验Ⅴ（使用的是两条水平的平行线）产生的 *W* 之间存在着非常明显的差异，这令人很震惊。虽然两个实验间隔不是很长，但是在垂直条件下产生的 *W* 值是水平条件下的两倍。因此在前一种条件下进行的估计要比后一种条件下的准确性要差很多。这个结果与实验进行期间产生的直接假设一致。虽然没有给出数据，但我可以告诉大家垂直条件下的常误也比水平条件时要大很多。阿培尔的两个系列观察Ⅵ和Ⅶ中采用的均是水平距离，两个实验的 *W* 值差异过大，同时实验Ⅵ中的 *W* 值过小，因此数据值得怀疑。实验过程本身没有能够揭开我们怀疑或是解释差异的证据。在对福尔克曼的结果一无所知的前提下，实验Ⅶ中的 1/85.3 却与福尔克曼的 1/79.1 非常接近，如果他获知的话，结果就很可能会完

① 即眼节点。眼中的一个圆形小结节，感光用。——译者注

全一致。我们更应该关注常量 V。阿培尔的实验系列Ⅵ中稍有偏差，因此其中的 W 值也不可信，除此之外，两个完全不同的观察者在垂直和水平距离条件下所获得的三个不同 V 值非常地一致，这样就可以下结论说我们所面对的是一个自然且绝对的常量。最后，考虑到观察实验的不确定性，以及常量 V 大小中的常误与未校正误差中的 W①，综合以上考虑，水平和垂直距离条件下分别得到的 V 值 8.210 和 7.319 之间的差异非常小，这种情况很可能并不是由于随机因素造成的。阿培尔得到的 8.547 6 与福尔克曼得到的 8.210 两个值，一致程度高得惊人。为了证明我们面对的是一个常量，需要扩大我们目前正在采用的距离值范围来对实验进行重复，这样才能发现个体差异，并且在不同实验环境下对上述结论进行检验。

我们可能会想知道这个常量的意义是什么。福尔克曼正在筹备的新书中对此进行了阐述，我在这里只是简要地告诉大家，这个问题从他发现这种常量始就促使他去进行探究并且完成了大量枯燥的实验。对它的存在人们仍然怀有疑问，即便如此，福尔克曼仍然很希望能够找到这个数值存在的真正证据。

如果韦伯的观点是正确的，即物体看起来的大小取决于投射到视网膜上的影像占据了多少个单元，那么只要它们是占据了两个视网膜单元，无论末端是落在距离这两个单元中最近或最远的点，看起来都是一样的。在某些情况下短线看起来可能会与长线一样长。比如我在图 2 中给出的案例，其中圆圈表示的是视网膜上的感觉单元。对我们来说可以很清楚地看出哪根线段更长哪根更短，但是对于一个视网膜单元来说在某些情况下却可能是等长的。在线段或距离较大的时候，这种误差可以忽略，因为它们覆盖了很多视网膜单元，但是在微距的情况下却不一样。在使用平均差误法进行的微距实验中，这个问题导致在判断等价性时出现了明显的错误。因此，平均误差的大小与视网膜单元的直径有关。如果我们了解视网膜单元是如何相互联系的，那么通过福尔克曼常量就可以进行视网膜单元尺寸的估计。

为了探讨平均误差是否可以使用福尔克曼常量来表示，我进行了仔细的考察，必须解决三个问题：（1）平均误差的大小和视网膜单元直径

---

① 未校正误差 δ 是由两个部分组成的：可变误差 Δ 与常误 c。V 和 W 因此对应的是可变误差 Δ 中的组成部分。

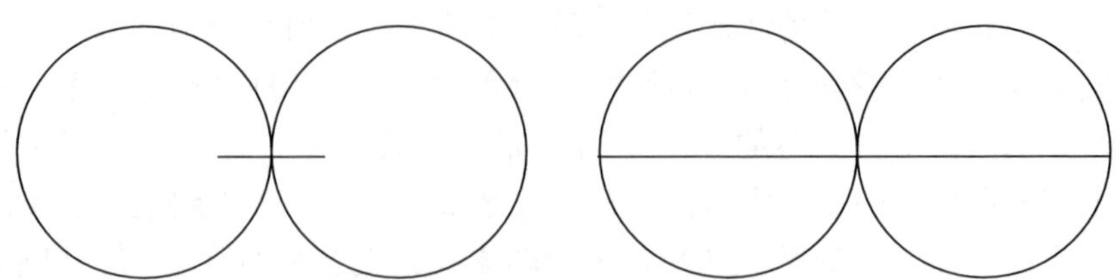

图 2　视网膜上感觉单元成像的原理图

之间的关系有待确定；（2）需要验证在不同的标准距离下产生的此类误差是否确实地（或至少大致地）保证了足够的稳定性，这样才可以将其表示为像 V 值这样的常量；（3）另外这种常量的大小在解剖学上是否与视网膜单元的尺寸存在足够的对应关系，仍有待验证。

前两个问题需要靠概率论来解决。这两个问题的解决原理很容易描述，但即便对于专业的数学人士来说，实际执行起来也是非常困难的。[①] 但是，我们可以根据福尔克曼尝试过的方法，通过复制眼结构开展实验。第三个问题解决起来有困难，因为我们尚未准确地了解视网膜终极感觉单元的结构。这里我不再进行更深入的讨论，留待福尔克曼在他自己的书里再来论述，毕竟这个实验的结果属于他本人。关于这个常量，前面的讨论足以吸引大家的注意了。

总结以上关于福尔克曼常量的讨论，我认为这就是一种通过将其观察到的大小程度缩减到在视网膜上表征水平的计算方法。当然，假如有人想要检验该常量与视网膜单元的关系，这种缩减法是必需的。

根据第 182 页以 340 毫米为观察距离条件下的福尔克曼常量表，基于眼节点计算后的结果为 8.210（即如果单位是 0.001 毫米，那么对应的常量就是 0.008 210 毫米，在微距实验条件下的计算依此类推）。如果假设光线交叉点到视网膜的距离为 15 毫米（取整后），那么视网膜上对应的 V 与观测距离对应的 V 的比值为 15∶340，换句话说，给定常量 V 在视网膜上的距离为 0.000 362 1 毫米。这个估计值是基于这样的假设，即一条线段在视网膜上成像的线性范围，是线段两端反射的光线穿越交叉点最后允许落在视网膜的点间区域内。这是最基本的计算方式。

然而在这里有个疑问——感谢韦伯提出了这个问题——光线的交叉点是不是决定性的因素。通常来讲，距离的测量需要借助于眼睛的运动，先将光轴聚焦在一个点上，然后移动到另一个点。相应地，似乎眼

① 这不是我自己的结论，我只是引用了莫比乌斯教授的观点。

睛的中心点[1]是一个更好的点，以作为线段两端反射的光线与眼的交叉点，以此计算出成像在视网膜上占据的距离范围。然而这个点的位置在角膜后，距离角膜前表面有5.6巴黎行或14.224毫米。[2] 这个距离对应于距离视网膜前7.778毫米的位置，这会使得之前成像大小的计算值减半。在这里我必须保留这个问题供大家思考。

也许有人会认为福尔克曼常量可能是由于在千分尺上读数时的估计误差造成的。自然这种误差不会依赖于观察距离的大小，并因此在每种距离条件下都会造成一个稳定的平均误差。但是我们的 V 值过大，千分尺的读数可能直接取到0.01毫米即十个千分之一毫米单位；平均的 V 值达到0.008毫米或是八个千分之一毫米单位。这样大的一个平均误差是不太可能的一件事情。然而显然，福尔克曼常量需要进行一个小调整。

如果这个常量真的是根据眼球器官结构的特点而得到的，那么这将预示着广延光感受中将会出现与集中感受极为一致的情况。换句话说我们在这里验证了韦伯定律，但仅仅局限于当前这个前提下，即我们考虑到这个常量由于内部器官的因素，必须加入外部变量导致的效应中去。

在引入平均差误法之前，我使用最小可觉差法进行了一些关于视觉距离估计的实验。虽然其中使用的方法已经被后来更精确的测量方法所取代，但由于目前尚未有采取这种方法获得的其他肯定的结论，所以我在这里还是要介绍一下这些实验。

我对自己视觉距离估计的敏锐性进行了几个预实验，使用的是两支圆规，其中一支的两脚间距设置为1又1/12巴黎英寸，另一个设置为1又1/40巴黎英寸。然后我将两支圆规混在一起，这样我就不知道哪个是哪个了。接着我尝试用肉眼分辨脚间距较大的那一个。我每次都能够做出正确判断，但需要消耗的时间都很长。我从可视度最好的距离观察这两支圆规，它们是并排放在一起的，因此规脚是水平的。当脚间距变为原来的两倍和四倍，这样在后一组实验中，圆规的脚间距分别为4.0和4.1英寸，这种情况下我也能够做出正确的判断，但是判断过程都一样困难。我重复了由这三个实验构成的小实验组三次，并且三次被试都是我本人，两次在同一天进行，一次在第二天进行。对于我而言，

---

① 眼球旋转的中心点。——译者注

② 根据 *Wagner's Wörterb. Art. Sehen.*，p. 234。

圆规和眼睛之间的距离是长是短似乎并不重要，只要不超过视力可及的范围即可。似乎我甚至可以正确区分出比 1/40 更小的距离。但如同我前面曾经提到的，如果我们不把最小可觉的标准提高一点点的话，实验就会沦为枯燥的对错判断，如果实验试次的个数足够多，结果就会更准确，但如果实验次数很少，结果就不能得到保证了。但不管怎么说，实验中得到的差异已经够小了，所以如果我再把实验减半，判断的结果就不再可信了。这种任务主要依赖于肉眼的极限努力，但在实验中这种能力尚未完全发挥出来。

即使韦伯定律在视觉距离刺激判断中的有效性已经得到了证明，但这种证明在感觉范畴中究竟意味着什么却并不是很清楚。就韦伯关于广延感受性的调节方法而言，我们需要解决的有关韦伯定律在这个领域中的意义问题可以包括以下几种。当有关感觉中心的数值以相对等量的水平变化时，空间距离之间的差异是否给人的感觉是等大的或者是等可觉的？如果是，感觉范畴内感觉中枢细胞的激活数量是否能够替代集中感受中刺激的强度量？但是没有视觉范畴内的实验研究能够澄清这些问题，因为它们全部均是存在眼睛运动影响的情况下，也就是眼睛的自然状态下执行的实验。在这种情况下，不同的距离产生的感觉并不是通过刺激所能覆盖的感觉中枢细胞的数量来进行比较，而是通过将刺激移近或移远以生成统一且最清晰的视觉感受来实现。事实上，即便眼球不运动，因为随着眼球中央凹到边缘神经分布密度的逐渐下降，我们也不能够用实验直接对韦伯定律进行证明。

因此有人会怀疑我们的证明或许和运动引起的肌肉感觉有关，从某种程度上而言，调节距离估计的可能是肌肉觉，而不是用于估计的感觉中心数量。然而即使这个解释得到证明，对韦伯定律的验证仍然是我们关注的重点。无论如何，它都是我们需要回答的基本问题。而且肌肉感觉与距离判断之间的关系确定存在很多的难点，在这里不会详细讨论。

这里将介绍另一个研究方法，它号称可以找到解决问题的方法。这个方法是用在我们的皮肤上的，因为韦伯在实验中指出，皮肤可以像视觉器官一样很好地感知距离，而且还不会受到眼球运动的影响。这个方法的唯一问题在于我们无法得知其中的神经纤维是否平均分布。这样看来最好的解决方法似乎是在皮肤不同部位分别来测试定律是否适用。因此我在自己的前额进行了一些实验，这是因为前额的皮肤面积很大且很平坦，另外皮肤下方的骨骼基础结实，所以是最好的实验区域。同时福尔克曼采用平均差误法也进行了一些实验，使用的是他的左手中指尖以及他的手背。所有结果均一致地显示出在校正误差和知觉到的距离之间，甚至连一种近似成比例的关系都不存在。总的来说平均误差的增长是更缓慢的，在大的间隔条件下完全没有超过一定的值。当然我们首先必须承认，这些误差可以被表征为两个部分的组合，一部分是与距离成比例的，另一部分是稳定的，这种论述是毫无疑问的，就和在微距条件下的视距判断中发现的情况是类似的。但是根据我们上述实验的结果，发现它们完全不能够证明韦伯定律存在于这个范围内——当使用上面所述的方法来操作时——除了神经分布的不规则性，我们所进行的这些实验结果也不能说明太多问题。

同时一个新的问题产生了：我们是否有必要继续使用这个方法对广延感受进行研究？初看起来，因为我们想要证明韦伯定律在广延感受与集中感受范围内有着相同水平的有效性，而且这种有效性在后者中已经被发现了，所以上述问题的答案似乎很明显。但是我们不能忽视一个事实，使用视觉或触觉进行距离估计的行为受到既定视觉或触觉范围的限制。这些范围的大小并没有受到影响，但集中的光刺激对前一种刺激的强度施加了限制，同样也会影响后一种刺激的强度。自然地这就产生了一个不同的情况。我在后续章节中会回来继续讨论这一点。关于之前产生负向结果的系列实验将会在《测量方法》一书中进行叙述。

物质财富与心理财富

韦伯定律可以适用于更广泛的领域。我们的物质占有（物质财富）作为一个惰性存在而言对我们没有任何的价值和意义，但是却构成了唤醒精神价值（心理财富）的环境。从这个角度而言它们取代了刺激。在这一点上，我们可以说一美元对穷人的价值比富人更大。它可以让一个乞丐开心一整天，却不能引起百万富翁的注意。韦伯定律可以解释这样的情况。如果想在被拉普拉斯称为心理财富的指标上增加相同的额度，那么在物质财富上增加的额度就与现有的物质占有量成比例。

这个原理最早出现在丹尼尔·贝努利的论文中，论文名为《各种新理论的理想大小》（大意，*Specimen theoriae novae de mensura sortis*, in *Comment. Acad. scient. imp. Petropolit. T.V.*，1738）。之后被拉普拉斯在他的著作《概率论分析》（*Théorie analytique des probabilités*, pp. 187，432）中引用，并且在后续的推论中进行了发展。后来泊松在他的《概率论研究》(*Recherches sur la probabilité*) 中提及并接纳了这一观点。

物质财富和心理财富最早并不是由贝努利而是拉普拉斯提出的。贝努利在简要介绍了这一观点后曾提道：

> 显然不可以通过价格来估计一个物质的价值，我们必须从这个物质能带来的利益来进行判断。价格是物质对自身价值的估计；而利益则包含了人的心态。因此，毋庸置疑的是，1 000 达科特[①]相对于穷人的价值比富人来说要更高，虽然钱币的量是相同的。

他进一步论述道（p. 177）：

> 因此非常可能的是，不论多小的终极利益增加值，都是与人的地位高低成反比例关系的。

他基于自己的微分方程（p. 181）和对数方程（p. 182）提出了上述观点。我们之后还可以同样使用韦伯定律来建立更加一般化的理论基础。

拉普拉斯写道（p. 187）：

> 我们必须区分两种对于财富的渴望类型，一种是相对财富，一种是绝对财富：后者因为独立的动机而更可取，前者却会因为动机的变化而变化。对于相对财富的值没有一般性的估计手段：很自然地会假设一个无限小的总和相对值应该与其绝对值大小成直接的比例关系，并且与一个人的总财富值成反比。显然一法郎对于一个拥有很多钱的人来说有价值，但是很少，而且估计其相对值最自然的方法就是对人所拥有的财富值取反比。

他继续写道（p. 432）：

> 根据这个原则，x 表示一个个体的物质财富，其增量 dx 表示个体得到的心理财富，它与物质财富成反比；精神财富的增长可以用 kdx/x 表示，k 代表常数。因此建立一个精神财富 y 与物质财富 x 的关系式如下：
>
> $$y = k\log x + \log h$$

---

① 旧时通用于欧洲的银币。——译者注

h 表示任意常量，取决于 y 值相对于给定 x 值的变化。考虑到自然规律，我们不能假设 x 或 y 为零或是负数；对于一无所有的人则将他自己的存在当作心理财富，相比于具体的物质财富所产生的价值，这种存在的价值很难定义，但我们也不能小看这种价值，因为它对于我们的生存是必需的；我们可以想象可能这个一无所有的人会不满足于得到仅 100 法郎的钱，同时他也很有可能不经告知就将其花光了。

泊松写道（p. 72）：

由于一个人收入的价值取决于他的财富状况，我们因此分离了相对价值的数学期望并且将其命名为心理期望值。当它是一个无穷小的量时，我们将其与这个人当前拥有的财富之间的关系当作是心理期望值的测量指标，这个值可能正也可能负，相应地代表这种财富最后是增是减。我们通过对这一指标进行积分运算可以推导出与先前准则一致的结论，大家应该可以都直接猜测出这个结果。

第十章 阈限

一般来说，感受或感受间的差异，是随着导致其产生的刺激或刺激差异量而增加的。乍一看，人们可能会很自然地认为感受或感受间差异开始被注意到的起点，与刺激或刺激差异的零值是一致的。但是事实并不支持这种假设。我们可以看到，每个刺激以及刺激差异在被注意到之前——我们的感受意识到之前，或者是感受间差异变得明显之前——肯定已经达到了一定的级别。相反地，人们注意到刺激或刺激差异的能力会在其值减小至零之前消失。因此，感受或感受差异的零点被发现是位于诱发刺激或刺激差异之上的。我们现在就详细地对这一事实进行研究。

我们将刺激或刺激差异被注意到或消失时的点值简称为阈限。这一术语可以同样用于刚刚能被注意到的感受或感受差异，以及导致这些感受的刺激、刺激差异或刺激比例。因此我们可以参考感受或感受差异的阈限以及刺激、刺激差异或刺激间关系的阈限值。简言之，我们可以谈及刺激阈限、差别阈限或相对阈限。当给定两个刺激，二者的相对值可以从它们的差异中获得，反之亦然；因此在后两种阈限中，一般只要提到其中一种就足够了。

为了使得触觉或视觉对距离或距离间差异的感受足够明显，其距离范围和范围间的差异必须达到一定的值，所以我们也可以把阈限概念运用到这种大小上。我们可以将适用于集中感受的阈限称为集中阈限（或强度阈限），将适用于广延感受的阈限称为广延阈限。

最后，由于其他一般更高级的意识现象也都有着终点和起点，所以我们可以把阈限的概念和表述推广到这些现象上来。这种类型现象的例子诸如睡眠或走路时的整体意识水平，以及单个想法如何被意识到、给定方向上的注意资源集中等。在这些例子中，我们不能准确告诉大家超过阈限的意识水平对应的外部刺激阈限值是多少。但可能存在的问题是：我们是否就没有必要再为潜在的心理物理过程设立阈限值？另外既然感受只与转化为这些过程时的程度有关，是否刺激阈限、差异阈限和相对阈限就不存在了？待我们讨论内部心理物理过程的时候再思考这些问题。目前我们需要关注的，仅仅是处理可被直接证明的纯粹经验关系。在这一章中我将尽力证明和解释刺激阈限与差别阈限的事实本质。我还要探讨这些经验领域中阈限引发的推论和使用。接下来我将分别介绍每种阈值的测量方法。

集中阈限

刺激阈限

我们不能直接证明，为了唤起集中的光感受需要特定的刺激强度，换言之，任何有限的光刺激引发的视觉感受中都存在阈限。正如我们多次提到的，由于内在光引发的兴奋状态，眼睛的亮度水平总是处于阈限之上的，所以每个外部光刺激只能增加已存在的兴奋。事实表明，这种增加必须达到一个既定的力度才能被觉察到，这种强度应该归为差别阈限。

然而关于这种变异的话题我们不得不提到颜色的问题，就满足可见性而言，必须达到以下条件：（1）屈光程度与相应的频率必须超过一定的限制；（2）强度或振幅必须超过一定的限制；（3）颜色必须覆盖足够大的面积，而且其落点越远离视网膜的边缘越好；（4）不能有太多白色混合在这个颜色里。

就第一点而言，众所周知，光谱上的红色端之外再没有颜色可见了，尽管热效应的事实证明了超过这一限制仍有光线存在，但它们是无法被看到的。红光频率是最低的，而我们无法感知到红外线的原因不是别的，仅仅是因为它们的频率太低。[①] 另一方面，所谓紫外线，指的是使用传统的棱镜人们一般看不到的光，在过去只能通过化学活动推断出它的存在，最近才通过适当的手段已经使其可见。使它们被觉察到的首

① 费希纳选择根据频率来区分光谱。虽然频率经常用来表征电磁连续体的其他部分，例如收音机的频率等，但现代光谱使用中更多采用波长来表示可见光。这个术语的使用暗示了费希纳是根据光波振动的速度来标识可见光的。这种奇怪的用法在现代文献中有保留下来，例如低频或高频等。——译者注

要条件是达到足够的强度。这一事实同时还可以为第二种条件提供证据。

棱镜光谱中紫外线部分的可见性确实可以通过使用石英棱镜来获得，这因为它比玻璃棱镜更容易让有色光线通过。而如果使用玻璃棱镜，将什么也看不见，尤其是如果由石英棱镜形成的光谱被表面的裂缝分离开，并通过从附有第二个玻璃棱镜的望远镜镜片观察的时候。紫外线也可以通过玻璃棱镜，只是由于强度低而不能被觉察到，它存在的证据是因为这些光谱也可以引起可见的荧光，这是斯托克斯（Stokes）首次发现的。

就第三点而言，韦伯[①]曾发现，当通过狭缝观察时，绿色表面将不再呈现出绿色。他的结论是彩色表面必须到达一定的程度才能表现为特定的色调。有人可能会辩驳道，有些恒星似乎有很淡的颜色。但是，这里的颜色并不是很明显的，同时还要考虑到我们所看到星星的影像在扩散过程中多少被放大了（当然，这也同样适用于狭缝中光线的情况），所以这不能被认为是真正的点光源。

关于视网膜周边的活动情况，奥贝特已经做了全面而细致的研究。[②] 但是，这些专业化的结果并不能很好地推广到一般情况下。

至于第四点，我们可能会注意到，将某一有色液体稀释到一定的程度可以使我们就分不出这种颜色。类似地，白色与一种颜料混合能得到相同的结果。这种情况将在后面混合现象的章节详细探讨。

考虑到声音强度，阈限的事实本质可以很容易被证明。

如果将一个声源移得越来越远，我们最终将根本听不见，尽管事实是到达我们耳朵的声波并没有减少到零。把声源移近耳边会放大声音，这会给我们形成一种印象，声音没有被知觉到是由于它的强度太弱，而不是没有强度。

因此我们不能听到远处的铃铛发出的声音。但如果在同样的距离有100个铃铛同时响起来，我们就能听得到，虽然我们并不能听到其中任意单个铃铛的声音。这一距离上的每个铃铛肯定都对我们的听觉产生了贡献，虽然没有哪一个本身足以引起可觉察的听觉。

树林里单条毛毛虫摄食的声音是听不到的，但是大量毛毛虫摄食的

---

① *Müller's Arch.*，1849，p. 279.

② *Gräfe's Arch. f. Ophthalmol.*，Ⅲ，pp. 38 ff.

声音就能很清楚地被听到；然而大量毛毛虫发出的声音仅仅就是每条毛毛虫声音的总和。因此，每条毛毛虫肯定都对我们能听到所有毛毛虫的声音做出了贡献，尽管事实是单条毛毛虫的声音不能被我们听到，因为它的声音本身并不足以激发我们的听觉。

我们周围总存在着一定量的噪音，但是除非达到了某一特定的点，否则我们会认为什么也听不到。

在顺势疗法[①]的稀释过程中我们尝不出最苦的物质，但对药液进行充分的浓缩就会带来苦味。

毫无疑问，空气中总是混杂着许多带有气味的物质，但我们并没有闻到是因为它们的浓度太稀了，然而狗或者是拥有敏锐感觉器官的原始人能够追踪到我们闻不到的气味，但当气味变浓的时候我们也可以同样清楚地闻到。

单个电池对人可能不会造成什么明显的感觉，但由多个电池组成的电池组就会对人造成较大的电击反应。

任何对于我们身体产生的压力只需要充分分散开来，就不会被我们所觉察，虽然它本身仍没有造成影响。

差别阈限

一般来说，刺激差异一定存在一个特定值，达到这个值水平就会被认为是有区别的，这是毫无疑问的。适用于所有感觉范畴的最小可觉差法，就是完全基于这一事实。

再没有能比投影实验以更优美、简单而引人注目的方式来证明视感觉范畴内差别阈限存在的方法了，我们曾引用它来证明韦伯定律。让我们来回顾一下实验的场景：

我们将相邻的两盏灯放在一个物体前面，这样会投下影子。每盏灯投下的影子都会被另外一盏灯所照亮，而周围背景则是被两盏灯照亮。如果将其中一盏灯的灯芯变小或者是将它从投影的物体前移走，投影将会变得越来越弱，而周围照明条件与投影的差距却越来越小。最后投影消失了，看上去似乎被周围背景的照明所吸收了，尽管事实是两个光源都还在。当我第一次注意到两盏灯却只投射出一个影子时感觉非常惊

① 指的是为了治疗某种疾病，需要使用一种能够在健康人中产生相同症状的药剂，即以毒攻毒。——译者注

讶。两盏灯显然都被点亮了，但是只能看到一个投影。总之，当投影和周围背景间的亮度差异低于一定量时，感受上的差异就完全消失了，而且采用任何方式也不能再感知到。

这个实验尤其引人注目是因为，人们同时看到了这些元素，并可以敏锐、平静而稳定地将视线聚焦在它们之间的边界上，但却目睹着差异的消失。个中原因完全不可能是遗忘了先前的印象或忽视了差异。在其他实验模式下，人们可能倾向归因于不能感知或者是由于某些因素导致差异的消失，但在本实验中不会发生这种情况。

这个实验可以通过多种方式进行改进。一般来说，如果刚好可以看到投影，那么为了使它消失，只需要把一盏灯调暗或者是将另一盏灯调亮；这样一来，当投影消失后，为了使它再度能被看到就只需要把一盏灯调高必要的亮度，或者把另一盏灯调低相应的亮度。除了把灯调亮或调暗，我们也不妨直接把灯移得更近或更远。

我们已经指出，即使是集中了最大程度的注意资源，在日间的天空中我们也不能看到任何星星。从上述实验中我们可以得到与此一样的体验。

差别阈限随着刺激增加而增加，这种情况是差别阈限存在的最直接证据。在韦伯定律有效的情况下，最小可觉差的大小和由此产生的差别阈限大小，是与所要比较的刺激大小直接成正比的。即使韦伯定律失效，差别阈限与刺激量大小仍然存在着函数关系，虽然它不再是直接的正比例关系。

只要刺激比例保持不变，相对刺激差异也就保持不变，反之亦然，那么我们就不妨可以说，感受上相同的最小可觉差是与同一相对刺激差异有关，也与差异未察觉之前的同一刺激强度下降有关。因此，远处传来的铃铛声或者嗅觉是独立于刺激量的。但是即使事实上这两种关系被证明是一样的，从常规观点看来，相比于其他的表达方式，运用这种方式可能更为中肯。现在开始我们会相应地将绝对刺激差异称为绝对差别阈限，它与最小可觉差的含义是一样的。我们还将用相对差别阈限或差别常量来表示刺激间的相对差异，用相对阈限或相对常量来表示刺激比例，在这点感觉差异达到阈限。字母 α、ω 和 υ 将被用来表示这些阈限。因此根据福尔克曼的实验结果，光强度的差别常量 ω 等于 1/100，相对常量等于 101/100。

通常有

$$\upsilon = 1 + \omega; \ \omega = \upsilon - 1$$

在接下来许多地方我们都会使用υ的对数。因为在表达式$\upsilon = 1 + \omega$中ω一直是很小的，它的高阶形态可以忽略不计。根据著名的数学证明方法，即M是对数系统的弹性系数，所以我们可以用$M\omega$来代替$\log(1+\omega)$。因此我们可以推出

$$\log\upsilon = M\omega$$

我们需要牢牢记住，虽然相对刺激差异和刺激比例以及由此而来的差别常量和相对常量，这两者都随着刺激水平的变化而保持不变，但这并不意味着当其中一个值改变时其他值也要按比例地变化。相反地，根据上述方程，相对常量的对数是随着差别常量的变化而成比例变化的。因此在任何情况下，只要相对值很重要，我们就可以用$\log\omega$来代替υ。

广度阈限

如果黑色背景上有一个白色圆圈，或白色背景上有一个黑色圆圈，这个圆圈太小或从太远的地方观看时，我们都无法识别它们。当两个点或两条平行线靠得很近或者是从很远的地方进行观察时，它们将融合在一起，我们无法辨别它们的间隔。前者的极限被称为大小知觉阈限，后者则是距离知觉阈限的例子。

我们知道，如果接触皮肤的两只圆规脚靠得太近的话，会给人造成只有一个点的感觉。这种情况下我们讨论的是距离阈限。

当两个物体快速相继出现的时候，它们给人造成的印象是一个物体经过。这也就存在着关于时间间隔的广度阈限。

当诸如钟的时针或天空中星星等物体移动太慢的时候，我们不能识别出运动，但当其加速到足够的程度时就可以觉察到运动。因此，这也就是运动阈限。

在这种情况下，时间与空间都是要考虑的因素。当时间阈限和空间阈限相一致时，也就是将一个单独的空间与最小的不可再分割的单位时长对应，且这个时长将导致空间在头脑中并不会被感觉登记为同步存在的情况下，该运动就会变得易于知觉。

阈限概论

阈限的本质中存在着内在悖论。刺激或刺激差异可以到某一特定点

而不被觉察；超过这个点，这种差异以及它的增加就会被感觉到。起初强度很弱不能被感知到的事物，是如何在强度增加时开始影响人的心理的？这就好像是程度近似于零的物体累加在一起却产生了影响力。然而，虽然这种关系会给形而上学者带来麻烦，但从数学角度来说这是没有任何问题的。事实表明，根据数学观点感受是刺激大小的函数（或者说是由刺激释放的内部过程），这一结论从形而上学的角度来看也是正确的。确实，如果 y 是 x 的函数，当 x 达到一定值时，y 可能消失或变成负值或虚数。我们还知道，将 x 增加到超过这一值时，足以使 y 再度变成正值。

以下现象是阈限的内在本质。刺激或刺激差异落至离阈限越远的范围内，它们被觉察到的可能性就越小，需要增加的量就越大才能使之被感觉到。正如人们所说，只要刺激或刺激差异保持在阈限以下，人们就不会知觉到它。随着刺激和刺激差异低于阈限越来越多，实际的刺激水平始终处于阈限以下，相应地也就会越来越意识不到它们的存在。因此，远处的声音或嗅觉在它们的强度没有超过既定量即阈限之前，是维持在无意识水平的。如果我们将阈限定为零，将意识到的感受定为正值，就会很自然地用负值来代表这些无意识感受。未来我们将更精确地运用到这个概念。

事实上不能被觉察到的微小差异水平，在采用正误法测量感受性时，是一个很好且重要的分界点。

我们假定在一般情况下，两个重量或者是两个实验刺激间的差异特别小，以至于落到可被觉察到的点值之下。现在问题是：它能影响正确或错误判断次数吗？是不是可以说它们之间的关系就好像是完全没有存在差异，直到它们之间的差异超过临界值才能被感觉到？从这一点出发是否可以认为，这种情况下的影响并不是我们评估的对象，绝对差异的大小也不是，而是绝对差异与当这种差异开始被感觉到时临界值之间的差，是这样吗？

起初这一结论看起来是显而易见的，因为一个不能影响我们意识的差异怎么能决定我们的判断呢？不过，在不打破这种测量方法原则的同时，应用这些原则根据误差大小来计算误差概率，这是不容许的，而这是这种测量方法的整个基础。另外，再刨根问底的话将会得出与这种假设明显相反的结论。除了差异本身不能被觉察到的事实之外，更重的重量，或者更笼统地说，更大程度的刺激，都倾向于帮助我们达成正确的判断，前提是只要提供了足够次数的对比。

我们必须考虑到，在试图理解差异的同时也需要注意，一般这种随机效应起作用时，判断结果偏向两个方向的几率是相等的。而实际上这种差异会导致一个额外的趋势，即使得判断朝着一个方向发展，一部分情况是导致原本不明显的趋势变得明显并因此朝某一方向偏转，另一部分情况是加强已经存在的某方向的偏向趋势，使之压倒反方向的趋势。不考虑额外增量以及同时出现波动的影响，这种效应在阈限之下经常发生，虽然阈下的判断经常处于模棱两可的状态。这种情况经常出现在这种类型的实验里，但是可以通过将结果为一半对一半错的数据归为其他类型的数据进行处理。

人们可以看到，这些本身处于阈下的差异是如何通过累积其他的影响，在某个方向上产生作用的。正如我们已经看到的，概率水平（数量庞大的实验中正确和错误情况的相对数量）取决于差异大小，这就允许我们以此来推断感受性的测量指标。

由于疲劳、适应、练习、兴奋和抑制等内部原因，以及药物、生物节律、个人体质等条件影响，刺激和刺激差异的阈值变化很大，因此只有在条件不会导致状态的任何变化的前提下，阈限才可以被视为常数。研究调查这些条件是心理物理学最重要的任务之一。这种调查与有关绝对感受性和差别感受性函数关系的一般性调查，或者是兴奋性和应激性的函数关系调查属于同一类，其中绝对感受性是刺激阈限的倒数，差别感受性是差别阈限的倒数。

阈限的真正本质，可以被认为是由于刺激释放的心理物理过程而不是刺激本身。那么，根据我们的身体变化和心理变化间存在着固定关系的一般前提，对应某一特定感受开始的心理物理过程阈限也应该被认为是常数，这有可能吗？后面我们将试图证明。因此，当相关过程达到它们的阈限水平时感受就一定会产生。但是，既然刺激可能根据机体的状态变化，在释放某种强度的心理物理过程中存在着些许难度，那么作为状态对应函数的刺激阈限值就不是一成不变的，而是取决于机体的兴奋性。在低兴奋水平时阈限就会变高，而在高兴奋水平时阈限就会变低。

当感受消失时，关注和阈限值相关的刺激与其引发这一过程时的区别，这将是很明智的。只有从后一种意义上而言阈限可以是常数，而在前一种意义上，阈限是随着刺激感受性和刺激的作用形式而变化的。

基于阈限存在而进行的推论

刺激阈限和差别阈限的存在会导致大量有趣且重要的推论。

如果连最微小的刺激都会产生作用，那么我们将不得不时时刻刻感受着各种轻微感受的无限混合和无休止的变化，因为各种最小刺激不断围绕着我们。但幸亏实际情况并不是这样。每一刺激在引起感受之前必须先达到一定限度这一事实，将确保人们在一定程度上处于一种不受外界刺激干扰的状态。我们没有必要为了不受干扰而把刺激值降到零，这也是做不到的。我们所能做的就是尽可能地远离刺激，它们会随着距离越来越远而不断弱化，一般来说把刺激降到某一限制值以下即可。

因为任何刺激值位于某一特定点以下时都不会被注意到，因此我们免于多余奇怪感觉的干扰，除了这一事实外，由于刺激差异低于阈限不会被注意到，所以可以确保我们保持统一的知觉状态。

由于内部和外部原因，刺激在时间空间上是不均匀的，但这并不妨碍我们在同一时间看到光和彩色的表面，或者听到持续一致的音调等等。

一项由白色和黑色扇区组成的圆盘完成的著名实验，为这一现象给出了简单的证明。如果圆盘转得足够快的话，它似乎成了均匀的灰色。但仔细观察，扇区的每一边缘形成的印象强度不可能是相同的，因为刺激感受会随着黑色扇区的经过而逐渐变小，随着白色扇区的经过而增加。然而，只要当这种边缘处的差异低于差别阈限时，均匀的灰色就出现了。事实上，当转动速度足够快的时候，这种灰色看起来是非常均匀的，以至于即使是集中所有的注意力，也不可能发现任何变化。

类似的案例存在于当人将手指对着快速旋转齿轮（直齿轮）的边缘的时候。当齿轮慢速转动时，单个轮齿是可以区别开来的，但当它转动很快时就不是这种情形了。瓦伦丁[①]（Valentin）针对这一主题已经进行了深入的研究。在其他情况下，他注意到如果轮齿宽度略有不同，不会对视觉效果造成重大干扰，但是当一个有着 160 个轮齿的转动装置中，有 3 或 5 个相邻轮齿的大小是其余轮齿大小的三或四倍时，这种均匀性是不能完全实现的，即使是在高速旋转时。

---

① *Vierordt's Arch.*，1852，pp. 438，587.

以足够高的速度旋转的黑白扇区圆盘呈现出均匀的灰色；同样的道理，从足够远的地方观察，黑白格子间隔的表面会出现均匀的灰色。在这里可能存在两个原因：要么是与太小的视角所对应的刺激间距离不能被区别性地感知，在这种情况下具体现象依赖于广度的阈限；要么是小视角条件下，模糊的白色方格彼此之间融合在一起，在这种情况下具体现象依赖于强度的差别阈限。也有可能是两种原因共同起作用；在我看来，目前为止的观察并不足以使我们做出决定。

让我们再回过头来简单地看看，外部心理物理学可能适用于内部心理物理学这一事实的意义。即使一种刺激可以被转化成心理物理过程，心理还是可以在没有感觉的状态下进行活动，尽管有这些心理物理过程的存在和作用，只要刺激不超出一定的范围，心理活动还是可以保持相同的。第一种情况我将用睡眠来举例说明，第二种情况我将通过心理物理过程本质上不可能是相同的这一事实来证明。可能它们是随机的振荡。但是只要没有超过限度，这些过程的变化是不会被觉察到的。因此在不对等的心理加工基础上能够产生相同的感受，这是有可能的。

因此这对我们来说能更容易抓住与感受有关的不同品质。虽然心理物理过程的不一致性并不会导致感受本身的不等价性，但感受的品质仍然取决于这些过程。然而，对这些情况的讨论与当前内容并不是特别契合。到目前为止，即使在内部心理物理学方面，人们也还只能谨慎细心地调查这一问题。

我们已经多次提到，由于弱内部兴奋性的存在，眼睛的集中视觉感受一直保持在阈限以上。这一事实为特殊目的论的讨论创造了机会。

如果需要一个给定强度的外部光刺激来提升内部活动，指望着这个光刺激来产生超越阈限的感受，那么结果将导致我们甚至看不见亮度较弱的或是黑色的物体。因此黑暗中会出现与视网膜上盲点同样的效果，这一结果无疑将产生巨大的干扰。另一方面，如果眼睛的阈限由于内部兴奋被大幅提升，那么根据韦伯定律，我们将不再能够精确地估计少量光刺激增量对应的可觉性。因此作为非常弱的光刺激强度可能被表征的形式，能被未兴奋状态下的眼睛看到的黑色无疑是最有利的一种。这也是我们视觉最有可能的呈现方式。

就耳朵的听觉而言，没有必要进行相应的目的论说明。事实上在听觉方面，如果每个最微小的声音都能被听到，那么将会让人感觉特别烦躁。通常地，我们在听觉上没有类似于用眼睛看黑色的体验，即使我们将注意力集中在耳朵上，也只能产生静默的感觉。

在非正常条件下耳朵可能会受到超阈限的内部兴奋影响。这时我们会听到嗡嗡声或铃声以及类似的声音。另一方面，由于缺乏刺激，耳朵可能会处于远远低于阈限的状态。现在就可以正确解释对那些受听神经麻木之苦的病患进行观察的结果。这些人只有当存在类似鼓声的其他噪音或乘坐马车时，才能很好地听见别人说话。这就好像嘈杂的噪音能够帮助将听力提高到阈限水平，这时额外的声音也能听得到。而它本身是不足以达到阈限值的。

关于差别阈限还有另一个应用，现在我将呈现给大家。

正如现在大家所公认的，如普拉托（Plateau）的假设，如果所谓的眼睛里的内在光更多的是依赖光学畸变和折射现象，而不是视网膜上的光传播，那么我们将会发现这种物理光应该只会增加光强度，而不会使光强度增加的幅度变大。然而普拉托的实验[①]表明，光照的效应虽然并不总是与光强度成正比，但它确实会随着刺激强度增加不小的量，直到某个特定的最大值，这个值就代表了上限。

在他的实验中，从黑色背景上观察到可见光照传播量 J（单位是表示弧度的秒）是与所形成的光强度 i 对应的；当 i 达到最大值 16 时就相当于明亮天空按照 30°的角从镜子反射出去的强度（从镜子表面测量）：

$i=$	1	2	4	8	16
$J=$	40.9″	47.6″	55.7″	56.0″	56.0″

就差别阈限而言，普拉托的结果表明，可见光照传播量会随着光强度的增加而增加，但没有达到直接成比例的量，也没有超过一定的限制。这一结果对于真正恒定的物理光照传播是很有意义的。

可见光照的最外层界限一定要与物理光照的边界相一致。然而，当光照强度很弱的时候，它就变得与黑色背景如此相似，与扩散范围的边缘相融合，以至于不能再将二者区分开来。因此，随着光照变得越来越弱，可见光照的界限就一定会与扩散范围边缘越来越接近。

巴比涅（Babinet）[②] 在一篇关于彗星质量密度的文章中指出，他确信一些可靠的天文学家能够通过没有明显亮度弱化的彗核，观察到第十或十一星等或甚至更微弱的恒星。另一方面，根据沃尔兹（Valz）的一项观察，第七星等的一颗恒星几乎完全掩盖了彗星的亮度。然后他提出

① *Pogg. Ann. L. Suppl.*, pp. 412 ff.

② *Compt. rend.*, 1857, p. 357.

了以下注意事项（参考了博格的差别常数）：

> 由于一颗由太阳照射而可见的彗星介入并不会明显削弱恒星的光辉，而是在它前面形成一道光幕，可以推论说这时候彗星的亮度不及恒星的1/60，否则相当于恒星亮度1/60的介入光肯定是会被觉察到的。因此我们最多可以认为彗星是恒星光亮度的1/60。那么做个假设，使彗星变亮至原先的60倍，它将会和恒星的亮度相等，然后如果让它再变亮至60倍，也就是3 600倍，那么这颗彗星将会是恒星亮度的60倍，那么反过来由于它亮度占优，将会使恒星消失看不见……因此，我们可能会认为月光会使所有第四星等以下的恒星消失看不见；那么由满月照亮的天空要获得足够的光亮进行渲染，才能使第五星等以及更低的恒星不可见。

基于这一点，巴比涅进一步考虑了彗星的密度与质量，发现了一个极暗的星等，与其他人的研究一致。但是，我们没有再进一步关心这一问题。我只是引用这个讨论作为差别常数可能适用的例了，然而，我并没有考虑将博格的数值应用到可适用的恒星上，理由将在下一章讨论。且出于这个原因巴比涅的计算结果还是存在令人怀疑的地方的。

第十一章
对各种感觉领域阈限大小与关系的详述

想要绝对肯定且有效地给出任何感觉领域内有关绝对阈限和差别阈限的定量大小，这几乎是不可能的事情。阈限值更多地依赖实验过程和过程中的机体状态。而这两种元素都非常易变。此外要精确确定感受或差异感受起始的点是有难度的。同时我在第44页曾提到过，总的说来，关于感受性测量的方法仍是有效的。有两种很有趣且必不可少的测定，一种是对通常情况下平均值的测定（即使只是粗略的测定），另一种则是对极端值的测定。它们与产生环境的函数关系本身，就可以作为一个主题进行调查研究。

其他条件一致时，阈限越低，感受性越高。众所周知，人类机体的构造是如此严密以至于在这方面存在着一定的限制，这是我们不能忽略的。另一方面，有许多条件诸如异常体质、器官畸形或各种各样的随机因素影响都会提高阈限。所有实践中获得的阈限值都被视为上限，低于此值的区间中存在理想阈限，可以说，理想阈限是在最佳环境中获得的。因为最低的阈限值使我们离真正的极限最近，所以它们是最令人关注的，前提为它们是基于有效的观察得到的。

以下叙述的确并非对所有已知的不同领域中有关阈限值报告的完整总结。然而，我提到它们是作为未来工作的开端。这些研究大部分只考虑了差别阈限，因为到目前为止，关于绝对阈限我们知之甚少。

集中阈限

光和颜色

正如前文（第191页）所提到的，我们无法用实验确定亮度的绝对阈限。目前所知的关于差别阈限的研究在第九章已提到过，以下只是一个概括。

博格在投影实验中发现差别阈限等于光强的 1/64。这里还有是否存在运动的问题。阿拉戈在没有运动的前提下发现不同个体的比例值在 1/39 到 1/71 之间变化，而有运动时则在 1/58 到 1/131 之间变化（参见第 135 页）。福尔克曼在阴影实验中针对不同观察者的结果发现，在允许运动的条件下，比例值为 1/100（参见第 117 页）。在圆盘旋转实验中，马森针对大量不同的观察者进行了总结，结果发现比例在 1/50 到 1/120之间甚至更高（参见第 119 页）。

根据马森的观点，该值不会随着不同颜色而变化，但却会因人而异。

在这些测定实验中，我们是直接观察由给定范围的光照亮的表面及投影。但很明显的是，差别阈限也取决于可见区域的范围，至少要达到某个特定的范围，同时还取决于视网膜外围或中心区域是否参与视觉反应。

一般来说，位于白色背景上一个黑色物体的表面，或者黑色背景上白色的表面，当视角越小以及激活的视网膜外围区域越大的话，这种背景下黑白的差异感会消失得更容易（也就是说不能再将它与背景区分开来）。这时和点相同宽度的线能被识别，但是点却不能。另外，颜色的不同也会造成差异。

就大小而言，光照一定是在相同的观测距离处，小尺寸物体比大尺寸物体更容易消失于背景中这一事实的原因。目前为止人们还没有将足够的注意力放在这一点上。在这方面，值得注意的是，白色背景上黑线或黑点会随着它黑度的减小而变得更宽，黑色背景上白线或白点也会随着它明度的减小而变得更宽。这些事实和理论已由福尔克曼陈述并精确发展。①

当然，散射并由此被光照而稀释的光，或者是叠加了部分光的黑色，均较难分别从黑色或白色背景上区分出来。这种条件必然对点的影响程度要大于对线的影响程度。那么毫无疑问的是，恒星的差别阈限一定大大超过博格的数值，这是巴比涅基于他的计算基础而得来的（参见第 201 页）。这就意味着，即使强度差异远大于 1/64，恒星也不会从背

① *Berichte der Leipz. Soc.*, 1858, pp. 129 ff.

景天空中被区分出来，应用人造星的实验直接测定阈值对许多天文学问题来说是很重要的。[①]

上述讨论足以证明光的集中和广延阈限只能通过彼此之间的关系来确定。因此我将先搁置这个问题，待到讨论广度阈限时再回过头来讨论，因为该部分内容中光照的影响将再次被提及。

据说，颜色在被识别成颜色之前，也必须要以一块最小面积的形式呈现在眼前。当然直接观察是这种情况，更重要的是在间接观察情况下仍是这样。无疑背景的光照和感应（布吕克使用的概念）在小色块的消失中起了作用。但是，这样的消失还没有被彻底地解释清楚。目前对于这一事实的最严密观察是由奥贝特进行的。[②] 然而，在得到更多确切结论之前，我们必须将外围视野对彩色背景下黑白格子的识别，加到对黑白背景下彩色格子物体的识别行为观察研究中。

声音强度与音调

沙夫豪特[③]已经用适当的测量程序进行了听觉极限的实验。该声音是由小球[④]从一个已知高度落到由普通平板玻璃制成的矩形板上发出的，这个矩形板在节点处通过螺丝固定。耳朵是严格定位在作为声源的玻璃处。从板的中间即小球撞击点到用以接收声音的耳朵中部的水平距离是 55 毫米，垂直距离是 74 毫米，而直线距离是 91 毫米。作者写道：“这个实验告诉我这是耳朵确定能听到最小声音的最佳距离。”用作者的话来说，这些实验的基本结果（并没有详细描述）如下：

“在耳朵可以感知的音量测定实验中，我发现，一般来说质量为 1 毫克的软木球从 1 毫米的高度落下的声音，在一片寂静中即深夜里还是听得到的。在半夜 12 点钟进行这样的实验 30 次，当完全无风的安静条件下，我确信有 25 次听到了上述方法产生的声音。在一些受过专业音乐训练的年轻人中也存在类似的情形。我发现老年人中只有少部分能听到这声音，除非他们也经过专业训练；然而，有些老人在练习后也能肯定地知觉到上述声音。

---

① 在这里大家有必要参考施坦普费尔的实验，相关内容可以在《维也纳学会报告》(1852，pp. 504，511) 中查阅到。

② *Gräfe's Arch. f. Ophthalmol.*，Ⅲ，pp. 30 ff.

③ *Abhandl. d. München. Akad.*，Ⅶ，p. 501.

④ 小球由镊子的两脚夹住，镊子两脚张开并且由两只门闩固定住。

“因此我可以毫不犹豫地说，质量为 1 毫克、从 1 毫米高度落下的软木球所产生的声音强度，可以作为健康人耳刚好可感知的声音强度平均极限的声学能量标志，这可能是受到我们文化的影响。”①

当然距离耳朵更远、声音强度的影响力更大的研究也是可取的，因为很显然上述实验中的小范围干扰和测量误差被最小化了。有一点要考虑到的是，根据上述实验过程，听力是在只有一只耳朵参与的情况下发生的，而一般听力过程中使用了两只耳朵。

根据我在第 138 页所引用的伦茨和沃尔夫的实验，以及福尔克曼的实验，似乎可以看到人们对声音强度的差别感受性要比对光强度的差别感受性小得多。我们可以很确定地区别出比例约为 3∶4 的两种声音强度，但随着比例越来越小判断也变得不那么可靠。

从音高的角度而言，一般人们都认为存在听力的下限。通常是每秒有 30［克拉德尼（Chladni）测定］或 32［比奥特（Biot）测定］次振动。同时，根据萨瓦尔特（Savart）最近一些采用汽笛进行的实验②，每秒振动 14 到 16 次的音调应该还是能听得到的。他倾向于认为，如果有必要，只要依赖于延长单个印象的持久时间，即使更低的音调也能听得到，这样就不会有真正的下限。然而，德斯普雷茨（Despretz）③ 仔细重复了萨瓦尔特的实验后，直截了当地否认了他的断言，并得出结论：“尚未有证据证明，人类的耳朵能够感知并确定低于 32（16 个往复振动）次简单振动的音调。”萨瓦尔特可能是被他的装置所产生的大强度声音所迷惑，它确实很强，但它既不是乐音的也没有固定音高，因此会具有更多的噪音特征。

如果德斯普雷茨确实是对的，即汽笛的每一单脉冲分别形成的噪音，由于脉冲的时程原因容易被当作是连续的声音，这就会让人对音调产生错误的印象。④

无论可能是哪种情形，就萨瓦尔特和德斯普雷茨的不同操作而言，假定人类的耳朵对音调不存在下限是很荒谬的一件事情。一个小时持续振动所产生的音调显然不会仅仅被人类知觉为一个音——或许能被某些不同构造的生物所识别，但肯定不是人类。

---

① 指的是德国人热爱音乐的传统，所以耳朵很灵敏。——译者注

② *Ann. de Chim. et de Phys.*，XLVII，p. 69 或 *Pogg. Ann.*，XXII，p. 596。

③ *Comp. rend.*，XX，p. 1214；*Pogg. Ann.*，LXV，p. 440.

④ 如果萨瓦尔特采用双振动的形式，他与德斯普雷茨的结果就很可能一致了。德国研究者一般都使用双振动，而法国人倾向于使用单振动。——译者注

音调的可听性似乎不只有下限，也存在着上限。

1700 年沙维尔（Sauveur）在《学院本年要闻录》（*Mém. de l'Acad. Ann.*）中指出每秒振动 124 000 次为上限。沃拉斯顿（Wollaston）认为蝙蝠和蟋蟀的声音代表了可听音调的上限。昆虫器官能够发出的最高音调的振动频率是最低音调的 600 到 700 倍，这就使得简单振动的上限为 19 000 到 22 000 次，比奥特假定的上限只有 8 192，克拉德尼认为是 12 000，奥利维耶（Olivier）[①] 认为是 16 000，扬（Young）设定的是 18 000 到 20 000。

萨瓦尔特同时还发现，如果某人能产生足够响度的高音，那就和他用一块薄的材料敲击齿轮的齿发出的声音一样，人们将会相应地听到由 48 000 次简单振动（24 000 次敲击）所发出的声音。同样地，德斯普雷茨从他用小音叉做的实验得到结论，即耳朵仍可以感知、确定并分类高至 73 000 次振动的音高，“但是，对极高音调的听觉不会足够快地发生，因为人们把它归在音阶里”。

或许人们会提出这个问题，即究竟高音调可听性的极限是否已经达到，或者是否存在着人所不能听到的更大振幅或更高音调。另一方面，很有可能要么是神经本身无法感知太高的音调，要么是耳鼓及其附件可能无法接收它们。

前面的讨论是关于音调的绝对可听性。我们对音高区别的感受性似乎远远大于对响度区别的感受性。

一个叫西贝克（Seebeck）[②] 的人能够区别出两个音调几乎完全一致的音叉，其中一个是每秒振动 1 209 次，另一个是每秒振动 1 210 次（当两个音叉同时被敲响时测定的节拍数），他可以追踪出其中一个音叉的音调低于另一个，可以说一个音叉的振动轨迹“比另一个”低。[③]“有人（西贝克声称）刚好能够区分这种几乎完全一致的音调间隔。我们无需提醒，大家都会知道这样的识别力需要经过训练的人耳才可以做得到；虽然我有理由相信自己在这方面的听力是相当敏锐的，但我也不能质疑钢琴调音师或小提琴家等人的耳朵可以表现得更好。我向两位优秀的小提琴家呈现这两个音叉，他们在判断哪个音调更高时丝毫没有迟疑。在这种情况下两种音调听起来很像，这有可能是辨别音高的一个有

---

① *Urstoff der m. Spr.*, p. 12.

② *Pogg. Ann.*, LXVII, p. 463.

③ 无疑他是一个接一个地敲响音叉的，虽然他并没有外显地提到这一点。

利条件；或许这样的准确性并不是在所有水平的音高上都存在的。”

关于人耳对音高差异感受性的早期数据，无论如何也没有测得过这么高的结果。威廉·韦伯[①]顺便注明，在适宜条件下人耳就可以直接（即不用通过节拍的协助手段）且准确无误地判断出的音调，不会超过200次振动/秒的水平。

德勒泽纳[②]不仅和其他人到目前为止所做的一样，从两个相似音调的共振中确定了最小可觉差，而且还设计了一些其他音程，如八度音、五度音、大三度和大六度。人们可能会注意到，这里的任务是确定两个音符之间的差异或比例，而不是两个音调之间的最小可觉差。在这里，先后发出的两个音之间的每个纯音程[③]都代表了差异，而每个非纯音程都代表了稍有变化的差异。然而在这个例子中，由一个共振纯度确定的最小可觉差，可被视为一般情况下的一个特例；即由两个差异为零的音调中计算而得的偏差。

实验是这样进行的。将以每秒120个周期振动的弦，在相隔1 147毫米的两座小桥之间以单弦的形式拉伸。其中的一座桥是活动的，这样弦在其长度上的某一点被分为两部分，弦两端的声音就会产生一个音程。这座活动桥是很灵活的。它被放在弦的下面且没有增加弦的张力，弦紧贴着这座桥尖锐的边缘。德勒泽纳首先确保了音程的纯度。然后将活动桥移向右边或左边一点点，最多不超过几毫米。现在让观察者判断什么时候音程中的变化变得明显。活动桥是在观察者视野之外的，移动桥的位置直到基本找到一个纯音程，并确定判断中产生了多少错误。

虽然这些实验看起来是非常认真仔细地实施的，但不幸的是，由于缺乏准确的方法，人们对所得数据间的可比性不能太过相信。因为这些测定对音乐实践和乐感理论都是非常重要的，所以重复这些实验是非常必要的。注意要采用正误法和平均差误法，严格控制所有条件的可比性，选取听力好与不好的各类观察者，之前作者用来测量最小可觉差或极限的方法尚不足以保证得到一个精确的结果。

---

① *Pogg. Ann*，XIV，p. 398.

② *Recueil des travaux de la soc. de Lille*，1827，p. 4.

③ 音程分为纯音程和增、减音程等，例如纯四度、增四度等。因为一、四、五、八四种度数在和声学上被认为是最和谐的音程，所以在这些度数只前冠以纯的字样，称为纯音程。有兴趣的读者可以参阅乐理的相关内容。——译者注

德勒泽纳的结果如下。

取一根长 1 147 毫米、以每秒 120 个周期的频率振动的弦，然后缓慢移动活动桥使得两部分弦的共振被打破，结果发现，当活动桥移到距中点只有 1 毫米的时候，就需要极好的听力才能辨别出两端相继出现声音的差异。弦一端的长度为（1 147/2）+1 毫米，另一端为（1 147/2）−1 毫米，因此二者的长度以及相应频率的比值为 1 149∶1 145。比例为 1 151∶1 143 时的差异，就能够被没有经过特殊训练的人耳所听到了。[他写道：]

> 如果我们把活动桥向右或左移动 2 毫米，几乎未经训练的人耳就可以感知到这种差异，这是我在几个被试的实验中确定得到的。如果活动桥只移位了 1 毫米，就需要一只相当灵敏的人耳才能立即意识到差异。为了让被试不因周围物体而分心，或者是不让被试了解活动桥是否真的产生了移位，参与这一测试的被试要闭上眼睛，以此来避免被试根据所看到的方向改变产生预知。所以极其灵敏的人耳是对于这样细微的差异非常敏感的。假定这是人耳感受性的极限，那我们来计算以下这两种有着微小差别的感觉之间的关系。我们将得到：
>
> $$\frac{(1\ 147/2)+1}{(1\ 147/2)-1}=\frac{1\ 149}{1\ 145}=\left(\frac{81}{80}\right)^{0.280\ 7}$$
>
> 因此组织结构最好的耳朵能感受到 1 149 次振动中 4 次振动的差异。[①]
>
> 为了将这种音程与作为普遍单位的 81/80 小[音程]相比较，我们可以说人耳对同音上增加了四分之一的小音程这样的情况，是几乎判断不出来的。
>
> 我们已经看到，那些从未有过声音比较经验的人，能够感知 2 毫米位移的差异。因此我们可以根据这些声音获得被比较的音程：
>
> $$\frac{(1\ 147/2)+2}{(1\ 147/2)-2}=\frac{1\ 151}{1\ 143}=\left(\frac{81}{80}\right)^{0.561}$$
>
> 因此这些人是能感受到 1 151 次振动中 8 次的差异，或者说是略高于半个小音程的音程。

① 也就是按照每秒 16 次振动为标准，指数为 0.280 7，所以大约是 4 次左右。下同。——译者注

如果把与其他音程相对应的结果也列出来，我们将发现，根据德勒泽纳的说法，当频率比值如下所示，且音调是被相继听到时，那么非常敏感的耳朵刚好够区别如下音程的偏差。

同音 $\frac{1\ 149}{1\ 145}=\left(\frac{81}{80}\right)^{0.280\ 7}$

八度音① $\frac{2/3\times1\ 147+1}{1/3\times1\ 147-1}=2\left(\frac{81}{80}\right)^{0.31}$

五度音 $\frac{3/5\times1\ 147-1/2}{2/5\times1\ 147+1/2}=\frac{3}{2}\left(\frac{81}{80}\right)^{0.146\ 1}$

大三度 $\frac{5/9\times1\ 147+1}{1/9\times1\ 147-1}=\frac{5}{4}\left(\frac{81}{80}\right)^{0.284}$

大六度② $\frac{5/8\times1\ 147+1}{3/8\times1\ 147-1}=\frac{5}{3}\left(\frac{81}{80}\right)^{0.291}$

或者

$$\frac{5/8\times1\ 147-1.5}{3/8\times1\ 147+1.5}=\frac{5}{3}\left(\frac{80}{81}\right)^{0.441}$$

大家可以看到，人们对五度音偏差的知觉相对来说是最独特的。

重量

卡姆勒与一些合作者［奥贝特、福斯特、特伦克（Trenkle）］一起进行了一系列实验，是关于皮肤不同位置所能感觉到的最小绝对重量。他的结果发表在他1858年从布雷斯劳大学（波兰）毕业的论文《皮肤各个区域的最小感受性》。他的实验材料包括重量较轻的木髓、软木或纸板，每个大小约为9平方毫米，但是重量各不相同并且可以根据需要进一步加重。重量降得非常慢，并尽可能在测试区域内是从上往下地垂直降低的。将一个细拱形铜丝或猪鬃放在两个斜对角的角落里，重量以马镫的形状呈现，在其上端系着一根棉线来固定重量。

详细报告这里的所有结果将会很繁琐，因为实验中测量了不同观察者的整个身体表面。我将只提及部分结果：不同区域感受性大小的顺序与韦伯用圆规两脚进行实验的结果毫无相同之处。根据这四名观察者的

① 在完全没有经过音调比较训练的被试身上，我们计算出的比值是 $1\ 151/1\ 143=(81/80)^{0.561}$。

② 该数据依赖于活动桥是向左还是向右移动。

数据所得的大小顺序结果很接近，但也不完全相同。前额、太阳穴、眼皮和前臂背侧是最敏感的部位，在这些地方 0.002 克的重量在大部分情况下都能被感觉到。指头则一般不太敏感。

总之，能感受到最轻重量的最敏感区域的详细情况如下所示：

奥贝特在前额、太阳穴、左右前臂及关节（包括掌侧和背侧）以及拇指掌侧（即手掌的一侧）外沿和双侧手背能感觉到 0.002 克的重量。卡姆勒是在前额、太阳穴、右前臂背侧以及双侧手背感觉到这个重量。福斯特是在前额、太阳穴、上下眼皮和鼻子位置。特伦克则是在鼻子和嘴唇上。

奥贝特在右手拇指掌侧外沿能够感觉到 0.003 克的重量。卡姆勒则是在两只前臂掌侧、左前臂背侧表面以及左手拇指掌侧外沿表面能够感受到这个重量。

卡姆勒在右手拇指掌侧外沿表面感觉到 0.004 克。

奥贝特在鼻子、嘴唇、下巴、上下眼皮、胃部中点等部位能感觉到 0.005 克的重量。卡姆勒则是在鼻子、嘴唇、下巴、上下眼皮、胃部中点等部位。福斯特是在嘴唇、胃部等部位。特伦克是在前额、嘴唇、上下眼皮、胃部、前臂等部位。

一克是作为指尖和右踵（据奥贝特的研究）能刚好感觉到的最大重量（也就是最小可觉重量）。

我们已经在第 108 页引用了韦伯得到的结果，这个结果是关于重量差异的，附带地测试了韦伯定律。然而，他的处理[①]中有更多关于重量最小可觉差实验的细节，包括仅根据压力或压力与肌肉觉相结合的流程，也有根据压力作用的部位进行的讨论。

在以下实验中，用来比较的两个重量放在两只手上，它们的最小可觉差由第 108 页给出的方法测定。当手一直放在桌子上（a 列）时，对应的是在纯压力感觉之间做对比，当两只手都提起时（b 列），对应测量的是压力和肌肉觉的结合。但是开始时每只手上总是有 32 盎司的初始重量，当一只手上的重量按照下列数量减少时，差异变得明显：

① *Progr. coll.*, pp. 81 ff.

	a	b
(1) 商人，没有经过练习	6	1
(2) 数学家	6	2.5
(3) 韦伯自己	16	2
(4) 商人，没有经过练习	8	4
(5) 年轻女孩	16	2
(6) 妇女	16	4
(7) 妇女	12	2
(8) 学生	8	3
(9) 学生	12	2
(10) 学生	8	1.5
(11)	15	1.5
(12)	10	1.5
(13)	18	8
(14)	12	6
(15)	6	4
(16)	8	1
(17)	8	4
平均值	10.88	2.93

在接下来的实验里[①]观察者用同一只手交替提起两个重量。重量挂在手上，由两块折叠的布片包裹，布片两端连接起来。“总共十个人参加了实验，一半为男性，他们根据所描述的方法，比较了用布片举起78和80盎司的重量，其中只有两个人不能区分哪个重哪个轻。在每人三个试次判断哪个更重的过程中，七个人每次都判断正确。其中有些人做了四到七个试次，每次都做出了正确的判断。十个观察者中有一人在八个试次中答对了七次答错一次。”

韦伯认为，这个实验程序里只涉及了肌肉感觉。我并不完全同意，这在第157页有提到过。

在接下来的实验里[②]使用了六堆重量恒定的泰勒币[③]，每堆硬币的重量略小于2盎司（总重量接近12盎司），将它们分别放在身体双侧的对应部位（下表中最后两个部位是采取中线作为测试点的）。然后在一侧逐个拿走泰勒币，直到被试感觉到两边的重量差异。下表（p.69）列

① *Tasts. und Gemeing.*，p. 546.

② *Progr. coll.*，p. 96.

③ Thaler，一种德国旧银币。——译者注

出了在差异变得明显之前需要移走的硬币数。(没有说明实验被试。)

手指掌侧表面	1
手掌表面	2
手指背侧表面	2
手臂内侧表面	4
足底跖骨	1
足底凹部	4
脚后跟	3
腓肠肌(小腿肚)	4
前额颞骨部位	1
头后部毛发区	4
胸前区	4
肩胛骨	2
侧腹部	4
肩胛骨附近后部中线	5
腹部正中线	5

这些实验也与第十二章引用的等值法所进行的实验有关。

温度

韦伯①已经发表了一些关于最小可觉温差大小的内容。根据他的研究,让被试把整只手交替放入水温不等的两个容器里并集中注意,运用这种方法人们可以区分相距只有 1/5°到 1/6°R 的温度差异。但是,他并没有准确测定觉察到差异时的温度。我发现在中等的温度范围内,即便更小的差异也能被觉察到,而且他们会根据受到温度的影响而产生很大的变化。可以把这些内容与第九章的第 159~167 页对比一下。

韦伯所做的关于冷热痛阈的实验和讨论可以在相同的报告里找到(pp. 571 ff.)。

广度阈限

视觉

基本上,我们视网膜所能觉察到的距离均受到视野的限制,有人可

① *Der Tastsinn und das Gemeingefühl*, *Wagner's Wört.*, p. 534.

能会问一般需要多少量的感觉环才能使视野进入可觉察的范围。我们应该把这个问题与下面这个问题小心地区分开来，即当采用不同方式对当前视野进行刺激时，为了将其中一部分与其他视野区分开来，所需要的刺激比例量是多少。到目前为止还不可能解决第一个问题。因此我也将绕过这一问题，尽管这确实是广度阈限研究中的基本问题，但只能在后面一些有关理论性内容的章节中再回到这一问题，现在我们还是要回到有关广度阈限的研究上来。

眼睛能感知到的最小广度、最小距离以及广度与距离的最小差异各是多少?

找到最小可辨别距离的任务与测定最小可能值的任务是一致的，因为人们终究会认为两个有限点间通径的最小可觉长度，应该与两点间的最小可觉距离是一样的，反之亦然，也可以像最小可觉长度那样来考虑最小可觉距离。然而，这些实验可以分为以下几种，即在大且均匀的背景上观察一个点、一条线或者一小块表面，以此来测定双眼间距（以及由此得到的视角）为多少时，这么小的客体仍然可以看到（或消失），以及在给定背景上观察两个或更多的点、线或者小块表面之间距离的情况。这里的实验任务是研究分离的视角为多少时，它们将相互融合在一起。出于我们的实验目的，将前者称为关于最小可觉大小的实验，后者是关于最小可觉距离的实验。两种实验条件不同，这直接关系到实验的结果，因此如果把两种条件套用在照明的例子中，前者只涉及两个边缘，而后者涉及四个边缘。

眼睛能识别出的任何大小必须是出现在一个给定的背景上，而它能否被识别出在一定程度上取决于其与背景的对比。因此广延视觉阈限问题与强度差别阈限有关，而且这个观点已经在第 96 页讨论过。视觉对象与背景间的差异越大，每单元范围内的大小更容易区分。另一方面（至少达到一定极限），如果对比保持不变，视觉广度越大，物体越容易识别。无论背景是黑色的，需要区别的物体表面是白色的，还是反过来，这一事实都有效。

为了找到这里面的定律函数关系，特文宁（Twining）① 做了一些实验。在一块白色背景板上有一些规则的黑色斑点，只有一道光源照射该点，他需要测定当眼睛与背景板间存在不同水平距离的情况下，光源

① Twining, Enquiries concerning Stellar Occultations by the Moon and the Planets — Experiments upon Light and Magnitude in Relation to Vision, in *American J. of Sc.*, 1858, July V. C. XXVI, [2], p. 15.

与背板的距离需要调整到多少，能够使斑点与背景融为一体。他通过这些实验得出一个定律，即虽然眼睛与背板的距离呈几何数下降，但相应的光源与背板的距离却呈算数级增长。[1]

如果将照度 J 定义为油灯距离背板 L 平方的倒数，将黑点的视直径 D 定义为视距 A 的倒数，那么就可以用 $\sqrt{1/J}$ 来代替 L，用 $1/D$ 来代替 A。这一定律现在可以用以下公式表达：等比例的 D'/D 对应于等差异的 $\sqrt{1/J}-\sqrt{1/J'}$ 。这个定律本身不太可能成立，而且特文宁假设 A 是 D 的倒数，由于实验条件下照明的影响，毫无疑问这是无效的假设，这一点我们后面将会讨论。因此，尽管特文宁自己的实验非常符合这一定律，但正如我们看到的，这最有可能只是一种经验的表达，而不是真正的自然法则，它在其他实验条件下的普遍有效性值得怀疑。同时，这些实验并不是没有意义的，它们表明，当观察距离较远的前提下，距离仍按照一定比例增加时，刚刚能够明确识别斑点时的相对照度将会快速地开始或停止增加，而当观察距离较近的前提下，距离以同样比例增加时，照度的相对增长却只是很微小的。作者提供的两个最大观察距离 107.29 和 134.11 英寸，比例为 4∶5，它们对应的油灯距离为 29.5 和 15.5 英寸，即照度比例为 1∶3.62。另一方面，所使用的两个最小观察距离为 28.12 和 35.16 英寸，同样比例为 4∶5，对应的油灯距离分别为 131.6 和 110.5 英寸，反映的照度比例为 1∶1.419。这一结果将保持稳定不变。

本来特文宁使用的装置是里外都漆成黑色的盒子。这个盒子除了前面以外全是封闭的，前面打了一个方形小孔，一方面是为了能够让光透进盒子里，一方面是便于被试从另一边观察。在同时进行照明和观察时，照明灯和眼睛（分别在孔的两侧）之间的距离要足够远以防两者相互干扰。在盒子内部的后侧上有一些纸片，上面标有等距且按规律排列的黑色小圆点[2]，这些黑点接收光的照射并可以被观察者看到。在不同的实验里，眼

---

① 作者自己（特文宁）采取如下方式对实验结果进行了明确表达（p. 23）：“当眼睛与背板的距离呈几何级数下降时，相应的光源与背板的距离呈算术级数增加。换言之，光源与背板的距离是线性增大效应的对数。

“关于这个定律的最关键结果是，一道微弱的光以较小的分数比例进行改变，对给定放大效应产生的平衡作用，与一道更明亮的光以较大的分数比例进行改变时的平衡作用是一样大的。”

② 原文为“一张纸上规则排布了等距且按规律排列的黑色小圆点”。作者没有提到圆点的大小或者是圆点的间距。

睛与盒子后侧间的距离是不同的，每次把灯移近或移远，直到黑色斑点与背景相融合或直到它们之间清晰的界限正好不见①。灯是被盖住的，除了一个小孔用来供光束透出，眼睛通过固定在框架上的管子（眼管）进行观察，管的孔径为 0.16 英寸，长 3 英寸。管和灯在有刻度的木板上可以移动，并在盒子的一个角上汇合。眼管的滑动是以 5∶4 的几何级数变化。在盒子方孔前面放置一块黑屏，其上对应盒子方孔的位置也有一个孔，目的是阻止房间里的杂光进入。

下面的表格包含了观察结果，单位为英寸。② 据原文记载，在每个距离上进行了四对观察，但表中在每一距离上只给出了四个数据。因此，每个数据可能是两个观察值的平均值。观察距离大小的顺序是以 4∶5 的几何比例增加的。最后一列“估算值”列出了估算的灯距，这是基于这样的假设而计算出来的，即灯距与标准的 16 英寸灯距之间的算术级数差异，对应的是两者间的几何级数差异。

特文宁的实验数据

眼睛与背板的距离	背板与灯的距离				平均差异	估算值
134.11	14.5	14.8	18.2	14.5	15.5	14.8
107.29	34.3	29.5	27.6	26.4	29.5	30.8
85.83	40.5	51.7	50.6	46.5	47.3	46.8
68.66	57.4	69.2	61.9	64.7	63.3	62.8
54.93	74.9	77.1	74.7	79.1	76.5	78.8
43.95	99.0	90.5	88.3	90.2	92.0	94.8
35.16	114.1	106.5	110.0	111.4	110.5	110.8
28.12	138.4	122.6	132.1	133.4	131.6	126.8

小的可见物体的辨别力极大地依赖于辐照效应③，这一点我们很早就已得知。现在我们将更仔细地验证这一影响。这里我们要考虑的是在照明条件下，由于光学畸变和折射，视网膜对光的物理散射所产生的

① 原文为“直到黑色的点阵群正好融合在一起——或者人们看着这些点时，刚好不能将它们区分开的程度”。

② 作者关于最后一个也是最小的观察距离是这样说的：“在最近的观察点上（相应灯的距离是最远的），微弱的光线，以及由于过于清晰放大的视野对眼睛造成间歇性的紧张状态，将会造成对结果的不确定感。”

③ 与白底黑字相比，黑底白字的情况下，字更容易在视觉上出现从背景中分离出来的趋势，这是视觉辐照效应的最典型例子。——译者注

印象。

在所有关于最小可识别大小或距离的实验中，人们减小大小或距离——或者把物体移远——在不考虑辐照的情况下，视网膜上的成像就会减小到一个点或一根宽度可忽略不计的线。一般来说，除了福尔克曼关于辐照的新论文[①]，最小可辨认影像的直径或者最小可识别距离的计算都没有考虑到辐照。但是，福尔克曼的精细实验非常准确地表明，即使最好最彻底适应了的眼睛，对光的传播产生可觉可测量的印象过程中，一定会受到辐照的影响。如果人们将他在最好的可能观察条件下获得的关于扩散圈大小的数据，与他自己或者其他研究者有关最小可觉物体大小的结果相对比的话，不仅会发现没有考虑辐照时，与最小可觉察影像的直径（或最小可觉察距离）相比，计算出的扩散圈直径相对较大，而且会发现通常它比这一直径大很多。因此，光形成的影像大小比我们想象的要大得多，虽然同时由于色散，它比计算出的最小可知觉大小要小。

的确，根据福尔克曼的测量（后面将引述），实验中由明亮光线照射的黑色背景上的银线边缘宽度向两边增加，增加范围从最小值 0.001 2 毫米到最大值 0.003 2 毫米[②]（以巴黎行为单位的话是从 0.000 532 到 0.001 418）。由六名可能有着最佳视觉适应性的观察者参加实验。如果线段是黑色的而背景是白色的，那么增加范围则为 0.000 3 到 0.001 85 毫米。然而，根据例如胡克（Hueck）等人的研究，黑色背景上白色条纹开始消失时的视角，也是直线最小可识别宽度极限的标志，达到了 2 秒的角度值，代表了视网膜上的 0.000 145 毫米。

正如在第 200 页所指出的，辐照的范围依赖于物理条件，并不随着照明强度而增加。因此，较强和较弱的点光源所照射的范围是一样的。但是，弱的点光源能够达到与其背景不能区分的程度，而明亮的点光源将保持可觉的水平。

一般来说，当点光源强度不足以达到与扩散圈中心的背景相区别的差别阈限程度时，那么它就再也不能被觉察。在白色背景上一个黑点的情况下也发现了类似的现象。周围的光到处扩散并照亮了黑点，这样的话光就会散开来，它的黑度会由于辐照而减弱，和黑色背景上白点的作

① *Berichte de sächs. Soc.*, 1858, p. 129.
② 这些数值是 R 值的一半，后面将会提到。

用形式是完全一样的——与福尔克曼（同前，本书第113页）讨论过的情况相同，并且他已经通过实验证明。

伯格曼（Bergmann）[①] 发现，在研究最小可识别大小的实验里所使用的点或线在远处时显得很暗淡，所以任何微小的影子都可以轻易地与它们相混淆。他注意到，当被试每次逐渐地接近由1毫米宽的黑白条纹组成的网格时，从被试首次看到两者混合在一起的距离开始，白色变得更亮，黑色变得更深。这些情况可以很容易根据以下事实解释，即由于光学畸变，在可清楚看见的范围之外，光就会更加分散开来。

据说关于最小可识别距离的实验可适用于检测空间知觉的灵敏度[②]，因为光的强度在其中起重要作用，这一点可以很容易通过上述事实进行解释。实际上，这里辐照的影响只是更加复杂了，而并非消失了。当两个亮点或线相互靠得足够近时，它们的扩散圈重叠了，重叠空间中心亮度的最小值与辐照中心亮度的最大值之间的差异低于阈限值，因此我们无法区分出二者。实验表明，这里的光强度也起到一定的作用。我发现斯坦海尔在关于光照度测量的文章中曾提到过，暗度较低的墨镜在分离非常接近的双星中表现出令人惊讶的作用。然而我必须承认，基于我所掌握的内容，尚无法将这种效应推论为辐照条件的作用，在我看来，在扩散圈的延伸不会随着光强度的增加而增加的前提下，最低和最高强度的比例在强光或弱光范围内应当是保持一致的。如果是这样的话，那么我们感知差异的能力将是不变的。而事实上如果背景强度不断增加，那么更高的光强度条件下的识别力应该占有一定的优势。

总结前面的讨论可以得到，只要照明所起的作用以及如何消除该作用的问题没有解决，那目前有关视网膜上最小可觉大小和最小可觉察距离的实验，就不能用以获得关于空间知觉的敏锐度和广延感受性程度的结论。总结表明，如果忽视辐照作用，那么根据物体的大小和距离对极小的视网膜成像大小进行推算，以及对它们最终在视网膜细胞上的关系判断将是靠不住的。关于这一点，福尔克曼在他关于光照的论文中总结如下（p. 48）：“到目前为止所有有关刚刚能被觉察到的最小视网膜影像大小的报告都是错误的，这些数据都太大了，因为他们的计算都没有考虑到辐照的作用。”

---

① *Henle und Pfeufer Zeitschr.*, Serie Ⅲ. Vol. Ⅱ, p. 93.

② E. H. Weber, *Berichte der sächs. Soc.*, 1853, p. 141.

这个讨论将会引发物体大小本身在差别阈限测定中所起作用的问题。这全是由于辐照作用吗？在这种情况下我们假设物体大小的增长存在极限。不幸的是我们仍然缺乏用来检测这一问题的关键性实验。我只知道福斯特所进行的一些相关实验[①]，但是这些实验并不是针对这一特别问题的。这些实验似乎表明，物体大小对知觉阈限的影响实际上超过了辐照。实验过程如下："将一个封闭的盒子作为暗室，将被照射的物体放在里面，这个盒子内部是全黑的，是个长接近 36 英寸、高与宽约为 8 英寸的平行六面体形状。在盒子一个角末端处有两个供眼睛观察的圆孔，它们中心之间的距离为 2 又 1/2 英寸，与它们相邻且处于同一高度的是一个 25 平方厘米的方形孔，这个非常大的孔是供光源射入的。在盒子内侧用质量很好的白纸蒙上这个孔。在 1/2 英寸距离处有一根燃烧的油脂蜡烛[②]（可以尽可能地均匀燃烧）。这样，方形孔上的白纸就被照亮作为光源，物体摆放在盒内另一侧。光源大小可以根据需要调整光圈（中心有不同大小孔洞的纸板），这些光圈板紧贴在盒子前。"

作者提出（p. 10）："要在白色背景上辨别出长 5 厘米（长边是垂直的）宽 1 到 2 厘米的黑色矩形（眼睛距离为 12 巴黎英寸＝32.5 厘米），所需的最弱照明是 2 到 5 平方毫米范围的光源。如果光源低于该值，那么物体必须相应地变大。"

人们可以计算得出，在给定的观察距离上，宽度为 2 厘米的条纹在视网膜上形成的影像相当于 0.9 毫米。根据前面给出的数据（第 215 页），该值远远超过一只适应良好的眼睛刚好感觉模糊的量。现在如果更大的物体在更弱照明下变得可见，就说明大小的影响不仅仅依赖于辐照。然而，我们仍然需要直接专门针对这一主题，以及追踪大小变化与绝对亮度的函数关系，开展进一步的实验。

在任何情况下有一点可以确定的是，目前在没有考虑到辐照的前提下，大小和距离阈限的测定都是无效的。但这并不意味着广度阈限就不独立于眼内光产生的辐照了。假定视网膜或皮肤上的某一印象的广度按照任意比例减少，那么只要一个活跃的神经末梢被激活或者超过了其强度阈值，就仍然能够产生相应的感受。但是当印象的广度落到某一特定值以下时，这种印象并不一定就不能被知觉为某一广度水平（即仍可以

① *Ueber die Hemeralopie*，1857，pp. 5 - 10.

② 蜡烛的重量为 1/12 磅，高为 4 又 1/2 英寸，直径为 3/4 英寸。

区分一些点的大小）。换句话说，已被视网膜感知的某段距离，可以在减少任意量后仍被感知为一段距离，我们不能说这种描述满足与之密切相关的准则，因为这样的感受是以对两个边缘间差异的知觉以及一些点的刺激为先决条件的。

确实，目前的神经生理学一般都接受这样的假设：如果我们将感觉环理解为简单神经纤维的终点（或者是分支情况下的终点），那么人们只能在印象落在不同的感觉环里时才能辨别。然而，一个感觉环，无论它是属于未分支或分支的纤维，都必然有一定的直径，因此并排落在同一个感觉环的印象是不能被区分的。在视觉领域，实验证明在这个问题上，我们似乎真的面临着无法克服的困难，因为公认光点的扩散圈是要大于感觉环的。但是，我们或许可以研究类似于视网膜的广延感觉性器官，其中之一就是皮肤。我们必须要承认扩散也在触觉实验中起作用，因为皮肤上一点的压力或多或少会传递到其相邻部位。但是这一事实却无法解释韦伯的发现，即相距 30 巴黎行长的两个圆规脚在背部、上臂和大腿处都被当作一个点，观察者无法分辨出这个距离，我们也不能认为皮肤不同区域最小可觉察距离之间的差异也依赖于上述因素。皮肤和视网膜在感觉程度上的相似性已经由韦伯在其他研究中进行了证实，不过我们将怀疑它是否在这里也能通用。

根据以上内容可以很显然得知，评价和解释我们这一主题需要两方面的知识，一方面是当眼睛的适应力达到极限时所发生的扩散的绝对程度，另一方面是哪些视网膜细胞可以表征感觉环以及它们的尺寸。针对第一点，我将附带提到福尔克曼利用他本人和其他人作为被试发现的结果。就后者而言，我将简要提到，所谓的视锥细胞如今被认为是视网膜上最有可能实现感知感受的细胞。根据科里克（Kölliker）对能产生最清晰视觉的黄斑处视锥细胞的测量，它的直径为 2 到 3 个千分之一巴黎行长。伯格曼[①]在测量中央凹外围区域时得到了一些更较小的值。

直径为 0.445 毫米的银线固定在最佳观察距离 S（以毫米计量）处。结果如下：表中 a 列是将黑色的线置于明亮如天空这样的背景上时获得的数值，表中 b 列是将白色的线置于黑色背景上时获得的数值，该背景受到反射光的照射。给出的结果是 Z 个实验试次的平均值，实验中第一个数字代表条件 a 中的试次数，第二个数字代表条件 b 中的试次

① *Henle und Pfeufer Zeitschr.*, Serie Ⅲ. Vol. Ⅱ, p. 37.

数，二者都是通过直径为 R（以毫米计量）的扩散圈形式进行测量的。

福尔克曼的照明实验

	Z		S	R	
				a	b
A. W. 福尔克曼（作者）	39	24	333	0.003 5	0.004 6
他的儿子奥托（Otto V.），23 岁，视力良好	10	15	250	0.003 7	0.006 4
他的儿子艾德蒙（Edmund V.），26 岁，视力良好，且受过专业训练	15	12	250	0.002 4	0.005 8
R. 海登海因博士*	?	40	100	?	0.005 1
E. 阿培尔，学生，视力超群	20	20	300	0.000 6	0.002 5
少女，16 岁，非常近视，视力不好	10	15	112.5†	0.001 7	0.002 4

* 海登海因博士的结果在条件 a 下出入比较大，因此予以删除。他的大多实验试次都不支持辐照对结果起作用的假设。福尔克曼称之为实验中不同于其他被试的一个例外情况。

† S 值在条件 a 下等于 115，在条件 b 下等于 110。

数据来源：*Berichte. der sächs. soc.*，1858，p. 129.

福尔克曼提到他之前请克诺伯劳教授、汉克尔、鲁特、切尔马克（Czermak）和其他人（有时是在他的鼓动下完成的）帮助完成的一些个案观察，以及相应的结果（即扩散存在的证据），此外这里还提到了一些合作完成的实验系列结果。这些结果是通过如下方式获得的。观察者使用的是第 175 页中提到过的测微仪，它包含了平行且直径为 0.445 毫米的银线，仪器摆在眼睛能够最清晰地看到线的距离。然后他试图通过转动千分尺的旋钮来使得平行线之间的距离等于它们的直径。结果看起来选定的距离总是要大于线的实际直径，因为由于扩散效应这一直径看起来更宽。人们可以通过以下方式来计算出结果：根据眼睛视轴为标准，主射线的交叉点落在角膜关键点后面 9 毫米，在视网膜前 15 毫米。基于这些数据，在不考虑由辐照效应带来的色散前提下，只要千分尺中线到眼睛的距离和与它们之间的距离是已知的，人们不仅可以测出千分尺中每条线视网膜成像的直径 $2r$，还可以计算出视网膜上一条线与另一条线的视轴距离 ε。当在实验中我们发现两条线的分散影像间距离 δ 等于一条线的影像直径 2ρ 时，就可以很容易地通过实验数据得到扩散圈的直径 $=\varepsilon/2-2r$，因为 $\varepsilon=\delta+2\rho$ 且 $2\rho=\delta=\varepsilon/2$。根据 39 个试次的平均数，福尔克曼发现从 333 毫米的距离观察时，两条线之间距离 0.207 毫米产生的视觉感受，等于单条宽度为 0.445 毫米黑线的感受。因此 $\varepsilon/2=2\rho=0.005\ 5$ 毫米；$2r=0.001\ 99$ 毫米，然后结果 $\varepsilon/2-2r=0.003\ 5$ 毫米。为了做个检查，福尔克曼另外又做了 10 个试次，其中他使两条线之间的距离是线的外部直径的两倍。人们可以从前面的实验结果（第 135 页）中计算出这一距离应该等于 0.328 毫米。10 个试次给出的平均值结果是 0.337 毫米，一致性很高，也说明实验过程是令人信服的。

以下要点同样值得关注：辐照效应在水平和垂直方向是不同的。当福尔克曼在与先前实验（这时线条位置是垂直的）同样的观察距离，参看水平位置的线条时，一个非常独特的影像出现了，所以为了保证从同样 333 毫米的观察距离产生的感受相同，必须戴上弱凸镜。在亮背景下执行这个实验，10 名观察者的扩散圈直径结果平均值为 0.004 7 毫米，而在垂直位置上的数值却是 0.003 5 毫米（不戴眼镜）。

实验组中有五天的数据考虑到了亮度，采用的是条件 a，具体数据细节如下。福尔克曼测得的与线直径感受相同的距离 D 也在下面一并给出（D 的下标代表实验试次数）①。

第一天（无详细资料）	D_9 = 0.189 7
第二天（阴天）	D_{10} = 0.227 1
第三天（明亮天空）	D_{10} = 0.215 3
第四天（非常明亮的天空）	D_{10} = 0.207 4

海登海因的实验运用了条件 b，产生了如下结果：

第一天（无详细资料）	D_{20} = 0.111
第二天（非常明亮）	D_{20} = 0.153

没有发现照明程度在其中存在着明显的影响。

针对最小可觉大小值的测量

虽然根据前面的讨论，前人关于最小可觉大小和距离的测定似乎无法帮助我们得到任何有效的结论，但是它们在眼睛效率（即眼睛能够确定结果的准确度）的最低限度和实践意义两方面都很重要。因此做个总结是有必要的。

不幸的是总结显示不同研究者的结果之间几乎没有一致性。而且，如果观察条件没有指定精确的话，这些不稳定的结果值可能会完全消失，因此我将尽可能按照观察者的原话来呈现这些数据。

由于把视角转化成视网膜上的大小是很重要的，反之亦然，因此在利斯汀（Listing）测量的基础上，我让主射线交叉点的距离在视网膜前面 15.177 4 毫米＝6.735 巴黎行，离角膜的距离为 7.469 6 毫米＝3.315 巴黎行。因此我可以用一秒的视角取代 0.000 073 57 毫米或

① 表格中只有四天的数据，可能是笔误或印刷遗漏。另外福尔克曼的数据并没有给出。——译者注

0.000 032 65 巴黎行。

人们发现下面的陈述在史密斯（Smith）的光学著作中是最常用的。在这里我将从手头上的法译本中引用一段内容（T. Ⅰ，p. 40）：

> 霍克博士（Hook）向我们保证，在与眼睛的对角小于半分时（参见他本人对爱尔维修关于天体机制研究的评论，p. 8），视力再好也无法很好地分辨天空中的一段距离，例如月亮表面的一个点、两颗星的距离。如果视角没有更大的话，这些星在裸眼看起来就是一颗星。曾经有个实验我也在场，实验是由一个同伴里视力最好的来完成的，当眼睛的对角小于 2/3 分时，他也无法区分黑色背景上的一个白圈，也无法分辨白色或天空背景下的黑圈；或者观察对象与眼睛的距离超过了它自身直径的 5 156 倍，他也无法分辨出来。这与霍克博士的观察结果是一致的。

托比尔斯·梅耶尔（Tobias Mayer）[①] 举出了如下一些实验结果：

> 第一个实验是在很暗的地方进行的，同时打开阴面的窗户。物体被涂上所谓“黑墨”（Tusche），而后被摆放在很白的平板纸上。(1) 直径为 1/4 巴黎行的黑点在距离为 10 巴黎英尺时，能够被合适镜片矫正过的近视眼很好地辨别出来。距离为 12 巴黎英尺时被试就犹疑不决。到距离为 13 巴黎英尺时就真的完全看不见了。(2) 直径为 0.44 巴黎行的类似点在距离为 14 又 3/4 巴黎英尺时仍然可被看见。距离为 17 巴黎英尺时就几乎看不到了，距离为 18 巴黎英尺时眼睛就完全看不到了。(3) 直径为 0.66 巴黎行的第三个点在距离为 24 又 1/2 巴黎英尺时仍然可辨别，但是在距离为 26 巴黎英尺时观看有一定的难度，并且产生了犹豫。离眼睛再远一点就根本看不到了。

进一步叙述关于网格的实验后（下面将会提到），他补充道：

> 高出眼睛水平并且在正午阳光下（此时色彩和照明都是最强的）呈现的点和图像在与上述距离大致相同处开始出现模糊的情况。当采取较大的距离多次重复实验时，可能存在的差异就会变得更明显，而较小的距离因此变得更清晰。

---

① *Comment. Soc. Sc. Gotting.*，Vol. Ⅳ，1754，p. 101.

照明度对点的识别没有影响，这一结果直接与普拉托的实验结果相矛盾，下面将会提到。

观察距离，梅耶尔（p. 101）将这些点称为 *e conspectu eripere*[①]，如果人们将其定为 12、17 和 26 英尺，那么眼睛所成像的直径就变成对应的 0. 000 973、0. 001 126 和 0. 001 186 巴黎行。完全对应这些不同距离的视角是 30、35 和 36 秒。

普拉托[②]在他的实验中同时考虑了色彩和照明度问题。大小为 1 厘米用彩纸制作的小型目标被固定在木板上，木板竖立在门外。普拉托逐渐将它们移走直到彩色目标看起来只是一块很小的几乎看不到的黑斑，再多移几步就会消失为止。然后他测量了自己与这些物体的距离并计算出相应的视角。两种条件下的结果如下：

	背阴处	阳光下
白色	18″	12″
黄色	19″	13″
红色	31″	23″
蓝色	42″	26″

颜色引起的差异可能只反映了它们亮度的不同。

胡克[③]用以下方式进行了实验：首先让视力正常的眼睛集中精力注视一个清晰可见的标记。然后观察者逐渐移开物体直到它消失，同时固定着点或线条标记的木板却看起来完全清楚了。

“不同个体的上百次观察结果表明，黑色区域内一个苍白的点在视角为 10 秒时消失。”这一结果对应于视网膜上 0. 000 33 巴黎行或 0. 000 74 毫米的距离。根据他的研究，黑色区域内的一根白条纹在小于 2 秒的视角下仍能被看到。另一方面，白色区域内的黑点消失时的视角达到 20 秒。前者对应于视网膜上 0. 000 065 2 巴黎行或 0. 000 147 0 毫米，而后者是这一距离的 10 倍。关于试次个数和观察者一致性的进一步详细资料在最后的描述中没有给出。关于实验进行时的照明条件也没有说明。

福尔克曼[④]能够在 21 英寸的距离处从蜘蛛网中识别出一条简单的网丝，另一个人能够在 22 英寸距离处看到同一根线。一根 0. 002 英寸

① 即几乎看不见。——译者注

② *Pogg Ann.*，XX，p. 327.

③ *Müller's Arch.*，1840，p. 85.

④ *Volkmann Beitr.*，p. 202.

厚的头发能被福尔克曼[1]在30英寸距离处辨认出来。巴尔（Bär）的一名学生能在28英尺距离处辨认出厚度为1/60巴黎行的头发。[2]

埃伦伯格（Ehrenberg）[3] 给出了一些趣闻作为更彻底的解释，但我很少涉及他的作品。他关注的不是观察者眼睛距离的变化，而是小物体能被完全清楚看到时的最佳观察距离（根据埃伦伯格的观点是4到6英寸）。我将引用他的原话。

"有很多次机会，"他说道，"我在实验室里研究了那些喜欢通过自己的观察，了解毛毛虫特殊构造的好奇的人们，我惊讶地发现他们的视敏度之间的差异，与我的预期和通常被认为的值相比，要远来的小。在不同场合下我曾让15到20个人参与了显微镜的使用实验，一旦我将仪器（显微镜）聚焦在精致的物体上，或一旦我用自己的裸眼专注地盯着一些非常小的物体，再向别人说明这些物体后，他们再看我刚刚看过的显微镜时，都将会看到与我所看到的同等清晰的东西。他们很少感觉到需要改变物体到眼睛的距离，哪怕只是微不足道的量。为了确认我没有被那些因为礼貌或尴尬而不想承认没有看到任何东西的观察者误导，我经常会让他们画出所看到的物体或者是向我详细描述这些物体。然后我开始确信，他们看到的完全是和我同样的东西，他们的视觉敏锐度和我一样，而且大多数人不需要事先改变显微镜初始的焦距。采用各种观察距离在大量被试身上继续进行了仔细的观察后，我觉得健康人类正常眼睛的视敏度有可能存在一个或大或小的一般固定极限，这将帮助我们获得有关显微镜最大放大倍数确定的结论。为了搞清楚近视眼和远视眼的变化对这种能力表现的影响达到什么程度，我多次验证我的观点——绝非少见的——近视的人比其他人要看得更多或更锐利，这是不可能的。我的实验结果分为两点：

"（1）人眼对极小细节的知觉似乎存在一个一般极限值，偏移这个值的情况是非常罕见的。

"当然，我们只考虑在一定距离能清晰看见的这些案例。在我所观察的100多人里，那些在正常观察条件下可以看得最清楚的人，能区分出的细节并不比我多。那些自称近视或远视的人通常也可以看到任何我所能看到的东西，但他们需要特定的辅助手段，尤其在用裸眼观察时，

---

① *Wagner's Wört. Art. Sehen.*，p. 331.

② 根据福尔克曼在他关于视觉的论文中提到的内容（p. 331）。

③ *Pogg. Ann.*，XXIV，p. 35.

他们将不得不把物体移近或移远，而我就不需要这样做。

“（2）人类裸眼通常能够看到的最小区域直径为 1/36 巴黎行，无论是黑色背景上的白色客体还是白色或亮背景上的黑色客体。通过使用最集中的光束并集中注意力，仍然有可能看到直径在 1/36 到 1/48 巴黎行的大小，但是判断很不清楚且很不确定。①

“然后这也成为人类裸眼能够看到彩色物体的能力极限值，这是每个人用与我相同的方法就可以自已轻易验证的。取一些非常细小的黑色尘埃粒子，例如干油墨或墨汁，然后把它们涂在雪白的纸上。接着选出其中最小且完整的点并放在玻璃测微计上，该计至少能直接读取出1/48 巴黎行的长度。无论有没有镜子，在太阳或灯构成的光环境下，很容易就能用玻璃测微计观察黑色粒子或类似物体。比上述更小的物体如果被排成一排的话可以被看到，但即使付诸全力也不能识别出这样的单个物体。而且，有些粒子被发现靠得很近或者是排成行，那它们就会在我们眼睛上形成一个统一的影像从而误导我们，让我们感觉好像看到了一个较大的单个物体或表面。② 拥有良好视力的人能够辨别微小物体所需的一般距离是 4 到 5 英寸，有时是 6 英寸，后者是拥有敏锐视觉的人的正常距离。近视个体距离物体很少超过 4 英寸，有时还要低于 3 英寸，但一般情况下他们和其他人表现得一样好。在 4 英寸时看得最清楚的人把眼睛移近物体之后，却不能增加视敏度，反而只能感觉到难受和不清晰的视觉。眼睛一旦注视了这个物体，人们就可以把它移得相当远而还能看到它。我本人看不到 12 英寸距离处白色背景上 1/24 巴黎行宽的黑色客体，但如果我先前在 4 到 5 英寸的距离处看过，我就可以把它移到 12 英寸处而仍能清晰看到。这一现象取决于眼睛对远距离视觉的一种众所周知的适应能力。只要注意力集中在物体位置点，即使物体移动了，人们还是常常能在远处识别出已经变得很小的这个物体。当观察明亮天空中的一个气球或地平线上的一艘轮船时会出现类似的现象。这些物体只要一引起人们的注意就能很容易被识别出来，但这种迅速定位的能力本身取决于主体的习惯和智力，并不能让我们得出有关视敏度的一般性结论。当一个人比其他人更容易对视觉印象进行反应时，他能更迅速地定

① “显然没有必要再讨论 1/49 的情况了。再往下可以讨论一下 1/60 或 1/72 巴黎行的条件，我至今都还没有发现有任何人可以看到这一程度。”

② “我已经很习惯于采用这种方法来分辨毛毛虫身上纤细的毛。只要它们一动就会形成一个小且明显的表面，这样我就可以看见它。但只要它们一休息，这些纤毛就变得非常微小，这样即使通过显微镜来看，它还是超出了人视敏度的范围。”

位自己，但是他并不比定位慢的人要看得更清楚，因为他的知觉生动性更低。我经常首先用放大镜来找非常小的物体，它可以帮我在裸眼情况下识别出这些物体，而后准确地识别出它们移动后的位置。所做的这些尝试全是为了帮助找到物体位置并加快定位。近视眼定位自己更容易，因为他们的视角更小，所以不太容易分心。最后我们应该增设一种可能条件，该条件下人类将发挥出潜在的且更高的视敏度，这存在于辨别发光物体的过程中。众所周知，发光物体看起来要比它们本身更大，并且在远小于 1/48 巴黎行时还能很容易地影响人类眼睛的视觉，不过这取决于它们的亮度，无论是自发光的还是反射光的。我自己从来没有观察过自发光物体，它的真实直径是如此小，以至于我的注意力全部集中到这其中的极限问题上来……根据我在正常日光条件下用裸眼对金粉的观察结果，反射光很强的金属光泽可以在低至 1/100 巴黎行时被识别出。这是彩色物体大小的一半……

“在对着光观察不同的线时存在着不同的结果。有人能用裸眼识别 1/400 巴黎行厚度的不透明线，以及 1/300 到 1/200 巴黎行的蜘蛛网、1/200 的蚕丝。后者是采用茧来测量的，因此厚度翻倍。”

如果将观看距离为 4 到 6 英寸时的 1/36 巴黎行长度转化成视网膜上的距离，这一观看距离是埃伦伯格给出的非线性目标能见度极限，人们就会发现该值是 0.003 9 到 0.002 5 巴黎行，是胡克结果 0.000 33 巴黎行的 10 倍——尽管事实上这两个结果都是建立在大量实验试次的基础上。它还是梅耶尔结果的两倍多。胡克和埃伦伯格还有不同的地方，胡克实验中识别白色背景上的黑点比黑色背景上的白点需要更大的视角，而根据埃伦伯格的实验二者是相等的。

实验条件中存在着一个可能的不同点，即埃伦伯格的实验任务是尽可能近地观察微小的颗粒，而梅耶尔和胡克是在相当远的地方使用很大的目标供观察者测试，因为他们都是让观察者从清晰视觉处开始移动，直到其消失。根据梅耶尔的实验，距离确实不是个重要因素，但是由于他的距离达到 12 英尺甚至更高，相对而言一个更小的距离（和埃伦伯格实验中一样）终究还是更便于观察的。这一点保证了后面的研究。

当我们面临不仅要识别出可见目标的存在，还要判断其形状的问题时，就需要一个更大的视角。根据胡克[①]的研究，边长为 1.2 巴黎行的

① *Müller's Arch.*，1840，p. 88.

方形在 11 英尺处还是能被视作是方形，此时视角弧度等于 2 分 35 秒。类似地，1.5 巴黎行长的斜条纹在 13 英尺处能被看成是倾斜的，此时视角弧度等于 2 分 45 秒。胡克佩戴合适的眼镜，就能在 13 英尺远处阅读字母宽度为 1.5 巴黎行、单词间距为 0.5 巴黎行的印刷字体。

伯格曼[①]发现："在宽度相等的前提下，观察短条纹所处的距离要比长条纹近些。"

韦伯[②]讨论道："根据我的观察，黑色背景上白线的最远观察距离，相当于与其等宽的等边矩形的三倍，如果存在着对比度极高的背景，那么会使这一距离更大。"

针对最小可觉距离的测量

有关这一主题的实验是采用各种不同形式进行的，其结果有相应的变化。

两个相距很远的点或方块　史密斯针对两颗星的结果报告在第 222 页已经提到过。

福尔克曼[③]让相距 4 英寸的两盏灯的影像落在温度计的小水银泡上，这个泡的直径是 0.15 英寸，距离两盏灯 8 英寸远……戴眼镜的情况下，当他从温度计处后退 20 又 1/2 英寸时知觉到两个完全分离的图像，而到达 26 英寸距离处时清楚看到的是中心接触在一起的重叠影像……他的一个朋友重复了这一实验，并在距离 37 英寸处还能辨认出两个影像。没有戴眼镜的话，福尔克曼必须得在近至 12 英寸处才能辨认出两个完全分离的对称影像。

根据胡克[④]的研究，当观察者在 10 英尺开外时，白色背景上相距 0.45 巴黎行的两个黑点融为一体。这一距离对应的视角弧度是 1 分 4 秒。相隔同样距离的条纹将给出相同的结果。

韦伯[⑤]在提到测定黑色背景上的白线和矩形从视野中消失时的距离时，补充道："另一方面，黑色背景上有两个相同的白色矩形，中间有黑色的间隔，间隔和矩形等宽。另外有两条同样处于黑色背景上且与矩形等宽的白色条纹，中间有与条纹等宽且形状与条纹相同的间隔，在

① *Henle und Pfeufer Zeitschr.*, Serie Ⅲ, Vol. Ⅱ, p. 92.
② *Berichte der sächs. Soc.*, 1852, p. 142.
③ *N. Beitr.*, p. 202.
④ *Müller's Arch.*, 1840, p. 87.
⑤ *Berichte der sächs. Soc.*, 1852, p. 142.

一定距离进行观察时还是能感觉到条纹是分开的，而且这个距离和矩形条件下的是完全一样的。”

两根相距很远的线　福尔克曼[①]从蜘蛛网中挑两条彼此相距0.005 2英寸的平行线，并发现在7英寸距离处仍能区别出这两根线，但更远的话就不行了。他的朋友中视力最敏锐的人在13英寸距离处才会观察到二者重合。福尔克曼在戴眼镜的情况下，能够在27英寸远处辨别出白色背景上相距0.016英寸的两条黑色平行条纹。

瓦伦丁[②]能够将视网膜成像距离只有0.000 9巴黎行的两条线区分开来。

胡克在条纹研究中发现了与点同样的结果。（参见第223页。）

条纹以及网格图形　托比尔斯·梅耶尔[③]描述了日光漫反射条件下的实验：

> 1. 在11英尺距离处，直接观察由0.36巴黎行等宽黑白条纹相间构成的图形，在这个距离水平上，乍一看这个图形感觉相当模糊，人们只有非常努力才能辨别出黑白条纹之间的间隔。在12英尺距离处，条纹之间所有的间隔都看不见了。当然，要知觉这间隔还是可能的，就是存在很大的困难。当眼睛再远点的话，整个图形就给人以均匀的浅灰色的假象。
>
> 2. 采取同样的程序继续给被试呈现条纹图，不过其中黑条纹宽度是白条纹的两倍，即后者宽度为0.2巴黎行，前者是0.4巴黎行，结果发现在离眼睛9到10英尺的地方图形就开始变得模糊。
>
> 3. 我们将上述测验中的条纹宽度进行了对调，即白条纹宽度是黑条纹的两倍，结果也是在同样的距离就不能清楚分辨条纹间的距离了。即白条纹宽度为0.4巴黎行，黑条纹为0.2巴黎行。
>
> 需要指出的是，这两组数据（下表中的第2、3组[④]）都需要相等的眼距离。这样便于以后能够同时参考这些数据。
>
> 4. 在15又1/2英尺距离处，观察由宽度均为0.44巴黎行的黑白条纹交叉组成的图形，我们就会看到均匀的黑色，以至于就有人怀疑其中是否真的存在白色。

---

① *Wagner's Wört. Art. Sehen.*, p. 331.

② Valentin, *Lehrb. d. Physiol.*, Ⅱ, p. 428. 此处乃引自韦伯关于触觉的论文（p. 534）。

③ *Comment. Soc. sc. Gotting.*, Vol. Ⅳ, p. 102.

④ 是在烛光条件下进行的实验。

5. 我们可以在 12 英尺处看到类似骰子（出于简洁我们称之为骰子）的图形，它是黑白方格相间的，每边长度为 0.52 巴黎行，这个距离是能看到黑白相间图案的最远距离。要是再把眼睛移远一点点，白色方形似乎就与黑色方形相混淆了。

将第 1 组与第 2、3 组，以及第 4 组、第 5 组条件下数据对比之后，梅耶尔得出结论，明暗间隔宽度的不均匀程度将促进识别过程。

梅耶尔的实验

L 光源与物体距离	A 眼睛与物体距离			
	第 1 组	第 2、3 组	第 4 组	第 5 组
1/2	$7\frac{1}{2}$	$6\frac{1}{2}$	12	$9\frac{1}{2}$
1	$6\frac{1}{2}$	$5\frac{1}{2}$	$9\frac{1}{2}$	$7\frac{1}{2}$
2	$5\frac{3}{4}$	$4\frac{1}{2}$	7	6
3	$4\frac{3}{4}$	$4\frac{1}{4}$	$6\frac{1}{2}$	$5\frac{1}{4}$
4	$4\frac{1}{2}$	$3\frac{3}{4}$	6	$4\frac{1}{2}$
5	$4\frac{1}{4}$			
6	4			
7	$3\frac{3}{4}$			
8	$3\frac{1}{2}$	$2\frac{3}{4}$	$4\frac{1}{2}$	$3\frac{1}{4}$
13	3	$2\frac{1}{4}$	$3\frac{3}{4}$	3

这些有关条纹图形的实验以及条件 1 至 5 中获得的结果，后来在黑暗中采用一根油脂蜡烛作为照明的条件下进行了重复，蜡烛与图形的距离 L 不同。下面给出了眼睛与图形间距的感知极限值（视力极限，*termini visionis*，以巴黎英尺为单位）。

梅耶尔用以下方程描绘了 A 随 L 变化的定律，即

$$A = n\sqrt[3]{L}$$

在这里，n 是一个取决于图形性质的常数，在不同图形中取值如下：

第 1 组	第 2、3 组	第 4 组	第 5 组
79	52	73	99

他对计算结果和观察结果进行了汇总，结果发现根据公式所得结果与这些实验中获得的极限值很接近。

胡克[①]在《古币学和宝石雕刻术的收藏》（*Trésor de Numismatique et de Glyptique*，1834）中观察了硬币、奖章、宝石和机器线雕，结果发现在 22 巴黎英寸 3 巴黎行距离处仍然能区分 0.727 巴黎行的间隔，也就是说在 56.8 秒弧度的视角下。的确，用锋利的笔锋在干净平滑的白色表面上印下的清晰图案，在 44.3 秒弧度的视角下仍能被辨别出来。再稍微退后一点距离的话，这些条纹区域就会开始变成灰色了。当视网膜成像大小为 0.001 英寸时，红色表面上的黄色条纹看起来是橙色的，类似地，蓝色表面的黄色条纹看起来是绿色的。

玛丽·戴维（Marie Davy）[②] 在白纸上画了一些黑条纹，黑条纹间的间隔和黑条纹本身一样宽。她绘制了大量像这样的条纹宽度不同的图形，然后试图找出距离眼睛多远时它会成为均匀的灰色而不是黑白条纹图案。结果发现，每一张纸发生这种现象时的距离处，计算出的视网膜成像宽度约为 0.001 1 毫米。具体的距离为 5.8、0.75、0.53 和 0.41 米时，视网膜成像的宽度分别为 0.001 09、0.001 13、0.001 13 和 0.001 12 毫米。她没有给出具体计算方法。

韦伯[③]用的是机器雕刻的黑条纹板，间隔很近且规律，并将它印刷在白纸上。条纹宽度为 0.025 巴黎行，中间间隔等宽。他的儿子 T. 韦伯在间隔所对应的空间视角达到 45.3 秒时，仍然能在 9 巴黎英寸 2 又 1/2 巴黎行距离处识别出线条。他在另外一些人身上也进行了同样的实验，发现有两人拥有最大的视敏度，其中一个（9 号）在 9 英寸处也能看到条纹，另一个在 11 英寸距离处，对应的视角是 45.3 秒和 36.5 秒，转化为距离是 0.001 48 和 0.001 19 巴黎行。

伯格曼[④]用的是条纹和间隔宽均为 1 毫米的平版印刷光栅，实验进行如下。在一个小的圆形纸箱盖上切出一个直径约为 20 毫米的小孔，

---

① *Müller's Arch.*, 1840, p. 87.

② *Instit.*, XVII, p. 59.

③ *Berichte der sächs. Soc.*, 1853, p. 144.

④ *Henle und Pfeufer Zeitschr.*, Serie Ⅲ, Vol. Ⅱ, pp. 94 ff.

然后把光栅固定在盖子上，这样只有一个圆形部分暴露在外面。“人们可以通过旋转盖子使光栅倾斜，这样接受测试的个体可以通过辨别条纹方向来检验他是否真的看到了光栅。

“大量成功的实验试次结果显示，大部分眼睛特别好的个体都没有比韦伯实验中 8 号被试的对应距离更远。这个人总是能在距离为 5.5 米处辨别出间隔为 1 毫米的光栅……

“顺便说一下，在更远距离处条纹的方向也经常被正确识别出来，有时远至 7 米。被试经常会说，如果他们事先知道了条纹的方向，他们在更大的距离处也能够看到间隔。早期的一个实验中有一名 10 岁男孩，他的视力之出众是事先我们就知道的，他甚至能够连续三次正确识别出 8 米远的条纹方向（方向每次都会改变）。但随后跟着却是一个错误的回答。”

伯格曼（p. 97）强调大家注意的是：“在相对视力不错的被试经常能正确识别出条纹方向的距离即 5.5 米处，条纹的成像比视锥细胞直径的一半要大些。人们可能会怀疑这些大小尺寸之间极有可能存在着本质联系。”

在超过正确识别条纹方向经常发生的距离即 5.5 米处，经常犯的错误有种特殊性，即所描述的条纹方向正好与真正的方向是垂直的。在同一距离处有时光栅还会被看作是方格。有个不了解注视对象的人在约 6 米远的地方以为这是方格图形；另一个人站在他后面约 2 英尺，针对同样的图形也说看到了同样的方格。

伯格曼巧妙地把这些环境与有关视锥细胞的形状和排列的可能假设联系起来，不过在这里阐述这些观点太复杂了。

相较于其他方向，某些特定的光栅条纹方向似乎更容易被识别，但这似乎是个体差异问题。（参见 Bergmann，p. 104。）

视网膜周边部位在知觉极小物体和距离时的属性

到目前为止我所报告的内容都是基于视觉最清晰的视网膜中央凹部位，对可见物体和距离来进行的解释。对物体和距离的感知能力都从视网膜中央凹朝外围方向上减小，但减小程度在不同方向上绝不是相等的。胡克、福尔克曼与霍登海姆（Hüttenheim）曾做过有关这方面的观察研究；另外一些研究是由伯格曼做的，但最彻底的当属奥贝特与福斯特合作所做的研究。另外这些研究还表明，要从视轴区分一定距离的两个点是不可能的，这也绝不可能是由于眼睛的光学畸变导致的。他们也表明，视角相同但观察距离不同时，相对于距离较远的条件，较近条件下所观察的数字或方块可以被更多的视网膜外周区域所识别。

我认为最好参考关于实验细节的原始论文，以免导致本章中提到的细节内容产生太多偏差：

胡克，载《缪勒的笔记》(*Müller's Arch.*，1840，p. 92)。

福尔克曼，载《瓦格纳大辞典（人文艺术分册）》(*Wagner's Wörterb. Art. Sehen.*，p. 334)。

奥贝特和福斯特，载《格莱费的眼科学纪要》(*Gräfe's Arch. f. Ophthalmol.*，Ⅲ，p. 14)，以及莫莱肖特（Moleschott)，载《子集》[①] (*Unters.*，Ⅳ，p. 16)。

伯格曼，载《亨勒与普福伊费尔的杂志》（*Henle und Pfeufer Zeitschr.*，Serie Ⅲ，Vol. Ⅱ，p. 97)。

人们可以将有关这一问题的实验，与测定视网膜的哪一部分足以清楚地阅读印刷品的研究联系起来。[参见韦伯，载《萨克森学会报告》(1853，p. 128 ff.）以及奥贝特和福斯特在上述论文中的内容。]

距离差异（视觉大小的估计值）

在估计视觉大小方面我们找到了韦伯[②]以下的陈述：

> 我将一张最大标准尺寸的信纸分成八等分。在每个部分我将刻上一条直线，同时要非常小心以使得所有的线宽度和暗度相同，不过长度不一。最短的线是 100 毫米，接下来长一点的是 100 又 1/2 毫米，再接着的是 101 毫米，以此类推。因此这些线的最大长度为 105 毫米[③]。
>
> 现在有并列的两张纸呈现，供需要检验视觉精度的被试观察；这些被试是精通绘画艺术并因此拥有极好视觉的人。这些人能够将 100 毫米的垂直线与 101 毫米的垂直线区分开来。在接下来的实验三、四和五中，他们总能正确报告出更长的线。不过，他们有时也会因为疲劳而犯错。事实上，有几个人不能区分 100 毫米和 104 毫米的线，但是却能非常肯定地将 100 毫米和 105 毫米的线区分开来。这些实验表明，当第二条线更长时，有些人凭借极好的视力可

① 此处全名不详，译法仅供参考。——译者注

② *Progr. coll.*，p. 142.

③ 此处论述疑有误，八等分的话最大长度应为 103.5 毫米。——译者注

以感知到线条中 1/100 的差异，而其他人却只能感知到线条中1/20 的差异。

我自己曾进行了一些关于最小可觉圆规脚间距的实验，它们已经在第 185 页引用过。

触觉

众所周知，韦伯是第一个把圆规脚放在皮肤上以研究最小可觉距离的人。他发现这一距离在皮肤的不同部位大有不同。他发现敏感性最高的地方是舌尖，在这里相距仅 1/2 巴黎行的规脚可被知觉为两个。接下来的是指尖的掌侧（1 巴黎行）、嘴唇的红色部分（2 巴黎行）、第二指节骨的掌侧等等。最不敏感的是脊椎上部及上臂和大腿的中部（30 巴黎行）。他的实验观察汇总结果大部分呈现在他《收集的程序》（pp. 50 ff. ）。我们可以在《瓦格纳大辞典》（p. 539）中他关于触觉和一般感觉的文章中看到简要的结果，这一结果于他发表在《莱比锡学会报告》（*Berichte der Leipz. Soc.*，1853，p. 85 ff. ）的论文中进行了复制。在后一篇文章中他又对空间知觉的一般概念及其敏锐度的测定方法上做了不同的补充。艾伦·汤姆森（Allen Thomson）在《爱丁堡医学和外科杂志》（*Edinb. Med. and Surg. Journ.*，no. 116）中首先对韦伯的观察结果进行了验证，其次是瓦伦丁的《生理学手册》（*Lehrb. d. Physiol.*，1844，Vol. Ⅱ，p. 565），最后是切尔马克的《生理学研究》（*physiol. studien*）或者发表在《维也纳学会报告》（XV，p. 425；XVII，p. 563）上的论文，以及莫莱肖特的《子集》（p. 183），而且后来的研究者在各个方面都有扩大及丰富。

利希滕菲尔曾做了一些非常有趣的观察研究，发现麻醉和合法的氯仿使用会使皮肤上的最小可觉圆规脚间距变得更大，这个结果发表在《维也纳学会报告》（p. 338）。使皮肤麻痹的条件下会产生同样的效果。人们可能会列出兰德里（Landry）在《医学常规档案》（*Archiv. gén. de méd.*，XXIX，Juill. Sept. ）中的实验结果（*Cannst. Jahresber. f.*，1852，p. 189），与冯特发表在《亨勒与普福伊费尔的杂志》（1858，p. 272）的内容进行专门的对比。最后一篇文章中还报告了一个过敏条件下最小可觉距离减小的案例。练习会使最小可觉距离变小这一结果，出现在霍普（Hoppe）1854 年的医学书稿二版、切尔马克的上述论文中，特别是福尔克曼发表于《萨克森学会报告》（1858，p. 38）的论文也有提到。

有关皮肤上空间知觉的理论性探讨可能出现在韦伯和切尔马克（已引用过）的出版物、洛采（Lotze）的《医学心理学》（*Medicin. Psychol.*，1852）、迈斯纳（Meissner）于莱比锡出版的《为皮肤的解剖学与生理学做的贡献》（*Beitr. z. Anatom. u. Physiol. der Haut.*，1853），以及包含对这一主题有着特别深刻总结的冯特的相关论文（*Abhandl.*）。

时间与运动知觉

如果两个印象很快地相继出现，它们就会融合成为一种感受。那么人们可能会问：它们之间的间隔要达到多大，才能产生不同的知觉？

人们不能对这个问题做出实验性的回答，其原因与那些适用于其他空间知觉阈限的原因类似，即每个印象都会产生后像，就好像被辐照圈环绕一样。如果第一个印象的后像在第二个印象出现时依然很强，以至于它与第二个印象间的差异没有达到强度的差别阈限值，那么这两个印象一定会融合。

人们可能会问：当它们太快地相继出现时不能被知觉为两个分离的印象，这是否仅仅是由于实验环境造成的？针对这一问题没有经验性的答案，因此很难做此结论。可能就像在类似的空间条件下，当它们在时间条件下彼此很接近时，要将这时间印象知觉为离散的也是根本不可能的。

当然人们不能断言在第 219 页讨论过的感觉环的存在，但是或许以下要点还是可以得到的，即时间的主观测量与我们身体里的心理物理波动有关，就好像空间的客观测量与感觉环有关，属于这种波动时间范围内的一切对象都可在时间上被区分成很小的一部分，就像落入感觉环范围的一切也都可在空间上被分辨开来。在没有找到更加精确的基础之前，追求更进一步的假设是没有意义的。

此外，在有着黑白扇区的圆盘旋转实验中，我们之前讨论过的问题出现了。白色扇区经过眼前的时间里，印象会增加；黑色扇区经过的时间里，印象会减小。就像在对静止的光刺激进行知觉时，最大值与最小值间差异没有达到强度的差别阈限，就会导致我们不能分辨。那么在运动条件下，同样情况的出现是否由于最大和最小印象相继出现得太快，以至于我们不能在时间上将二者区分？因此，如果去掉这种影响，差异能比静止状态下进行知觉时还大吗？

在我看来，似乎有可能通过实验来回答第一个问题，曾经有人已经测定了一些数据。

由于和时间的阈限问题有关，这里就存在着对既定刺激感知至一定清晰度所需的时间问题。我发现在瓦伦丁的《生理学手册》（Vol. Ⅱ，p. 471）中有一些关于这一问题的评论和实验：

“良好知觉已知物体所需的最小时间，”他写道，“在通过对实验材料的精读后可以达到最好的水平。在这卷中（瓦伦丁的书）的实验仅仅是阅读大字版本中的一行，在 10 个试次中，每个字母花费的时间最大值是 4. 21 瞬间，最小值是 2. 34 瞬间，平均值为 3. 330 瞬间[①]。阅读有 2 629 个字母和标点、没有一个段落的大字版本，一整页需要花费 1 分钟 32 秒。平均起来就等于每个字符用了 2. 1 瞬间。使用同一部作品的小号花体字版本来重复同样的实验，我需要 2 分 12 秒来阅读完这 3 944 个字母和其他符号，或者说是每个字符用 2. 01 瞬间。因此，我们可以说快速阅读时，知觉单个字一般平均只花 2 到 4 瞬间。”

我在《盖勒大辞典》（*Gehler's Wörterbuch*，p. 1457）中找到穆克（Muncke）关于视力的文章，其中阐述了关于最小可觉运动的内容：

“人们可以通过结合光刺激的持续时间以及上述的视角大小进行测定，来解释为什么有些非常慢速的运动不能被知觉到。为了说明这一点，施密特（G. G. Schmidt）[②] 采用了星的运动作为例子，即使是在相对运动最快的赤道上观察，它们看起来还是静止不动的。举个例子，如果将作用于眼睛的光刺激的最长持续时间定义为 0. 5 秒，那么星星在该时间内所划过的弧度也就只有 5 秒，又因为这一距离低于空间物体所需的最小视角，所以它看起来是静止不动的。另一方面，如果通过放大倍数为 100 的望远镜来观察星星的话，那么视角将达到 50 秒，也就可以知觉到运动，尽管有些困难。然而，使用的望远镜放大倍数越大的话，这种运动看起来也就越快。在这种情况下星星落在眼睛上的生动印象也发挥了作用，这一点是施密特在观察怀表的分针运动时发现的。当他使用 10 倍的放大镜时才刚刚能觉察到分针的运动。由于指针的长度是 4. 5 巴黎行，其中之一的视角为 13. 5 分（在 10 英寸处能产生清晰视觉时对应的视角），速度接近每秒 13. 5 秒的角度，而在 10 倍放大镜下则是 135 秒的角度或者是 2 分 15 秒的角度。与此同时，在这种测量最微

---

① 1 瞬间（Terz）等于 1/60 秒，既是时间的单位也是弧度的单位。——译者注

② *Hand-und Lehrbuch der Naturlehre. Giess.*，1826，8，p. 471.

小运动的精细实验中，我们还要考虑许多变量，特别是视敏度和要被检验物体的照明情况。这也正是上述两个量值差异如此之大的原因。为了检验后一个值，我观察了我自己的怀表分针。它是钢蓝色的，长 9.1 巴黎行，在耀眼的白色面上运动。只要它每跳一个格，我就能够在 8 英寸的观察距离处用裸眼觉察到它的运动。然而，当它碰巧越过表上的黑色（分钟）刻度处时似乎是静止不动的，所以或许可将这一速度视为眼睛能够知觉到的极限。因此有人将规定大小 13.6 秒翻倍并按照 10∶8 的比例调整，来得到在 34 秒①附近时所出现的最小视角，然而在某些不利情况下，尤其是两个分钟标记点间的距离被忽略不计时，视角达不到那么小。这种情况也可以解释为什么在视角为 50 秒时，望远镜中的星星运动变得可见。其中原因一部分是它们在相对黑暗的空间里发出的强光，一部分是由于望远镜的镜筒内是黑的，所以视野内有些部分是被照亮而周围是完全漆黑的。这样，星星与视野边缘的不同距离就可以测量了。”

你们可以在瓦伦丁的《生理学手册》（Vol. Ⅱ，p. 465）中找到以下附加信息：

“虽然在白天我还是不能用裸眼看到（怀表中）长为 14.5 毫米镀金分针的运动，但是我可以用 1 又 1/2 倍率的放大镜看到。另一方面，当另一块表的镀金分针长为 18 毫米时，我在光线良好且距离眼睛 4 英寸的地方集中注意力，就能知觉到它的运动。但是，我有考虑将整个过程限定在短暂的一瞥中。如果我在距离指针 4 英寸远处放上放大镜，同样也是 1 又 1/2 的放大倍率，我就可以非常清晰地知觉到运动……即使初步测量是正确的，所有这些关于视角最小变化速度的测定结果都只是给出了近似估计值，因为这其中有大量的细节条件也发挥了作用，但并不总是能把它们考虑到。不仅光强、光泽、观察项目颜色、距离、视野和视敏度，而且相邻物体的性质都会大大影响人们对最轻微运动的知觉。举例来说，如果表的指针正好走到一些细纹处，这就比在其他条件下更容易使人们觉察到轻微运动，因为这些精细装饰线可作为固定参考点，这样针尖最小规模的移动也会引起人们对它的注意。”

① 准确的计算值为 34″50‴，其中‴表示瞬间。

第十二章 有关韦伯定律的平行定律

至此，我们仍然存在着这样的疑问，即当试图解释韦伯定律的过程中，我们更可能会使用哪一种感受性。两种感受性之间究竟有多大程度的重合呢？具体而言，刺激引发的动作中所产生的感受性变化，是否能够在一定程度上说明两种感受性之间的差异呢？

在没有干扰的前提下，我们把一只白色的圆盘放在一张黑纸上，通过一张灰色的胶片进行观察，随着时间的流逝，圆盘的颜色似乎越来越暗，这一效应证明了对光的感受性由于光的长期作用而钝化了。诸如此类的例子还有很多。反之，当扛着或举着重物而感到疲惫时，你会感到它越来越重，这是因为对于重量的感受性会因为先前负担的影响而提高。在这些情况之下，当光线刺激强度提高，或者是担子的重量降低，都能产生与先前相同强度的感受。

于是问题就产生了：在这些案例中，对光和重量的最小可觉差或等觉感受是相应地升高或降低了，还是对于物理量间的相等差异，疲劳的器官始终还是保持与疲劳前相同的敏感性？

乍一看去，当每个刺激变弱或变强时，人们会自然而然地认为刺激感受也会相应地变强或变弱。但是韦伯定律告诉我们事实并非如此，当两个刺激变强或者变弱时，假设它们之间的差异随着刺激绝对值成比例地增加或减少，那么人们感觉到的刺激和先前仍是相同的。因此，人们对于刺激的印象由于内部因素的改变而相应地变化，但当真实的客观刺激变化时，印象很可能保持着同样的改变幅度，即一直维持着相同强度的差别性感受。

这些事实究竟在心理学意义上意味着"刺激感受性变化"了吗？假设心理加工过程与感受之间存在固定不变的关系，那么该情况就仅仅意味着"需要另一种强度的刺激来引发相同的感受"，也就是说心理加工过程是完全相同的。假如韦伯定律的基本观点中所提到的感受与刺激引发的内部作用之间具有一定的相关，而不仅仅是感受与刺激之间的相关，那么最后究竟是外部刺激的减弱，还是由其引发的内部效应减弱，这就变得无关紧要了，因为外部刺激的减弱最终仍然是反映在内部感受的减弱中。简而言之，内部感受的钝化和外部刺激的减弱导致的是相同的结果。只要刺激成分维持着同样比例的变化，差别感受程度就会维持不变。

必须承认的是，假如韦伯定律不能从外部刺激转化为内部效应（即心理物理过程），那么以某种方法测得的内部效应的相对差异（或比例）保持不变时，感受的差异就不会维持不变，而是按照某种函数关系随着绝对差异的变化而变化。在这种情况下，定律衍生出的推论就不能由外部转向内部领域。因此我们可以认为之前所关注的这个问题，的确对我们的理论具有非常基础性的意义。该问题是外部和内部心理物理学之间的桥梁。

抛开这些考虑，接下来仍然有一个重要的问题，是关于绝对感受性和差别感受性之间的本质联系的大小程度。有关这个问题的研究所获得的结论，将会非常有助于我们理清有关过敏性和兴奋性的复杂理论。

我将我们非常关注的这一定律称为韦伯定律的平行定律，简称平行定律，因为我们可以将它视为韦伯定律从外部到内部领域的转换。该定律内容可以通过以下形式进行定义：

当对于两种刺激的感受性以相同比率变化时，对于它们之间差异的知觉却仍然保持一致。

这种阐述还可以改为以下形式，但表达的内容是相同的：

如果两个刺激的强度按照与初始的刺激强度成比例的幅度上升或下降，那么它们之间的差别感受性水平是不变的，而如果需要恢复到先前的绝对感受水平的话，就还必须按照相同比率还原初始的刺激强度。

在同一个感受器的绝对感受性中发生的暂时性变化，是否必然伴随着差别感受性的变化，这一问题使人很自然地联想到了另一个问题，即绝对感受性的空间差异（及不同部位的绝对感受性差异）是否也伴随着相应差别感受性的变化。这个问题目前已经从一个时间性的问题转化为一个空间性的问题。对视网膜不同位置的观察结果已经证明了它们对于光的不同绝对和不同差别感受性。它们的功能在实质上究竟是平行的吗？同样的负担置于身体的不同部位时，人们却感受到不同的重量。这些感受到负担更重的身体部位，是否在识别既定重量的差异时同样更具优势？

我认为这类非常基础性的问题，在以往的研究中尚未有清楚的理论框架供使用，更不用提能有清晰明确的答案。

毫无疑问的是，假如绝对感受性随着时间变化，而差别感受性可以维持不变时，那么同样的定律就也可以适用于空间上的变化，反之亦然。因此，从时间角度证明这一定律，可以有助于从空间角度进行同样的证明，反之亦然。而且也没有人可以避开这两种角度的有效性证明工作。

事实上，没有人可以非常确信地从其他条件下的定律有效性，来推导出某一特定条件下的有效性。确实存在一种可能，即在某些特别的环境之下，绝对和差别感受性的基线会同增或同减，但它们从基本性质上是不同的，即非普遍的、必然的、根本的。此外还有其他证据表明这两者相互依赖的程度并不是那么高，例如二者之一维持不变而另一者变化，二者以不同速度变化，以及变化的方向相反等等。换而言之，平行定律不能在所有条件下适用，但在某些特定条件下是适用的。

假如我们期待观察到感受差异的等价性，我们就不能忽略两种刺激的感受性是否确实在以同等比率变化。让我们假想一个例子，在视网膜上寻找两个原先具有相同绝对感受性的区域，施以相同的刺激。那么在这两个区域就会产生相同的感知。让我们再假设一个区域内发生刺激的绝对感受性变化——或增或减——而另一个区域不变。那么即使平行定律仍然起作用，但这两个区域之间还是会立即发生感受的差异，并且对于差异的感受会随着绝对感受性的变化而发生同样形态的变化。这就好似对应一个区域的刺激不断增长，而对应另一个区域的刺激保持不变，而两个区域的感受性却维持在一种水平。①

这里所提出的所有有关于感受强度的问题和讨论条件，同样适用于广度的感受问题。在这种情况下有人还会问：是否给定了广度的差异，就能清楚地获知何时何地会出现该范围中的峰值？最小可觉空间差异是否因此等同于最小可觉广度？

本书后续的几页中我将会根据能力之所及来回答这些问题。不过就目前看来，我们还远不能够对各种概念之间的关系进行完整的阐释，因此尚不可能报告出一个普遍的、简练的、完美的答案。然而，我们将会了解到绝对和差别感受之间一般是不存在本质联系的，后续这些有关在

① 对于这种描述的情况比较难以理解，无法想象。——译者注

重量提举实验中验证平行定律的实验就可以告诉我们这一点。

如果没有平行定律的支持，想要成功证明韦伯定律似乎存在一定的困难（即关乎它的有效性问题）。由于刺激物持续、重复和不断变化的影响，人的过敏性和绝对感受性必然会在实验过程中发生改变。假如韦伯定律的内部作用转化过程（即平行定律）不存在，它就不能在各种程度的刺激物作用条件下均获得证实。

我认为这一争论是有约束力的，虽然这约束力是间接的。但这并不意味着不需要直接的证据，我需要让这些证据发挥作用。

重量提举实验

我进行了一系列为期 32 天（1858 年 6 月至 7 月）的实验，实验中用到了 1 000 克的标准重量 P 和两种附加重量 D，分别是 40 和 80 克。标准重量被举起 32×8×64＝16 384 次，附加重量隔天交替更换。除了重量在手中保持的时间条件进行变化之外，其他条件以第 74 页中提到的条件作为标准。我们采用了四种时间条件，即半秒、一秒、两秒和四秒。我将用左手提举重量 64 次，随后用右手提举同样的重量 64 次，每类提举都要分别经历上述四种时间条件，每天进行一系列这样的实验，因此总共加起来是 8×64＝512 个试次。长达四秒的提举让我感觉非常疲劳，因为我需要一直举着 1 000 克的标准重量，而其他三种时间条件任何一种，即使是两秒（我特别留意了）我都没有任何疲劳感产生。假如这种疲劳感影响了差别感受性，那么它应该在正确判断的次数中获得验证，并且可以通过第 86～88 页的计算方法计算出 hD 的值，当 D 是一个常量时，这些值就是用以测量感受性的。在任何情况下这些数值都会给出提举时间是否能影响差别感受性的结论，即使疲劳感并不明显，但长时间提举必然会消耗更多的能量，因此肯定会比短时间提举更令人疲惫。然而我的实验结果中却没有这种情况发生。我将四种条件进行了加和，得到了其中正确判断的数据，见下表（其中 n＝2 048），并针对两种 D 值计算了 $32hD$、$64hD$，后者是综合了右手和左手的结果。另外通过观察可知，每种时长在一个实验区段的开头和结尾出现的频率是相同的。[①]

① 表中正确判断数和 $32hD$ 的值并非总是对应的，具体原因参见第 91 页。

平行定律的验证

n=2 048

提举时间（秒）	1/2	1	2	4
r 左	1 541	1 507	1 496	1 546
r 右	1 561	1 502	1 483	1 551
总和	3 102	3 009	2 979	3 097
$32hD$ 左	159 509	161 316	155 271	183 353
$32hD$ 右	192 175	172 139	168 915	175 337
$64hD$	351 684	333 455	324 186	358 690

这一系列实验对于我们的计算方法（参见第 79 页）是很好的实验验证。如表格中所见，根据我们的计算法则，可以由左（L）和右（R）手在四种时长下的总和计算出如下 $32hD$ 的数值：

$D=0.04P$ 对应值为 454 399

$D=0.08P$ 对应值为 913 613

或者可以说两倍的 D 值对应两倍的 hD 值。

检查上表最后一行 $64hD$ 的数值，即对所有实验试次结果加和，原本我们估计如果提举重量的时间越长，后续的疲劳随之增加，就会发生差别感受性的变化，那么最大的差异只应该是出现在半秒至四秒之间。但事实上 $64hD$ 的数值大小却是非常接近的，而且中间水平时长条件下的结果也没有和其他条件下的结果有太大的差异。

但研究中有额外的重要发现，即重量在手中提举的时间对于其重量的估计绝不是没有影响的。例如，常数 p 和 q 明显随着提举时长发生了变化，具体参考下表中给出的平均数，单位为克，计算方法见第 88 页：

提举时间造成的影响

提举时间（秒）	左		右	
	p	q	p	q
1/2	+6.73	− 3.17	+31.49	+6.28
1	+13.07	−19.46	+43.38	+3.30
2	+12.38	−16.00	+38.05	+0.36
4	−7.95	− 3.28	+3.43	+6.04

我们可以看到表中第一列，当用左手提举两秒时，可以发现对重量的感觉似乎比后举起来的情况重了 12.38 克，但当提举四秒时则比后举

起来的情况轻了 7.95 克。然而用右手提举时，数据改变的趋势和左手一致，并没有产生逆转。

我们必须注意到一个重要的事实，即一秒和两秒时的 p 和 q 值几乎是相同的，而半秒和四秒时的结果却和这两个时长下的数值有较大差异。这可能是由于在半秒的情况下，提举时间太短，因此产生的数值不能和更稳定时长状态下的相比，而四秒时人由于疲劳而缺乏比较的能力，这样就导致了差异的产生。

以上引用的结果与出于其他目的而进行的实验获得的结果是一致的。最近（1859 年 1 月和 2 月）我为了探讨疲劳的累积性影响，在标准条件下（除了时长）实施了另外一个系列实验，重点考察重量在手中被举起的时间。我采用了两种比先前实验中更重的标准重量。但不幸的是这些实验一直没有完成，具体原因下面将会叙述。然而，我所获得的这些碎片式的结果加强了其他实验结果的效度，所以仍然值得一提。

这个系列实验仅仅完成了 16×64=1 024 次重量的提举，实验是在八天内完成的，每天均完成两个提举序列，每个系列是 64 个试次。与其他实验中左右手持续交替的情况不同，这八天里的实验仅仅用到了左手。两种使用到的重量 P 分别是 1 500 和 3 000 克；每两天更换一次标准重量。D 值均设置为 $0.06P$。虽然同样的 P 和 D 均只持续两天，但这两天的操作需要按照以下的实验程序进行交替。

(a) 每次重量提举时间为一秒。每两次提举之后休息五秒钟（标准时间间隔）。

(b) 每次重量提举时间为四秒，每两次重量比较之后休息三秒钟。

这样一来，条件（b）中的提举时长为条件（a）中的四倍，但休息时间却只是条件（a）中的 3/5。

结果显示，当执行程序（b）时，我在用手提举时明显感觉到了疲劳的作用（当然，P=3 000 克时的疲劳感远大于 P=1 500 克），而在执行程序（a）时却没有出现这种情况。在条件（b）中除了体验到疲劳感之外，似乎——甚至在第一天时就达到了一定程度——在脾脏区域有疼痛感出现。因此我将每天执行的实验减少到了两个系列（一般情况下我都是完成 8 到 12 个系列）。疼痛日益加剧，而条件（b）却又不得不进行，直到第四天时[①]，我发现情况已经非常严重了，以至于连两个提举序列都无法完成。这一情况阻止我完成后续的实验，我不得不试图使用右手，并采取双手交替的实验程序来代替原有的程序重复先前的实验，这一过程持续了至少一个半月。

根据我在其他实验中的经验，我并不认为1 024次重量的提举足以形成一项可靠的结论，而且显然部分数字本身也不可信。不过我们看到，首先当$P=1\ 500$克时，程序（a）中获得的hD更大，而当$P=3\ 000$克时，程序（b）中的hD结果更大，其次，虽然存在着严重的疲劳感（由hp中差异之大就可以看出来），程序（a）与（b）之间的总体差距仍然非常小，因而没有人可以从中看出疲劳感对差别感受性h造成了影响。

因为处理起来问题不大，所以我根据实验结果计算确定了参数r。在下表中，无论$P=1\ 500$克还是$P=3\ 000$克，条件（b）的r值之和均低于条件（a）。但是由于疲劳的影响，$P=3\ 000$克时的数值仅仅是根据p值导致的额外增加量得出的。另外，计算值显示了$P-3\ 000$克时，条件（b）下的hD值大于条件（a）。

r值表

	$n=64$				$n=256$
	r_1	r_2	r_3	r_4	r值之和
$P=1\ 500$ (a)	52	46	58	45	201
$P=1\ 500$ (b)	52	39	48	51	190
$P=3\ 000$ (a)	55	43	51	57	206
$P=3\ 000$ (b)	46	61	33	60	200

实际上根据第86～88页中提供的基本表和法则就可以计算出以下数值：

重量提举实验的结果

	$4hD$	$4hp$	$4hq$
$P=1\ 500$ (a)	23 460	+7 726	−2 724
$P=1\ 500$ (b)	18 879	+5 023	−2 405

① 疼痛持续了数个星期，以至于我很担心会造成长期损伤。一种芥末膏似乎减轻了我的疼痛。

续前表

	$4hD$	$4hp$	$4hq$
P=3 000 (a)	25 335	+1 649	+3 803
P=3 000 (b)	27 071	−18 327	+4 821
总和 (a)	48 795	+9 375	+1 079
总和 (b)	45 950	−13 304	+2 417

求和计算后，我们发现 $\sum hD$ ，在有无严重疲劳情况下的比率为 48 795∶45 950。它们之间的差异，相比于根据随机的非补偿效应计算出来的期望值要小。当 P=1 500 克时，p 的效应由于疲劳感作用只下降了一点点且仍为正向的影响；但当 P=3 000 克时，由于更严重的疲劳感影响，p 值产生了相当剧烈的反转变成了负值。相比于 D 和 p 值，q 值无论什么情况下都很小，说明实验数据是可信的。

在先前的两个系列实验中，疲劳是由于长时间的重量提举本身造成的。此后我又进行了两项长期而艰苦的实验系列，在实验前先激发出疲劳感。第一项实验系列可能是出于随机因素（之后有详细描述）而没有产生出具有完全决定性意义的结果；而第二项系列实验则可以被认为是对于我们的定律起到了决定性的支持作用。

第一项系列实验（1856 年 1 月至 3 月）是一项单手操作的实验，左右手的操作是分开执行的，该实验除了测试疲劳的效应之外还有其他目的。实验的标准重量维持在 1 000 克。此外每天都有五种用以比较的重量，分别是 15、20、30、40 和 60 克。在 72 天的实验中，每天将进行 640 次提举，所以每种重量 D 将分别由左右手各提举 64 次。五种 D 的次序进行了轮换，每天都有不同的 D 成为最后提举的附加重量；但由于天数 72 不能被 5 整除，所以一些 D 出现在最后阶段的次数要比其他 D 少。为了弥补这种不平衡，结果采用了百分比的形式进行了调整。这种调整方法的结果看起来，乃使每个 D 对应的 64 个试次轮流作为实验区段的最后序列，左右手各执行八个区段，这样看起来似乎整个实验进行了 80 天。①

每天在进行了 640 次的提举之后，我的胳膊总会产生一定程度的疲劳感，具体方式下面将要描述，此外还要进行额外的 64 次提举。这 64 次提举仅仅是最后一种 D 的最后 64 次提举序列的简单重复。这一设置

① 即最后包含的试次数应为 640×80=51 200 个。

的目的是为了比较这两套序列，分别是先前的无疲劳状态的提举序列和诱发了疲劳感的提举序列。因此这里有（按照前文中我们叙述的调整方法）八组，每组是由 64 次重量提举序列组成的。这些实验试次中涵盖了五种 D（即 $2\times5\times8\times64=5\ 120$ 次）。这些重量在同等的疲劳状态下由左手和右手提举了同等的次数，而且可以与随即进行的疲劳诱发状态下的实验部分进行对比。此外，疲劳诱发状态下的实验结果，也可以与先前非疲劳状态下的总体实验结果进行比较。

我先前在《萨克森学会报告》（1857，pp. 113 ff.）中提出了疲劳诱发的方法，因为其中同样还涉及了采用实验锻炼肌肉力量的实践。① 我在这个实验中是这样做的，有两个铅块，分别重约 9 又 1/4 磅，我以一定的节奏将它们从低处举过头顶直到举不动了为止。随着实验一天天地进行，这个阶段所需要的时间越来越长。每次铅块举起的时间为一秒，放下的时间也是一秒。完成这一阶段大约一分钟后，当我的不适感消失，脉搏恢复正常后，我立即完成对实验最后 64 个试次的重复。

下表中注明 z 的这列数据表示的是疲劳状态下的 hD 值。u 这列数据表示的是疲劳诱发阶段之后立即进行提举的 hD 值。而 U 这列数据给出了当天在疲劳诱发阶段前所有的 hD 值。这些数据均是根据 $n=64$ 的分组而进行计算的，保证了四种主要实验条件是分开的。②

hD 的数值

D	左			右		
	U	u	z	U	u	z
15	2 854	2 447	3 890	4 044	2 984	4 822
20	4 809	3 349	4 937	5 698	4 534	5 801
30	7 171	6 570	4 400	7 593	7 776	8 233
40	8 980	10 485	11 108	9 052	13 054	11 693
60	13 092	12 352	11 464	12 112	14 056	16 470
总和	36 906	35 203	35 899	38 499	42 404	47 019

① 有意思的是，在 1856 年 1 月至 3 月的实验中发现了明显的练习作用，而这种效应在 1858 年 10 月连续两天里完成的重量提举实验中却完全不存在，因为练习还不能发挥作用。在前一个实验序列里，我在头两天就完成了 104 次和 128 次提举，而最后最多能够增加到 692 次；而且 1858 年 10 月 19 和 20 日两天，我采用同样的程序又只能分别完成 122 和 118 次提举了。

② 虽然这一系列实验主要是为了考察 D 值大小所产生的影响，但结果与其他短实验系列相比却更不规整。可能是疲劳诱发的设计出现了问题。不过 $D=15$，右手提举时列 z 的数据却是个例外，它与假设十分相符，即与 D 值成比例。因此我们必须注意到无论什么情况下对于较小的 D 值，得到可信结果的唯一办法是提高抽样的数量。

基于表中最后一行给出的总和值，我们可以看到无论是否存在疲劳感，左手的三种 hD 值几乎是相等的，因此 h 值应该也是一样的情况。但对于右手而言却不是如此，总和与单个 D 上都出现了相同的情况，即 z 值均明显大于 u 值和 U 值（D=40 时是个例外，该条件下的 U 值[①]明显过高）。z 值的结果说明右手明显比左手具有更高的权重，因为它和 D 值在正常情况下应该几乎是成比例的关系，而左手获得的结果是不正常的，证明有明显的干扰存在。尤其是当 D=30 和 60 时，左手的 z 值与其他使用左手的实验结果，以及本次实验中使用右手的结果相比，明显偏小。假如忽略掉这部分数据，左手剩余的 z 值相对于 u 和 U 值均太大。因此我们可以从这个系列实验中得到合理的结果：如果不考虑各种限制，疲劳多多少少是会增加差别感受性的。

同时我们也需要注意到，与之前的疲劳相比，这种差别感受性的规律性很差；而且综合考虑左手的结果，疲劳前后的情况均尚不能排除随机因素的影响，稍后将进行解释。

然而，首先我们仍有必要来看一下实验中产生的 p 和 q 值。它们是根据所有 D 值的结果平均而得到的，单位是克：

p 和 q 的数值

	左		右	
	p	q	p	q
U	−15.12	+7.88	−17.50	+0.20
u	−21.76	−7.28	−13.23	−2.73
z	−35.81	−13.92	−14.69	+0.72

表中数据显示 p 的影响自 U 到 z 逐渐增大。左手的数值变化为 20.66，而右手为 21.80，二者非常接近，不过右手从 U 值到 z 值是从正到负的反转。这一结果证明了用实验条件估计疲劳导致的平均值这一方法的有效性。同时，这其中数据的变化方式，是值得我们注意的。我们可以看到 U 和 u 变化趋势的一致性，因为 u 是和最后的 64 次提举相关联的，所以已经带有一定的疲劳感了，而 U 则是所有实验试次的平均。（我没有单独考察初始试次部分的情况。）

考虑到随机因素影响的问题，我们可进行如下的阐释：

举铅块的练习不仅使肌肉疲劳，也达到了令全身疲劳的效果，例如

① 应为 u 值，可能为印刷错误。——译者注

猛增的脉搏值，我在完成练习之后心跳又快又浅，以至于大部分情况下我都无法对脉搏进行计数。在有限的几次测量中，我测得的脉搏值均大等于 150 次每分。而在疲劳诱发之前或没有顺利完成疲劳诱发阶段的前提下，于标准条件下进行 1 000 克的提举实验达一小时后，脉搏值也没有这么高。相比之下，在本次实验和后续的实验系列的 29 天中，我在实验前后即刻测量了脉搏值（测量位置相同，保持胳膊不动），在 21 次情况下实验前的脉搏值高于实验后的，平均值分别为 87.8（前）和 85.2 次（后）。这种减少有可能与实验中缓慢统一的动作相关，如果动作节律加快就可能会导致相反的结果。

这种身体激活的假设，例如我所展示出的脉搏值的增加，具有提高差别感受性的作用，由以下经验可以进行证明：在上述各项系列实验中，我的脉搏值总是一天天地变化。考虑到我平静的生活模式，这种改变只可能是由于每天剧烈的疲劳诱发过程所致，这种练习的影响贯穿在整个实验过程中，只是每天影响的程度均不同。很不巧，在本实验的开始阶段，我忽略了记录脉搏值的重要性，等我意识到这个问题时已经太迟了。然而，我还是记录了实验最后 14 天的情况。我在每天早晨实验开始前，以及疲劳诱发前的实验部分结束后，立即测量脉搏值，并将两次读数进行平均。将 14 天的平均值与当天观察得到的正确判断次数[①]进行对比，但结果没有发现特别明显的变化规律，不过总体说来，r 值高的时候，相应的脉搏值也会高一些。下表按照正确反应 r 总和的大小，给出了相应的结果（n=640）：

r 值对应的兴奋性

r	脉搏值*	r	脉搏值
411	75.87	446	81.75
416	95.5	453	88
431	84.5	457	86.5
434	79.25	463	90.75
438	74.25	471	96.5
439	75.87	483	93.65
440	88.25	487	82.5
总和 3 009	573.49	3 260	619.65

*这部分数值是每天两次测量的平均，部分数值中测量值是根据几分钟的测量值平均到每分钟的值而得出的。

---

① 表中给出的参数 r 是一天内对四种主要条件下所有 D 值对应的 r 值加和的结果。

将 r 值最低的七天对应的结果进行平均，得到

r=429.9，脉搏=81.92

将 r 值最高的七天进行平均的结果，得到

r=465.7，脉搏=88.52

这 14 天里，前七天实验时的平均气温为 15.21℃，后七天为 16℃。

显然本次实验中的数据量太少，并不能保证结果的可信度，但在后续实验中我得到了类似的结果，加强了先前实验的可靠性，以下将详述。

由于先前实验的结果不能对我们在定律研究中遇到的问题做出决定性的解释，我将疲劳诱发的方式进行了改进，并执行了另一项对比实验(1858 年 11 月)。实验进行了 16 天——中间我休息了几天，即实验是隔天进行的，因此全长为 32 天。实验使用了双手操作。P 值为 1 000 克，D 值为 60 克。实验采用标准条件。总的提举次数为 16×10×64=10 240 次。疲劳诱发的方式是缓慢地举起重量，具体方法待介绍，这样一来，即使身体感到非常疲劳，脉搏值的增长速度也不会像先前实验中那么高。但这次实验中，我不仅采用了双臂，还采用了单臂疲劳诱发的方法，并将结果进行了比较，具体方法如下所叙述。

在实验日里，我会先测量脉搏一分钟后开始实验，首先是 4 组双手的提举，每组 64 次。完成后我立即测量一分钟的脉搏值。接着我完成单臂疲劳诱发过程后，再进行一组[①]各 64 次的提举，和第一次的提举是相同的。然后换另一只手臂进行疲劳诱发练习，再进行两组提举。最后双臂同时进行疲劳诱发练习，再进行两组重量提举。每组都会再测一次脉搏，但时间仅为半分钟。这一测量仅仅发生在下次疲劳诱发过程之前，这样一来，练习后的两组提举仍是一个整体，仅仅是受到了中间为时半分钟脉搏测量的影响。这样，每天共有四组未疲劳的实验，每组 64 次，另外六组都是在疲劳诱发之后进行的。每天的实验系列均始于四组未疲劳的实验，而结束于两组双手疲劳诱发后的提举实验。其中疲劳诱发过程中的双臂是交替的，如果先进行左臂疲劳诱发，那么在后一个过程中将先使用右臂。

在疲劳诱发过程与正式提举实验中的时间间隔包含了半分钟的脉搏测量，以及一些用以放下铅块或实验重量物体并将它们放进容器（即前

① 应为两组，可能为印刷错误。——译者注

文中提到的用以固定重量的圆筒）中的时间。疲劳诱发过程本身是按照如下程序进行的。

为了诱发单侧的疲劳感，我在节拍器的帮助下，用四秒时间从低处非常缓慢地举起一个重为 9 又 1/4 磅的铅块至与肩同高的位置，然后再用四秒时间把铅块放回原处。在练习中，手臂微微向前伸，但仍位于原垂直面。提举需持续到无力再举的状态出现，然后休息半分钟，继续举到无力状态，往复共五次，每次均有半分钟休息。我将这五段练习过程（分段的过程）视为以诱发疲劳为目的而进行的单一操作。提举的动作进行得很缓慢，是为了保证脉搏值的增长不能太快，而反复进行的目的是为了疲劳能够累积到所需的程度。由于疲劳感的增加，每段练习过程中所能提举的次数逐渐减少，从第一段练习到第二段练习的下降幅度很大，而后续几段练习中的下降幅度就很小了。左臂的提举次数明显少于右臂，尤其是在实验的初始阶段，在实验进行过程中，双臂间的差距就越来越小了。这种练习的有效性还体现在了其他方面。双臂同时进行的疲劳诱发操作方式同单臂，不同的是双臂需要同时各举起 9 又 1/4 磅的铅块。由于左臂力量比右臂弱，因此双臂练习部分经常由于左臂先达到疲劳状态而提前结束了。

我认为大家应该会想知道在实验中，疲劳诱发之后所观察到的一些细节，我将它们逐日系统地记录并进行了对比。在后续部分我还将使用到这些细节。此外值得一提的是，每天三组的疲劳诱发均分为五段，段与段之间有半分钟的休息，每段过程结束后需要半分钟把铅块放进容器中。我还注意到由于练习是逐日交替进行的，也就是说今天先进行左臂或右臂的诱发，下次实验就倒过来，某只手臂的疲劳水平并不会减少（大约 12 分钟以后）另一只胳膊提举重量的次数。双臂各自进行疲劳诱发时的提举平均数是基本相等的，无论是左臂还是右臂先进行练习。最后要提到的是，双臂进行疲劳诱发时的重量提举次数略低于左臂单臂的次数。

接下来需要关注的是脉搏值的问题：人们都知道，脉搏值是随着身体的剧烈运动而立即增加的；但我感到奇怪且感兴趣的是，由于身体努力使劲而导致脉搏值上升的情况，在一定程度上会延续到没有实验的日期里。因此甚至在实验日中，在实验开始之前，这种情况就已经存在了。在实验月里，脉搏值随着实验的进行而不断增加，在实验结束后仍然会保持在这个值上，很长一段时间后才会逐渐下降。脉搏值在实验过程中越来越高，

导致我终止了与疲劳感诱发相关的实验，本来我还想对实验进行进一步改进的。尤其是当我开始感觉到头部受到疲劳诱发的剧烈影响时，我更坚信自己不能再让这种自认为无害的脉搏值增长的局面再继续下去了。这并不奇怪，因为每次实验都令我感到筋疲力尽，以至于血液涌向头部，由于早期的损伤，头部是我比较脆弱的一个部位，而我健康的胸部就完全没有不适的感觉。这种头疼的问题带给我无法言语的感受，以及持续性的严重耳鸣。但在我完成实验后，这些情况没有再继续。

实验中脉搏值的逐渐增加与正确判断次数 r 的逐渐增加相关，我在疲劳诱发前的四组实验中进行了多次观察，结论虽仍不规则，但却显示出两者间相当清晰的共变关系。而且由于我已经进行了为期数年的有关感受性的实验，所以这种改变我认为尚不能归结为练习效应。

以下这个表格汇总了 16 天实验系列中的脉搏值和参数 r 值，数据按照执行的时间分为Ⅰ和Ⅱ两个阶段。此外我还给出了七天预实验和两天附加实验的结果值。为了对比方便，表中的数据均是基于这 16 天内疲劳诱发前的四组实验数据而计算的，而疲劳诱发后的数据将在另外的表格中呈现，并与预实验和附加实验的结果进行比较。因此疲劳后的数据这次暂未给出。在七天预实验中，头两天的脉搏值是在疲劳诱发前测量的，但由于这个阶段还没有正式的实验试次，所以采用了举容器的方式来判定感受性。参数 r 是在四种主要条件下分别测量并计算总和的。

7 天预实验阶段的结果

日期	疲劳诱发前的脉搏值	r ($n=256$)
10 月 19 日	87.5	没有实验
10 月 20 日	85.5	没有实验
10 月 21 日	89.25	154
10 月 23 日	91.5	155
10 月 25 日	97.5	165
10 月 27 日	102.5	152
10 月 29 日	81	153
平均值	92.35	155.8

16 天主实验阶段的结果

Ⅰ			Ⅱ		
日期	疲劳诱发前的脉搏值	r ($n=256$)	日期	疲劳诱发前的脉搏值	r ($n=256$)
11 月 1 日	97	158	11 月 17 日	86	172
11 月 3 日	93.75	163	11 月 19 日	100.5	199

续前表

Ⅰ			Ⅱ		
日期	疲劳诱发前的脉搏值	r （n=256）	日期	疲劳诱发前的脉搏值	r （n=256）
11月5日	103.5	204	11月21日	89.5	178
11月7日	75.5	180	11月23日	94.5	191
11月9日	97	169	11月25日	103.5	198
11月11日	87.5	165	11月27日	102.5	177
11月13日	91	177	11月29日	94	191
11月15日	95	183	12月1日	107	183
平均值	92.53	174.9	平均值	97.19	186.1

两天附加实验阶段的结果

日期	疲劳诱发前的脉搏值	r （n=256）
12月3日	98	175
12月5日	100.5	170

将r值中的七个最小值、八个中间值和八个最大值以及对应的脉搏值（另外加上温度值）进行平均，结果如下：

r	脉搏值	温度
157.1	93.1	16.6℃
172.9	95.5	16.7℃
191.1	96.7	16.2℃

在12月5日之后，即最后一次疲劳诱发实验结束后，我一直休息，直到另一项实验开始时才又测量了脉搏值，后面这项实验中没有包含疲劳诱发，它是从12月19日开始的——实验采用了第154～156页的程序，有单手和双手操作两种形式，P=2 000和3 000克。每天当我在此实验（以及下一实验）开始前和完成后测量脉搏值时，一直都发现数值异常偏高，而实际上在12月5日至19日期间我都没有进行任何实验。之后脉搏值开始了缓慢但持续的下降，下表给出了每八天在容器提举前后测得脉搏的总平均值：

	脉搏值	温度
12月19日至12月26日	104.16*	17.16℃
12月27日至1月3日	101.11	16.81℃
1月4日至1月11日	98.79	15.49℃
1月12日至1月19日	98.78	16.49℃

续前表

	脉搏值	温度
1月20日至1月27日	89.46	18.10℃
1月28日至2月4日	87.78	17.18℃

* 该数据是由八天的数据平均得出的，分别是92.75、109.5、103.5、106、107、113.5、97、104。其他数据也是一样的情况，具体数据不再列出。

我将实验中不同条件下的结果分别计算了 r 值，下表给出的是其中16个最大值和16个最小值的平均数，以及对应的脉搏平均值，结果显示 r 值越大，对应的脉搏值越高，尽管这种优势程度很小（n=819 2）：

r	平均脉搏值
5 732	96.88
6 147	98.18

据此结果，我认为 r 的增加与脉搏值增加之间至少可能存在关联的。

接下来我们继续关注之前提到的为期16天的实验。疲劳诱发前的四组实验之前和之后的脉搏值分别被记录，结果显示前后两批数值相当接近，16天内所有未诱发疲劳之前的脉搏总和为1 517.5次，之后的总和为1 518次，平均数分别为94.84和94.88次。这一结果说明1 000克的重量对于脉搏值尚未造成太大的影响。

下面呈现的是三段疲劳诱发后的脉搏值，根据两个阶段的实验来进行平均（从半分钟的数据推导调整到一分钟的数值）：

	第一次疲劳诱发之后	第二次疲劳诱发之后	第三次疲劳诱发之后
第Ⅰ阶段	100.4	106.5	112.1
第Ⅱ阶段	108	105.1	115.4

我们可以看到与疲劳诱发前相比，第一次疲劳诱发后的脉搏值仅增加了（与第251页最上面的表中的数值进行比照）大约八至十次，而后两次的值也有一些小幅度的持续增加——但无论如何，这种增长与先前实验中出现的激增相比还是很微不足道的。此外我们还注意到阶段Ⅰ到Ⅱ有一个增长。下面给出的是疲劳诱发后的第一组和第二组提举实验后分别测得的脉搏值，各标记为（1）和（2）：

	第一次疲劳诱发后		第二次疲劳诱发后		第三次疲劳诱发后	
	（1）	（2）	（1）	（2）	（1）	（2）
Ⅰ	96.5	97.5	98.3	97.5	101	99.9
Ⅱ	100	99.9	100.9	101.5	101.8	101

将这些值作为供参考的脉搏值。

在先前提到的系列实验中（第 251 页），刨除由于疲劳诱发而产生的脉搏值迅速提升的情况，r 值并没有完全且清晰的增长趋势，对应的 hD 值也是如此，而在本次实验开始前，人们甚至不会预想到脉搏值的提升相比之前的实验小了很多。因此我们可以断定疲劳的影响并没有受到脉搏变化的影响。接下来我们将疲劳诱发前后的结果进行一次对比。所有数据均被转换为 $8hD$；但这就要求将疲劳诱发前的数据之和进行翻倍的处理。以下按照每天实验实施的顺序给出了前四段实验的结果：

疲劳诱发前的 8*hD*

第 1 组	28 096
第 2 组	35 273
第 3 组	32 613
第 4 组	30 930
平均值	31 727.4

而以下给出的是疲劳诱发后的提举实验中，左右手各自的 $8hD$ 值，无论是左臂还是右臂先进行疲劳诱发，均统一进行平均值计算。

疲劳诱发后单臂的 8*hD*

		左	右
第一次疲劳诱发后	第一组	34 681	26 760
第一次疲劳诱发后	第二组	30 063	31 288
第二次疲劳诱发后	第一组	30 888	40 731
第二次疲劳诱发后	第二组	34 602	30 175
平均值		32 558	32 239

我们可以看出疲劳诱发前后的结果并没有发生很大的变化，因此可以认为平行定律是可信的。

疲劳诱发后双臂的 8*hD*

第 I 阶段	第一系列	26 425
	第二系列	31 322
第 II 阶段	第一系列	30 932
	第二系列	30 827
平均值		29 877

另外我们还务必指出，$8hp$ 和 $8hq$ 的值在疲劳影响下发生了非常明显的变化（hp 值发生了负向的反转）。但我必须忽略这些细节，因为讨论这些将占据过多的篇幅。

不过我认为下述的一些细节还是有必要指出的，因为这些结果是意想不到的。总的说来，疲劳时对物体进行提举，人必然会感觉到物体比原来重了，单臂的疲劳应该只会影响单臂的感受。因此我们预计，与没有经过疲劳诱发的实验结果相比，当左臂经过练习后，hq 应该也会出现正向的变化，而在右臂进行练习后，hq 会出现负向的变化。另外，我们还预计在某只特定手臂先进行疲劳诱发而另一只还没有进行时，这种变化会达到最大，因此对于另一只还没有疲劳的手臂而言，是无法抵消这种影响的。此外，紧随疲劳诱发（中间有半分钟的间隔）的前半段实验中的变化效应最大，因为这组实验距离疲劳诱发的时间点最近。然而对实验结果的总结却表明，无论是左臂还是右臂先进行练习，单臂疲劳后实验中的 hq 变化均为正向的，虽然左臂先练习情况下的数值远高于右臂。即使是最后阶段的双臂疲劳诱发，hq 值仍然表现出相对于休息状态下的正向变化，其数值小于左臂单臂练习状态下的结果，而又大于右臂单臂练习的结果。依我看这些情况都需要根据以下方式进行解释。疲劳具有增加 hq 的一般化效果；左臂单臂疲劳诱发能提升这种效果，而右臂单臂疲劳诱发则削弱这种效果。这种一般化效果的起因尚无法得知，但我们有望据此从一开始就了解到它的增减趋势。

所有先前提到的这些结果均揭示了疲劳对感受性的暂时性影响。目前需要考虑的问题是根据韦伯的实验结果，对于重量的高绝对感受性能够产生多高的差别感受性。人们必须对最小可觉差法[①]和等值法[②]获得的结果进行对比，因为前者是关注差别感受性的，而后者是有关绝对感受性的。

当我们把 6 个泰勒币组成的圆柱体对称地放在身体不同部位时，就会感觉到重量的差异。以下数据表明的是当移走几个泰勒币时，该部位会产生最小可觉差：

① *Progr. coll.*，p. 96.

② *Progr. coll.*，p. 97.

手指掌侧表面	1
足底（跖骨处）	1
肩胛骨	2
脚后跟	3
头后部	4

另外，以下重量是等价的，即这些重量在以下部位被知觉为相等（单位：盎司）：

手指掌侧表面	4	与足底	10.4
手指掌侧表面	3	与肩胛骨	8
手指掌侧表面	4	与脚后跟	8.8
手指掌侧表面	4.5	与头后部	5

很显然，两种方法得到的最小尺度是不一致的，最小可觉差在手指和足底是一致的，而在同一位置上产生相等感受的重量比却为 4∶10.4。相反地，手指和头后部产生重量相等感受时的实际重量值很近，而它们的最小可觉差比却是 1∶4。

这些实验只有在严格的对比条件下进行，结果才是可信的，但上述这个实验没有满足这个条件，因为首先研究者没有设立将不同方法获得的实验结果进行对比的意图，而且实验是在不同时间点进行的，可能还是由不同的人来完成的。不过，我们几乎不相信在绝对和差别感受性的产生是个平行过程的前提下，会有如此截然不同的结果发生。

视觉感受领域内的体验

在视觉感受领域内，与平行定律的有效性检验相关的研究依然缺乏，但与此相关的实验结果却很多。我将在这里通过三个问题来讨论这些现象，第一是它们是否符合平行定律，第二是它们在多大程度上符合，第三是它们对于定律的解释能否起到作用。

人们在第一时间可能会盘点出一系列与平行定律不相符的事实，例如在韦伯定律这章提到的问题，但直到现在才回过头来进行更深入的讨论。长时间处于黑暗中就能看清很暗的物体；但回到光亮处之后人就丧失了这种能力。但能看清很暗的物体说明了什么问题呢？说明人可以从黑暗中分辨出一束与黑夜的暗度相比只有极微弱差别的光。[①] 的确我们在此尚不需要过多思考绝对感受性的差异，毕竟夜的那种黑还是具有一定光学意义上的亮度的。因此我认为似乎是因为人在亮处，由光刺激导致的眼疲劳钝化了对于差别的感受性。

尽管这些现象已经为人所熟知，在此不需要更周密的叙述，但我仍然想再多介绍一些惊人的或有趣的例子，来展现环境对人的影响。

“布冯（Buffon）告诉一位监狱看守员说，每天到了分发食物的地方，他才会偶尔看到天花板有光线透进来，这样过了几个月他就能看见黑暗中的老鼠了。被释放后，他花了好几个月才适应了一般的光线。另外有一个在监狱里被关押了 33 年的人，他在夜里能看清极小的物体，但在白天什么也看不到。（Ruete，*Ophthalmol.*，nach Larrey，*Mém. de Chir. méd.*，Vol. Ⅰ，p. 6.）”

冯·莱辛巴赫（v. Reichenbach）在他的著作里提到了所谓具有超能力的一些人（od），他们可以在完全黑暗的环境中感觉到强力磁极附近有类似火光的存在。在磁铁 N 极附近的光是蓝色的，而在 S 极附近的是红、浓黄或红灰色。他们还能在水晶的顶端、人类（尤其是在指尖处）、动物、活体植物、金属、硫黄、经历了化学反应或晶体化的液体等物质中看到各种各样的光亮。作者归纳说（*sensit. Mensch.*，Ⅱ，p. 192），所有地球上的物体都会发光，虽然光的亮度不同，但超能力者都能感觉到。

我们现在没有必要讨论莱辛巴赫提到的超能力者是否真的存在。但对于我来说，完全没有必要反驳他有关于光的体验的描述，因为有些人确实能在黑暗中看清东西。我在这里提及莱辛巴赫不仅仅是因为他指定了一个基本条件，能够使实验室完全陷入黑暗中，让那些感受性较低的人必须长时间在这实验室里留待至能在其中看见东西为止。根据莱辛巴赫的描述，让感受性很强的人立即或者在五到十分钟后，看到所谓超能力水平才能看见的光并不是一件困难的事情，而对于感受性中等的人，则需要半个小时至两或三小时。

我本人，以及一般的老年人，都清楚记得小时候人们将油脂蜡烛置于餐桌或书桌，并对这种照明方式感到很满足。而如今，由于更亮的灯光照明方式普及开来，有人认为这反而削弱了人的视力，因为人们再也不能在蜡烛照明条件下看清物体了，除非特别努力的情况下。

---

① 每次提到这个问题，费希纳就被难住了。他在 1838 年就在实验中发现并描述了后像这一现象，但他并不了解适应的原理。因此他对视网膜的自发光感到疑惑。——译者注

我曾听说了以下这个故事，讲的是在一所工厂里，部分工作是由工人在家里完成的。该工厂之前的照明条件不好，如今安装了更明亮的照明装置。没过多久，工人们便要求重新启用先前的照明装置，因为他们反映当回家在正常的弱光照明条件下时，他们就无法正常工作了。

奥贝特在他的《间接视觉知识的贡献》（*Beitr. z. Kenntniss des indirecten Sehens*）[①] 一文中进行了如下的评论："假如有人在一间非常黑暗的房间里待上一两天，那么估计他所感觉到的房间亮度将会达到实际亮度的十倍。我举一个发生在我自己身上的例子。我 14 岁的时候，有一次得了麻疹，在一间小黑屋里被隔离了八天，屋里太黑以至于刚进来的人都好像瞎了一样，需要摸索一段时间。而我本人在其中待了几天以后，就觉得房间变亮了，由于待在小黑屋中十分无聊，于是当我找到一张很小却印刷精美的彩色地图时感到非常高兴。我可以清楚地分辨出地图上的颜色，并且就像在大白天一样阅读出地图上的文字。我在床上找到了一些书，幸好这些书从来没被人收走，因为进入小黑屋的看守员根本看不见这些书，即使他们在房间里待上几分钟也不行。所以，我可以说我的眼睛完全没有受到疾病的影响。"

福斯特[②]评论了我在第 218 页提到的测光装置的使用，他认为采用这种装置在最低的光照水平下，有人可以在白色背景下识别出一个小黑矩形："这个人先前已经在黑暗条件下待了很长一段时间，除了他之外，其他人都要求在不断加强光照达一刻钟之后，才能辨别出同一个物体。假如该观察者盯着一片非常明亮的物体表面或者一束火焰看，即使是一秒钟的时间，他的这种能力都会在一分钟内消失，直到撤光后视网膜的能量重新汇集，他的能力才会恢复。由此可以很明显地看出，视网膜中心是极容易被影响的。"

这些实验结果似乎都挑战着视觉中平行定律的有效性，光刺激的减少削弱了人的差别感受性，如我们已经提到的，对于黑暗中微热或微亮物体的识别其实就是将它们从完全黑暗的背景中区别开来，这种识别在视觉感受模糊时是无法发生的。

然而，我们也已经看出在使用平行定律解释中出现的偏差，与韦伯定律下限的偏差情况是相似的。当两个待比较的部分中，有一个或者两个接近黑暗的水平时，韦伯定律和平行定律都发挥不了作用。我们也同意平行定律的有效性范围并不比韦伯定律的宽泛。

---

① Moleschott，*Unters.*，Ⅳ，p. 224.

② *Ueber Hemeralopie*，pp. 13，32.

现在的问题是：（1）我们是否可以找到理由解释平行定律适用范围中存在的下限问题，就像我们在韦伯定律中发现的那样？（2）这种不一致在照明量提高时是否会消失，就像在韦伯定律中的一样？

我很确信，这两个问题的答案均为“是”。我先对第一个问题谈谈自己的看法。

眼睛已经被外部的光线刺激钝化了，但眼内在光的下降却很少。因此经过比较，内在光与外在光之间的相对差异就变小了。的确，内在光只能起到一定的加深感受的作用，就如我们对一个明亮物体的后像那样，但这种作用不会消失。即使对于一个全盲患者而言，当外部强烈的光刺激不再形成任何影响后，他仍能看见黑色；的确他有时甚至能看到其他颜色。这是个有意义的事实，它说明了视网膜、视神经以及其他传输视刺激至大脑的各种组织，可能由于多种原因而发生障碍，从而导致视觉传导受阻。而在我们目前的问题中，刺激作用非常微弱甚至根本不能引发内部神经冲动，但由内在光引起的感受唤醒是依赖于眼睛中央凹区域的，因此从根本上不会发生外部光情况下出现的问题。

这样，假如内在光引发的感受真的不会因为眼睛的钝化而被削弱，或者不如外部光削弱得那么厉害，那么必然可以将这种具有一定亮度的内在光引发的感受，视作一种对光的不变的感受。即使是全盲患者，一个可被视为最大程度上的对光不敏感者，在他眼中即使最强的视刺激也和内在光毫无两样，因为前者已经完全不能让患者产生任何印象，但内在光的作用却仍存在。正因为如此，如果戴上极深的墨镜，那么对光的区别性感受就会和光的感受一起消失了。

我们有必要按照以下顺序，来叙述解释以上论述有效性的证据：对于一个因为已经被光刺激去敏感化而很难在黑暗或微弱光线中看清东西的人——那些视觉区别能力弱的人——假如成分光足够强，而眼内在光与其相比趋于零的前提下，他们应该和那些没有被去敏感化的人一样具有良好的区别能力。人们可以找到很多积极的证据来证明这个观点。这一事实是令人信服的，因为它不是存在于我们的理论出版物中，而是存在于人们的常识里。

福斯特在他的著作里描述了昼盲症[①]（p. 33）：“某个夜晚，在灯光

① 费希纳在这一章使用的 hemeralopie 一词，在现代更多指的是昼盲症，而可能在当时意义并不是特别明确，因此在叙述中经常感觉到意义颠倒。在本书中均按照原文的意思进行翻译，请读者注意。——译者注

照明下，用单眼盯着一张白纸看，而另一只眼须闭上且蒙上。在明亮的房间中你可能发现不了什么太惊人的变化，即使当那只闭上的眼睛睁开了也是如此。而当你走进一间黑暗的房间，差异就会立即清晰地呈现了。那只盯着白纸看的眼睛前就像蒙上了一层雾气，部分或完全遮挡了视线，而另一只眼却仍然能保持清晰的视觉。因此我们就会遇到一个之前不曾关注过的问题，即黑暗中定向的不确定性，因为在这种情况下，两眼视觉区域发生了不同的感知（即从而导致双眼视差与正常情况下不一样了，因此影响定向），而这种情况在返回明亮的房间后就会立即消失。在第二项实验系列中，我重复了奥贝特视网膜的空间感觉实验（在灯光下进行），我经常会关注这种人为的单眼昼盲现象。有的人有时会出现十分钟甚至更长时间的暂时性失明。一定距离外的煤气灯对于人眼而言，看着很像燃烧的油灯发出的微弱红色火焰，而我的周围一片黑暗，以至于我很难进行物体的定向。一次闭上一只眼睛，就可以使双眼视网膜的能量产生巨大的差别，同时没有闭上的那只眼睛也并不会在黑暗中更灵敏。奥贝特发现这种人为的昼盲在去敏感化后一分钟依然很严重，以至于他几乎无法从一个 24 平方毫米的发光区域内区分出 1.32 毫米的条纹，而他没有受到影响的另一只眼睛则能在同等条件下识别到 0.21 毫米的条纹。而在我对这个实验的重复过程中，我的视觉钝化比他还严重，而且持续时间更长。”

这些观察适用于健康的眼睛。不过可能对那些有眼疾、真正昼盲症的人进行实验会更有意义，福斯特便比较观察了这类人眼睛的去敏感化过程。

实验存在两种条件，一种是长时间待在强光处，眼睛就很难在黑暗中看见东西，另一种是长时间待在黑暗处，眼睛就很难在强光下看清东西，这两种问题在以下两种疾病中很常见，即昼盲症和夜盲症（nyctalopie）。福斯特在他的著作里通过严谨的观察描述了以上有意义的内容。福斯特（p. 32）明确地将健康视网膜的去敏感化状态和昼盲的一般性状态相提并论，因为二者在一些关键点上极其相似。在一些而并非所有情况下，长时间暴露在强光环境下是昼盲症的诱因（p. 30），而补救的方法是在黑暗中待上 24 至 56 小时（p. 40）。[①] 但准确的昼盲症状却是这样的，即病人与正常人相比，在光线微弱的条件下识别物体的能力差，但他们在强光下的视力与正常人是一样的。实际上，福斯特在实验结果中

① 鲁特曾用自己的实验结论证明了这一点。

描述道，当夜幕降临后或者在灯光微弱的环境里，昼盲症患者就看不清任何物体了，而正常人却可以看得很清楚；因此昼盲症患者需要更明亮的视觉条件，或者在保持亮度不变的前提下将物体体积放大，才能保证他们看见东西。此外，根据自己的测量结果，他补充道："昼盲症患者在良好的照明或日光条件下能和正常人一样看到很小的物体。但对于极小的物体，那就需要极强的光照条件了。

"在一些个别病例中，对于一些沉疴多年或者一些病情严重的患者而言，他们在日光下的视觉也出现了恶化，表现为病人需要非常强的灯光来辨别物体或进行阅读，或者在一般条件下他们只能识别物体全貌而不能识别细节。"

根据福斯特的观察（p. 16)，昼盲症的性质并不是像有人所想象的那样在白天就不会出现了，因为在白天光线比较弱的情况下，患者就会出现在夜间同样的问题。在一定程度上，昼盲者就如同一个健康人，当他从亮处进入到暗处时，能够缓慢适应昏暗的光线，所以他最后能够看清一开始看不到的物体。但他们与正常人又有区别：(a) 他们进入黑暗的初始阶段时的视力比正常人要差；(b) 他们需要更长的调整期（四倍至十倍于正常人的时间)；(c) 他们即使经过了长时间的调整，视力仍比一个已暗适应的健康人要差。这些结果都是福斯特采用第 251 页中提到的装置完成的。

为了未来讨论的需要，必须提供非常详尽的观察细节，因此我引用了其论文本身的内容。

按道理说，增加一些关于夜盲症研究的结果是很有必要的；可是我并没有搜集到有关的内容。

根据位置来看，似乎在正常用眼的过程中，视网膜的中央凹位置相比于周边位置更不易受到疲劳钝化的影响，因为这部分位置对物体的视知觉相对周边位置而言，应该更明亮更清楚。然而我们还很难找到充分的相关文献。大家可以在我的论文里找到一些相关观察研究的内容进行参考，即《关于双眼视力的一些条件》(*Ueber einige Verhältnisse des binocularen Sehens*，in den *Abhandl. der sächs. soc. math. -phys. Cl.*，Vol. Ⅳ，p. 337)。

广度感受领域内的实验

我曾采用平均差误法与等值法进行过一些比较实验，有一次是关于下颌与上唇的，还有一次是关于五指的，主要目的是观察在皮肤的不同区域，圆规两脚间距导致感受的变化形式是否有不同，或者是这种比较中发现不了任何的本质性规律。我的实验是为了说明这些区域互相之间没有任何实质性的联系。因为我对此的观察研究既不完整也不充分，因此目前我还不能给出更进一步的细节。

第十三章 混合现象的定律

我们有关韦伯定律、平行定律及其基线的讨论至今仍是关注一般现象中最简单的方面。具体说来就是感受增减的程度、产生还是消失，以及随着刺激的增减，感受是否能够以与刺激变化相同的幅度增加或减少。因此刺激对于感受的性质并没有因为增减而改变。但所有可能的刺激增减——或者说实际上是任何的变化——都需要关注，而我们可以通过增加或减少与原刺激性质相同的成分，来达到增减原刺激的目的，这仅仅是最简单的操作方式。例如白光刺激，假如加上一种颜色的光或者从光谱中减少一些成分，那么这白光的性质就会发生变化，相比于按等比例改变白光成分光密度的方式，这种方式显然更简便易行。出于同样的原因，我们可以很容易发现用类似的方式改变音调与声音、气味、味觉感受成分等混合形式的例子。为了简洁起见，我们将发生此种变化的现象称为**混合现象**，与**单一现象**，即我们先前所讨论的那些现象相对，后续我们的讨论将主要以颜色混合现象的内容为主。

纵观所有的研究事实，我们不仅希望能获得量化而且希望获得质性的结果，因为刺激的变化就属于质与量共同变化的情况。根据经验来看，这样的变化是可能的，目前的测量手段和用以进行量变的过程可以满足研究这一问题的需要。

一般而言我们可以得到如下结论：

有两种简单或复合刺激 A 或 B，每种刺激各自都可单独产生一种简单感受（例如，两种颜色），当它们混合或组合呈现时能产生一种单一的知觉，这种知觉能够导致某种印象或感受，一般来说这种印象与刺激 A 单独作用时产生的印象 a，或者是 B 产生的印象 b 都不同。混合物的具体印象形式会根据 A 或 B 哪一种刺激更占优势，或者二者相抵消以后的情况而变化，来决定它是更接近 a 还是 b，还有一种可能是两种刺激都不占优势——例如黄和红这两种原色混合成为橙色。假如我们先单独呈现刺激 A，就需要在纯粹的 a 开始被注意到之前加入 B，并使 B 达到或超过某一特定水平，以免产生差别印象，反之我们把 A 加入 B 时，对于 b 也是如此操作。如果我们想从一开始就将 A 与 B 按一定比例混合以避免 a 或 b 占优，就必须在 a 快到 b 的临界点前，就使 A 或 B 增长至既定的量。

一般来说，无论是简单刺激还是复合刺激——以及因此所产生的印象——当我们试图从这一简单刺激或者复合刺激的某一种中增加或抽取一定的量时，往往发现这个量值必须超过某一特定值，才能使这种操作所导致的印象产生质性变化，这一情况适用于简单刺激也适用于复合刺激。

这些条件让我们回忆起与混合现象相关的一个概念，即阈限。有关这种现象我们可以采用“混合阈限”来指代，以与之前在单一现象中测得的阈限，即“单一阈限”进行对比。

我们之前描述中的单一刺激阈限与差别阈限在这里只是混合阈限中最简单且特殊的一种情况。实际上，当刺激 B 加入刺激或混合刺激 A 中时，有人会问 B 要增加到什么样的程度才能被识别，才能使这种混合印象与 A 产生的印象区分开来，我们可以采取将 A 刺激去掉，设定各种可能的 A 的取值水平来进行 A 阈限的测算。这样就可以获得一般情况下单一刺激的阈限。同样在这个例子中，我们可以将 B 设为定值，改变 A 的不同取值。这样就可以把这个例子变成一般的单一差别阈限测量的问题。

让我们看看这个把刺激 B 加入刺激 A 中导致最小可觉差或一般知觉改变的例子，其中 A 本身可导致一定程度的感受 a。目前的问题是：现在当 A 升高或降低到一定程度时，是否 B 也需要增加或减少相同的比例才能使 a 产生相等的可觉性变化？那么对于既定性质的 A 与 B，我们是否可以另外采用上述的阈限一般化手段来对韦伯定律进行通用的界定，因为目前只有 A 与 B 之间的差异消失时，通用定律才能够使用？

至今我始终缺乏有关这些内容的数据，但我已经在自己身上进行了一些实验[①]并发现，至少在少量的彩色（$=B$）混合进白色（$=A$）的情况下，感受性仍能遵从类似韦伯定律的变化，并受到类似的限制。

---

① *Abhandl. der sächs. Gesellsch. der Wissensch.*, *mathemat.-phys. Cl.*, Vol. V, p. 376.

人们通过戴上彩色眼镜、移动彩色玻璃、与窗户形成一定角度、透过一张白纸等方式，可以很容易地在白色表面获得颜色的最小可觉痕迹。大家可以通过第110～115页所描述的实验及其控制条件来进行重复（在多云天气里会有所差别），即戴着墨镜来观察彩色色块，墨镜尽量选取中性颜色，我发现这样可以极大加强人们对墨镜颜色的知觉程度——其结果，例如只有1/14的日光可以透过——那就可以在眼睛放松的同时，不会让颜色的最小可觉差消失。而通过这样的眼镜，确实可以减少施加于裸眼上的可见光通量，并且一些颜色的感知也消失了。另一方面，我[①]——以及赫尔姆霍茨[②]也在近来很多研究中——发现由任何颜色形成的印象，无论是单一还是混合的，都在高强度时很接近白光的感觉。

然而，韦伯定律在刺激值较低时不适用的问题只是一个表面现象，对原因的探究仍然停留在类似单一现象时观测值与定律计算值之间的偏差这样的问题上。当我用裸眼凝视白色背景上一道彩色投影时，将一块暗色的滤片置于我的眼前，白色地板立刻就变暗了，就像我闭上眼睛的感觉一样，我将投影的光亮和外部照明均按同比例调低，但我眼睛内在光的暗度（无色的，代表白光亮度很低的水平）并没有降低。因此其他颜色相对于白色也处于比先前低的水平，可知性也下降了。

而对于定律上限存在的原因仍然未知。

严格说来，我们在一般环境中很少会遇到完全单一的现象，以及纯粹的阈限与差别阈限，还有韦伯定律中提到的最简单的形式。取而代之的更多是混合阈限，以及使用于混合现象中的定律形式。但近似于单一现象的例子还是有的。对于最简单的、近似单一的现象的观察仍是我们目前的首要任务，并因此成为我们的优选目标，在对于混合现象的常规观察较少且不易实施的情况下尤为如此。

即使在黑暗里，当一束单一光谱射入眼中，我们询问当事人光的强度如何时，他并不仅仅是在处理一种单纯的刺激阈限，而是一种混合的阈限，因为当被问及该种光谱光的强度时，当事人回答的其实是这束光与眼的内在光混合后的感受，二者表征为一种混合的形式。因此这个问题就类似于询问当事人把某种颜色与白色混合后的强度，其中白色是一

---

① *Pogg. Ann.*, L, p. 465.

② *Pogg. Ann.*, LXXXVI.

种可知的色彩。两种情况之间唯一的差别就是第一种情况中，所混合的光强度极低，而在第二种情况中，所混合的是白色光，它可被视为强度极高的颜色，也可被视为由多种颜色混合而成的中立颜色。在前一种情况中，黑色与淡淡的一抹彩色混合后，人们还是只能识别出黑色，而在后一种情况中，白色经过这样的混合，被混合的彩色很快就能达到最小可觉水平。

因此无疑的是，紫外光强度水平较低时就能更容易被人所感知，因为它必须与眼内微弱的白色内在光进行混合。

那么，当所有组合混合感受的刺激成分以相同比例增强或减弱时，混合现象是否（以及以何种程度）变化这一问题可以一般化为这个问题的子问题：当组合的成分刺激以任意给定比例变化时，混合感受如何表现以及变化?

为了使这个问题更清楚地被认知，我们需要区别以下三种情况：(1) B 被增加到 A 中达到什么程度时，这种混合感受正好能与 a 区别开来；(2) B 增加到什么程度时，A 引发的感受正好消失，而人再也不能将此时的混合印象与纯粹的 b 区别开来了；(3) B 增加到什么程度时，A 和 B 之间处于平衡状态，即产生的印象既不偏向 a 也不偏向 b。所有由 A 和 B 组成的混合刺激变化产生的问题基本都涉及以上三种阈限，目前需要做的是找到可以解释这三种阈限的定律，并总结出混合刺激变化与对应感受变化的函数关系。然而目前尚没有合适的数据，另外，对于单一阈限值的实验结果是否可以一直适用于混合阈限值的计算，也是需要考虑的问题，目前看来其适用性还是很好的。

要特别注意区别不同的混合现象。一方面，这些能够产生混合印象的刺激，很可能是在同时到达终端感觉器官时进行混合的，例如当混合色调刺激着眼睛，或噪音和声音的组合撞击着你的耳膜，这些均是由正常的视觉和听觉过程获得的。另一方面，刺激可能分开到达终端器官，并只有在该器官协调下才能产生混合感受，例如当不同的颜色分别在左右眼的不同视野里呈现，或者不同的声音分别给到左右耳。我们可以称前后两种分别为组合的和分离的混合印象。

现实中我们也经常会了解到有关人可以从双眼或双耳分别接收不同的刺激而形成混合印象的事实，在这种情况下，我们获得的可能却是混合好的刺激同时出现在每只眼或耳朵的感受。虽然我们不懂这种现象所基于的解剖学或生理学原理，但我们可以断定分离的混合印象相比于组合的混合印象，其背后的环境更为复杂，而且会受到更多次要条件的影响。例如 A 和 B 为两种不同强度或颜色的光线，它们形成组合型的混合印象，在任何情况下针对视网膜的同一区域，其作用形式都只有一种；而对于分离的混合印象而言，作用形式却有无穷多种。例如，一边器官不给刺激而另一边给 $A+B$ 形式的刺激，或者将 A 和 B 分别呈现给两边器官，或者一边给 $A/2$ 而另一边给 $B+A/2$ 的刺激。在分离型混合印象的情况下，相邻视网膜接收到的刺激印象存在着不同，而这种情况在组合型中是不会出现的。实验结果告诉我们，决定着混合印象区别的就是组合型与分离型混合形式之间的差异。这些刺激成分在视网膜细胞上的分布，可以通过在某一特定细胞上的最终统一形态来进行表示。在耳朵上的情况从一定程度上可依此类推。我已在一篇论文里详细论述了这一主题：有关双眼视觉条件下的一些内容，参见《关于双眼视力的一些条件》。

译后记

费希纳的名著《心理物理学纲要》的第一卷即将要和读者见面了。首先感谢“译丛”主编郭本禹教授给了我机会来完成此次的翻译，他还花费很多时间和精力撰写一个长篇序言，比较详细地介绍了费希纳的学术生平、主要思想及其重要影响。郭老师对翻译工作的严谨态度令我十分敬佩。我在这主要想与大家分享一下这两年翻译历程中的一点心得体会。

2012年夏天，我刚刚进入南京师范大学工作，便接到郭老师安排的这项任务，首先是受宠若惊，将如此重要的一本书交由我来翻译，是对我的肯定和信任；其次又非常惶恐，因为但凡对心理学有一点了解的人，都会知道这本书原著之所以尘封了150多年鲜有译本面世，皆是出于其难度。不过当时初入职场，事务缠身，又刚刚组建自己的家庭，故真正着手这项工作是始于2013年夏天。用将近一年时间来全心投入此书的翻译，经历几番修改，呈现给读者的便是这个最终版本。

原本对于费希纳，我仅停留在以其名字命名的定律和心理物理学的提出者这些肤浅的认识上，然而在翻译的过程中，我不止一次地感慨：这绝对是个全才！费希纳一生曾钻研了物理学、心理学、美学、哲学等多个领域，在每个领域都有惊人的产出。不过有趣的是，正如郭老师在序言里提到的“无心插柳柳成荫”，费希纳却是因他最不重视的心理学研究而流芳百世。费希纳在中年阶段曾受到病痛的困扰，可是他走出了这一困境，继续坚持进行对于有形和无形世界的探索直至生命结束。费希纳是个公认矛盾的人，我们原本以为物理学出身的他，应该是个彻头彻尾的唯物主义者，但因生病之故，他在很多时候表现出浓烈的唯心主义色彩，所以在这两者之间寻求一个完美的平衡点，是他一生的追求。

曾有学生问我：“老师，您翻译完这本书，印象最深的是什么？”我毫不思索地回答：“举起放下，举起放下……”诚然，费希纳的实验给人的感觉就是这样简单的重复，不过这倒是与我们现今实验心理学和统计学的要求非常契合。从书中我们不难发现，费希纳的实验被试主要就是其本人，能够甘于寂寞不断重复相当乏味的实验，这种执着的科学精神，对于现今的科研工作者也仍然具有表率作用。在这期间，由于实验的重复导致了身体局部的疼痛，他不得不休息了一段时间，所幸费希纳一生的挚友兼妻兄福尔克曼给予了很多的帮助，因此我们在书中常常见到福尔克曼的身影。

可以说，费希纳是一个非常全面且勤奋的研究者，他在数学、物理学、音乐、解剖学等学科的良好基础，均在此书中有所表现。他的实验设计、运用的原理，以及之后公式的推导，基本均为自己独立完成，这也从一个侧面反映出当时德国人的教育是非常严谨且完善的。相比之下，一直从事心理学研究的我，由于其他学科知识的缺乏，在翻译过程中常常感觉到迷茫。其间我试图在网络和文献中搜索合理的翻译，并寻找同侪进行讨论，但毕竟能力有限，语言文字表达水平又有所欠缺，有疏漏之处还望读者朋友见谅。

最后要感谢中国人民大学出版社的张宏学、郦益编辑为此书所付出的努力。感谢心理学的崔光辉老师为我提供有关的资料，并与我分享心理学史方面的信息。感谢池子安、郝江英、黎娟、苏晓雨、唐业琦、王晓蕾、赵伟勋同学为初稿作出的贡献。感谢我的丈夫张伟，他在我翻译过程中，包揽了家中大部分事务，留给我工作的空间。另外，还想感谢很多素未谋面的出版社工作人员，感谢他们对于这本书的贡献。最后要感谢这本书的读者们，你们的阅读给了我继续工作的动力。

该书翻译得到了国家自然科学基金青年基金（31200776）的资助，在此也一并致以谢意。

李　晶

2014 年 12 月 21 日

于金陵

图书在版编目（CIP）数据

心理物理学纲要/（德）费希纳著；李晶译. —北京：中国人民大学出版社，2014.12

（西方心理学大师经典译丛/郭本禹主编）

ISBN 978-7-300-20342-3

Ⅰ.①心… Ⅱ.①费…②李… Ⅲ.①心理物理学 Ⅳ.①B842.2

中国版本图书馆 CIP 数据核字（2014）第 282489 号

西方心理学大师经典译丛

主编　郭本禹

心理物理学纲要

［德］古斯塔夫·费希纳　著

李　晶　译

Xinli Wulixue Gangyao

出版发行	中国人民大学出版社		
社　　址	北京中关村大街 31 号	**邮政编码**	100080
电　　话	010－62511242（总编室）		010－62511770（质管部）
	010－82501766（邮购部）		010－62514148（门市部）
	010－62515195（发行公司）		010－62515275（盗版举报）
网　　址	http：//www.crup.com.cn		
经　　销	新华书店		
印　　刷	唐山玺诚印务有限公司		
开　　本	720 mm×1000 mm　1/16	**版　　次**	2015 年 1 月第 1 版
印　　张	20.5 插页 1	**印　　次**	2024 年 6 月第 4 次印刷
字　　数	327 000	**定　　价**	79.00 元